国家级职业教育规划教材
人力资源和社会保障部职业能力建设司推荐
高等职业技术院校数控技术/模具设计与制造专业

特种加工技术

人力资源和社会保障部教材办公室组织编写

中国劳动社会保障出版社

简介

本书主要内容包括快速走丝电火花线切割加工、慢速走丝电火花线切割加工、电火花成型加工、电火花小孔加工、CNC 雕刻加工、快速成型技术、电切削工职业技能鉴定应会模拟试题。

本书由申如意主编，王震宇、赵钱、姜利参加编写；宋军民审稿。

图书在版编目(CIP)数据

特种加工技术/申如意主编. —北京：中国劳动社会保障出版社，2014
高等职业技术院校数控技术/模具设计与制造专业
ISBN 978-7-5167-1157-6

Ⅰ. ①特… Ⅱ. ①申 Ⅲ. ①特种加工-高等职业教育-教材 Ⅳ. ①TG66

中国版本图书馆 CIP 数据核字(2014)第 126303 号

中国劳动社会保障出版社出版发行
（北京市惠新东街 1 号 邮政编码：100029）

*

北京谊兴印刷有限公司印刷装订 新华书店经销
787 毫米×1092 毫米 16 开本 18 印张 406 千字
2014 年 6 月第 1 版 2022 年 1 月第 7 次印刷
定价：31.00 元

读者服务部电话：（010）64929211/84209101/64921644
营销中心电话：（010）64962347
出版社网址：http://www.class.com.cn
http://jg.class.com.cn

目录

第一章

快速走丝电火花线切割加工

第一节　电火花加工技术

在日常生活中，当电气开关开、合时，有时会出现伴随着噼噼啪啪响声的蓝白色火花，使开关的接触恶化。20 世纪四十年代，前苏联科学院院士拉扎连柯夫妇率先对这种现象进行了深入研究，产生了一种新的金属去除方法——电火花加工。电火花加工是与机械加工完全不同的一种加工工艺方法，要正确运用电火花加工技术就必须明确电火花加工的原理和条件，从而正确地运用在金属的生产和加工中。

一、电火花加工的物理本质

电火花加工是通过工件和工具电极相互靠近时极间形成脉冲性火花放电，在电火花通道中产生瞬时高温，使金属局部熔化，甚至气化，从而将金属腐蚀下来，达到按要求改变材料形状和尺寸的加工工艺。加工示意图如图 1—1 所示。

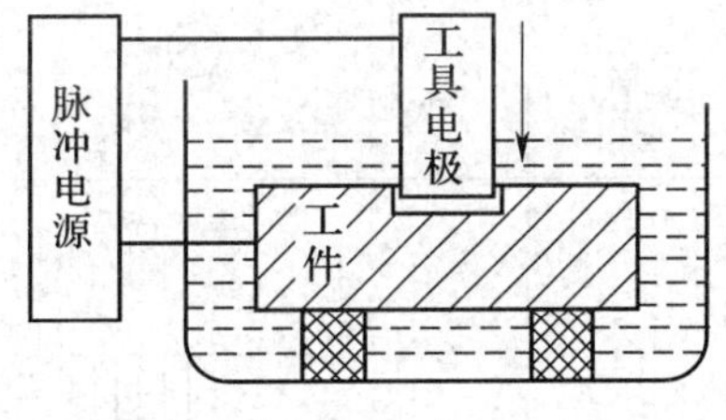

图 1—1　电火花加工示意图

1．电火花加工的物理本质概述

一个物体无论从宏观上看多么平整，但在微观上其表面总是凹凸不平的，即由无数个高峰和凹谷组成。当处在工作介质中的工件与电极加上电压，两极间立即建立起一个电场，电场强度是很不均匀的。电场强度取决于极间电压和极间距离。两极间距越小，电场强度越大；极间电压越大，电场强度越大。故先在极间最近点处击穿介质，形成放电通道，释放出大量能量，工件表面被电蚀出一个坑，工件表面的最高峰变成凹谷，另一处电场强度变成最大。在脉冲能量的作用下，该处又被电蚀出坑。这样以很高的频率连续不断地反复放电，电极不断地向工件进给，就可将工具的形状复制在工件上，加工出需要的零件，如图 1—2 所示。

a）

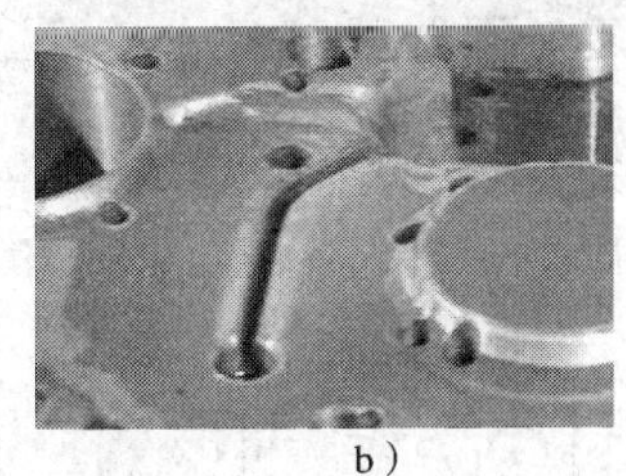

b）

图 1—2　电火花加工

a）电火花型腔加工　b）加工完成的型腔零件

2. 单个脉冲的放电过程

在液体介质小间隙中进行单个脉冲放电时，大致可分成介质击穿和通道形成、能量转换和传递、电蚀产物抛出三个连续的过程，见表1—1。

表1—1　　单个脉冲的放电过程

序号	示意图	解　释
1		处在绝缘的液体介质中的两电极，在两极加上无负荷直流电压后，伺服轴电极向下运动，极间距离逐渐缩小
2		当极间距离 G 小到一定程度时，在电场作用下，介质被击穿，形成放电通道
3		两极间的介质一旦被击穿，电源便通过放电通道释放能量，大部分能量转换成热能，使两极间放电点局部熔化或气化
4		在热爆炸力、电动力、流体动力等综合因素的作用下，被熔化或气化的材料被抛出，产生一个小坑
5		脉冲放电结束，两极间介质恢复绝缘，形成下一个加工周期

二、电火花加工的条件

实现电火花加工应具备如下条件：

1. 电极和工件之间必须加以 60～300 V 的脉冲电压，同时还需要维持合理的距离——放电间隙。大于放电间隙，介质不能被击穿，无法形成火花放电；小于放电间隙，会导致积碳，甚至发生电弧放电，无法继续加工。

2. 火花放电必须在有较高绝缘强度的液体介质中进行，这样既有利于产生脉冲性的放电，又能使加工过程中的产物从两极间隙中悬浮排出，同时还能冷却电极和工件表面。

3. 输送到两极间的脉冲能量应足够大，即放电通道要有很大的电流密度。

4. 放电必须是短时间的脉冲放电，一般为 1 μs～1 ms。这样才能使放电产生的热量来不及扩散，从而把能量作用局限在很小的范围内，保持火花放电的冷极特性。脉冲放电需要多次进行，并且多次脉冲放电在时间上和空间上是分散的，避免发生局部烧伤。

5. 脉冲放电后的电蚀产物能及时排放至放电间隙之外，使重复性放电顺利进行。

三、电火花加工的两个重要效应

1. 极性效应

电火花加工时，两极材料的被腐蚀量是不相同的，这种现象叫作极性效应。在生产中，通常将工件接脉冲电源正极（工具电极接负极）称为正极性接法（图 1—3a 所示电火花成型加工为正极性接法）。将工件接脉冲电源负极（工具电极接正极）称为负极性接法（图 1—3b 所示电火花线切割加工为负极性接法）。

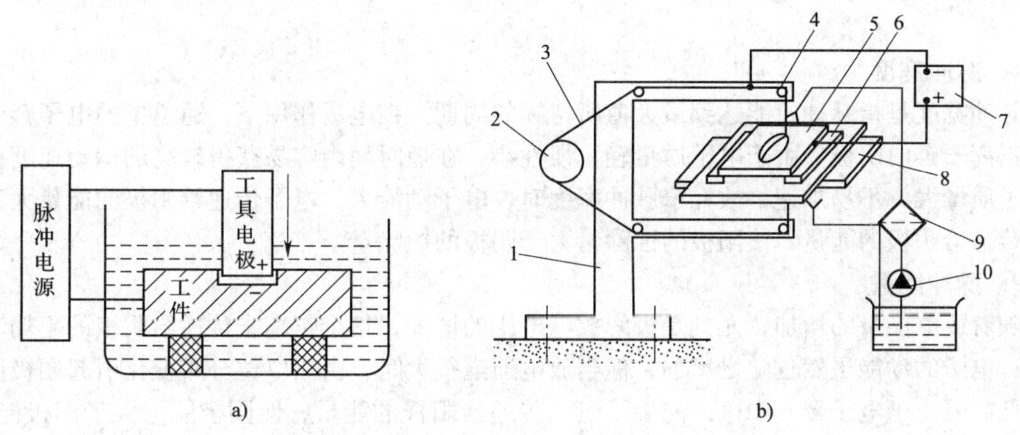

图 1—3 极性效应

a）电火花成型加工 b）电火花线切割加工

1—支架 2—储丝筒 3—电极丝 4—导轮 5—工件

6—绝缘板 7—脉冲电源 8—工作台 9—过滤器 10—工作液泵

在实际加工中，极性效应受到电参数、单个脉冲能量、电极材料、加工介质、电源种类等多种因素的影响。

2．覆盖效应

在电火花加工过程中，电蚀产物在两极表面转移，形成一定厚度的覆盖层，这种现象叫作覆盖效应。表1—2所示为覆盖效应的生成条件和影响因素。

表1—2　　覆盖效应的生成条件和影响因素

图片	覆盖效应生成条件	影响覆盖效应的主要因素
	1．要有足够高的温度，以使碳粒子烧结成石墨化的耐蚀层	1．脉冲能量与波形的影响，采用某些组合脉冲，有助于覆盖层的产生
	2．要有足够多的电蚀产物	2．材料组合的影响
	3．要有足够多的时间形成碳素层	3．工艺条件的影响
	4．必须在油类介质中加工	4．工作介质的影响。用油液类工作液在放电产生的高温下作业，有助于碳素层的生成
	5．采用阳极性加工，因为碳素层易在阳极表面生成	

合理利用覆盖效应，有利于降低电极的损耗，甚至可做到“无损耗”加工。但若处理不当，出现过覆盖现象，将会使电极尺寸在加工后超过了加工前的尺寸，反而破坏了加工精度。

四、电火花加工工艺指标

1．脉冲宽度

脉冲宽度是指脉冲所能达到最大值所持续的周期。在电场作用下，通道中的电子奔向阳极，正离子奔向阴极。由于电子质量轻，惯性小，在短时间内容易获得较高的运动速度；而正离子质量大，不易加速，故在窄脉冲宽度时，电子动能大，电子传递给阳极的能量大于正离子传递给阴极的能量，使阳极的蚀除量大于阴极的蚀除量。

2．脉冲能量

随着放电能量的增加，尤其是极间放电电压的增加，每个正离子传递给阴极的平均动能增加；电子的动能虽然也随之增加，但当放电通道很大时，由于电位分布变化引起阳极区电压降低，阻止了电子奔向阳极，减少了电子传递给阳极的能量，使阴极能量大于阳极能量，即脉冲能量大时，阴极的蚀除量大于阳极的蚀除量。

3．表面粗糙度

表面粗糙度是指加工表面的微观几何形状误差，对电火花加工表面来讲，即为加工表面放电痕坑穴的聚集。由于坑穴表面会形成一个加工硬化层，能存润滑油，其耐磨性比同样表面粗糙度的机加工表面要好，所以加工表面的表面粗糙度允许比要求的表面粗糙度大些；而且在相同表面粗糙度的情况下，电火花加工表面要比机加工表面亮度低。

表面粗糙度是衡量电火花加工质量的一个重要指标。国家标准规定用两个指标来评定表面粗糙度：轮廓算术平均偏差 *Ra* 和轮廓的最大高度 *Rz*。*Ra* 表示在一个取样长度内，轮廓的算术平均偏差，如图 1—4 所示。在实际生产中多用 *Ra* 指标，其单位为 μm。

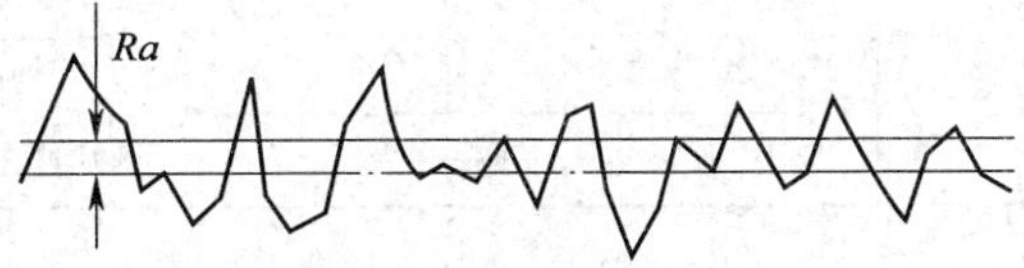

图 1—4 轮廓算术平均偏差 *Ra*

工件的电火花加工表面粗糙度直接影响其使用性能，如耐磨性、配合性、接触刚度、疲劳强度和抗腐蚀性等。尤其对于高速、高洁、高压条件下工作的模具和零件，其表面粗糙度往往是决定其使用性能和使用寿命的关键。

工件的电火花加工表面粗糙度可以通过检测仪来进行测量。

表面粗糙度与加工速度是一对矛盾的加工指标，要获得高的加工速度则表面粗糙度值大；而要获得较小的表面粗糙度值，则加工速度很低。影响表面粗糙度的主要因素见表 1—3。

表 1—3 影响表面粗糙度的主要因素

序号	影响因素	说　明
1	脉冲宽度	脉冲宽度越大，表面越粗糙
2	峰值电流	电流越大，表面粗糙度值越大
3	电极表面质量	电极的表面粗糙度会复制到工件的表面，因此要求电极的表面粗糙度值要低
4	工件材料	用同样的电加工参数加工熔点高的材料，蚀出的凹坑小且浅
5	电极材料	电极材料本身组织结构越好，加工工件就越容易获得低的表面粗糙度值
6	加工面积	加工面积越大，选取的电参数越大，加工表面粗糙度值越大

4．放电间隙

放电间隙是指脉冲放电两极间隙，实际效果反映在加工后工件尺寸的单侧扩大量。对电火花加工放电间隙的定量认识是确定加工方案的基础，其中包括电极形状、尺寸设计、加工工艺步骤设计、加工规准的切换，以及相应工艺措施的设计。

（1）放电间隙的种类

放电间隙分为三种，见表 1—4。

表 1—4　　放电加工间隙的种类

序号	放电加工间隙的种类	图片	说明
1	出口间隙（a）	c b a	由加工中工件与电极间的直接放电，两极蒸发和熔化部分飞散造成
2	入口间隙（b）		在产生放电间隙的基础上，增加了二次放电而产生
3	最大侧间隙（c）		排屑时工作液中的离子反复碰撞冲击引起重复二次放电而产生

（2）影响放电间隙的因素

1）电参数的影响

脉冲空载电压越高，放电间隙越大；脉冲宽度越大，放电间隙越大；峰值电流越大，放电间隙越大。

2）非电参数的影响

①加工中的二次放电将造成侧壁尺寸扩大。加工中应采取措施尽可能减少二次放电的机会，如使用合适的冲抽油方式等。

②在加工过程中，由于电极的应力变形或机床系统刚度差而引起的振动，将加大放电间隙，进而影响工件的尺寸精度和仿形精度。

③工件的物理性能不同将产生不同的放电间隙，如加工硬质合金，其放电间隙就比加工一般钢件小得多。

④在电火花成型加工中，侧壁的斜度是不可避免的。对于需要一定斜度的模具，电火花加工过程中自然形成的斜度是有益的，但对加工高精度直壁模具，加工斜度应予以控制。

五、电火花加工的特点及应用范围

1. 电火花加工的特点

与常规的金属加工相比较，电火花加工的特点见表 1—5。

表 1—5　　电火花加工的特点

序号	优　点	缺　点
1	可以加工难以用金属切削方法加工的零件，不受材料硬度影响	电火花加工只适用于导电材料的工件
2	没有机械切削力，工具电极可以做得十分细微，能进行细微加工和复杂型面加工	加工效率一般较慢
3	脉冲电源参数较机械量易于数字控制、适应控制、便于实现自动化和无人化操作	存在电极损耗
4	可连续进行粗、半精和精加工	加工表面有变质层，需要去除

2. 电火花加工的应用范围

电火花加工是与机械加工完全不同的一种加工工艺方法。由于电火花加工在生产应用中显示出很多优异性能，加上数控水平和工艺技术的不断提高，其应用领域日益扩大，已在模具制造、航空、航天、电子、核能、仪器、轻工等行业用来解决各种难加工材料的复杂形状零件的加工问题。加工范围可从几微米的孔、槽到几米大的超大型模具和零件。电火花加工的具体应用范围见表1—6。

表1—6 电火花加工的应用范围

序号	名称	图片	应用范围
1	加工模具		塑料模、锻模、拉伸模、压铸模、冲模、挤压模、玻璃模等
2	制造行业		加工各种成形刀具、样板、工具、量具、螺纹等成型零件
3	航空业		喷气发动机的涡轮叶片材料为耐热合金，采用电火花加工是合适的工艺方法
4	精密加工		化纤异型喷丝孔、发动机喷油嘴、激光器件、人工标准缺陷的窄缝加工

第二节 电火花线切割加工技术

电火花线切割机（EDW）是一种应用较广泛的电火花加工机床，是一种直接利用电能和热能进行加工的机床。目前这一工艺技术已广泛用于加工淬火钢、不锈钢、模具钢、硬质合金等难加工材料。特别是随着模具生产量的增加而被广泛应用，已成为切削加工的重要补充。

线切割机床加工时用一根运动着的金属线（电极丝）作为工具电极与工件之间产生火花放电来对工件进行切割，故称为线切割加工。由于现在的电火花线切割机床的工件与电极丝的相对切割运动都采用数控技术控制，所以又称为数控电火花线切割加工，简称为数控线切割加工。

一、电火花线切割机床分类

1．按电极丝的运行速度分类

电火花线切割机床按电极丝运行的速度，可分为快速走丝和慢速走丝两种类型的电火花线切割机床。

（1）快速走丝电火花线切割机床是我国生产和使用的主要机种，也是我国独创的数控电火花线切割加工模式。其电极丝做快速往复运动，一般走丝速度为 8 ~ 10 m/s，电极丝可重复使用，但快走丝容易造成电极丝抖动和反向时停顿，使加工质量下降，快速走丝电火花线切割机床走丝机构如图 1—5 所示。

（2）慢速走丝电火花线切割机床是国外生产和使用的主要机种。其电极丝做慢速单向运动，一般走丝速度低于 0.2 m/s，电极丝放电后不再使用，工作平稳、均匀、抖动小、加工质量较好。慢走丝电火花线切割机床走丝机构如图 1—6 所示。

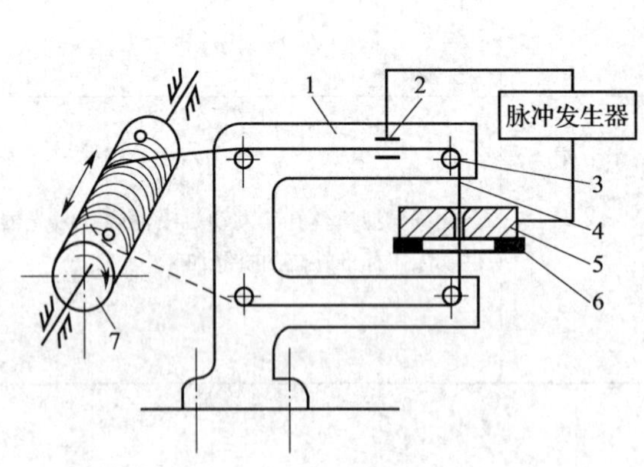

图 1—5　快速走丝电火花线切割机床走丝机构

1—丝架　2—导电器　3—导轮　4—电极丝

5、6—工作台　7—储丝筒

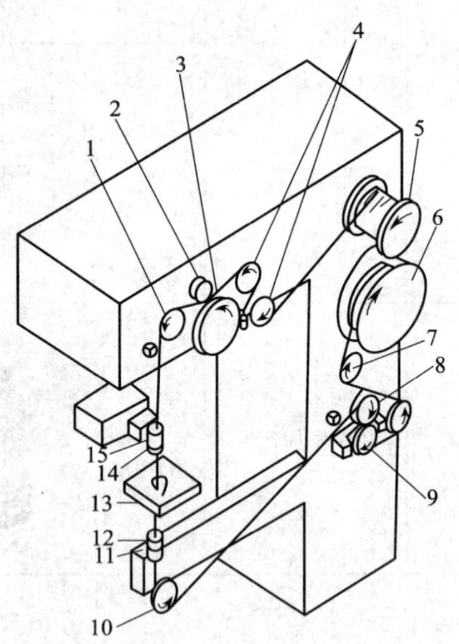

图 1—6　慢速走丝电火花线切割机床走丝机构

1、4、10—滑轮　2、9—压紧轮　3—制动轮

5—供丝筒　6—卷丝筒　7—导向轮　8—卷丝滚轮

11、15—导电器　12、13—金刚石导向器　14—工件

两者的特点对比见表1—7。

表1—7 快走丝与慢走丝电火花线切割比较

电火花线切割机床类型	快走丝	慢走丝
电极丝运行速度	300～700 m/min	0.5～15 m/min
电极丝运动形式	双向往复运动	单向运动
常用电极丝材料	钼丝（ϕ0.1～0.2 mm）	铜、钨、钼及各种合金（ϕ0.1～0.35 mm）
工作液	乳化液或皂化液	去离子水、煤油
尺寸精度	0.015～0.02 mm	±0.001 mm
表面粗糙度 *Ra*	1.25～2.5 μm	0.16～0.8 μm
设备成本	低廉	昂贵

2. 按对电极丝运动轨迹的控制形式分类

（1）靠模仿形控制。在进行线切割加工前，预先制造出与工件形状相同的靠模，加工时把工件毛坯和靠模同时装夹在机床工作台上，在切割过程中电极丝紧紧地贴着靠模边缘做轨迹移动，从而切割出与靠模形状和精度相同的工件来。

（2）光电跟踪控制。在进行线切割加工前，先根据零件图样按一定放大比例描绘出一张光电跟踪图，加工时将图样置于机床的光电跟踪台上的光电头始终追随墨线图形的轨迹运动，再借助于电气、机械的联动，控制机床工作台连同工件相对电极丝做相似形状的运动，从而切割出与图样形状相同的工件来。

（3）数字程序控制。采用先进的数字化自动控制技术，驱动机床按照加工前根据工件几何形状参数预先编制好的数控加工程序自动完成加工，不需要制作靠模，样板也无须绘制放大图，比前面两种控制形式具有更高的加工精度和广阔的应用范围，目前国内外95%以上的数控电火花线切割机床都已采用数控技术。

3. 按电源形式分类

按电源形式可分为RC电源、晶体管电源、分组脉冲电源及自适应控制电源等。

二、电火花线切割机床的型号

我国电火花线切割机床的型号以DK77□□表示，如DK7725E的含义如下：

D——机床类型代号

K——机床特性代号（数控）

7——组别代号（电火花加工机床）

7——型别代号（7为快速走丝，6为慢速走丝）

25——基本参数代号，表示 *X* 向工作台行程为250 mm

三、电火花线切割加工的应用范围

电火花线切割加工为新产品试制、精密零件加工及模具制造开辟了一条新的工艺途径，主要适用于以下方面：

1．加工模具

适用于加工各种形状的冲模。调整不同的间隙补偿量，只需一次编程就可以切割凸模、凸模固定板、凹模及卸料板等。模具配合间隙、加工精度通常都能达到要求。此外，还可加工挤压模、粉末冶金模、弯曲模、塑压模等通常带锥度的模具。线切割加工模具的适用范围如下：

（1）电机行业。电机的定转子冲片、电气柜和仪表机箱的冲孔、折弯模。如图 1—7 所示为电机的模具。

（2）电子仪表零件。开关、指针、接插件的冲孔、落料、切口、折弯模具和塑料模。如图 1—8 所示为普通折弯模具示意图。

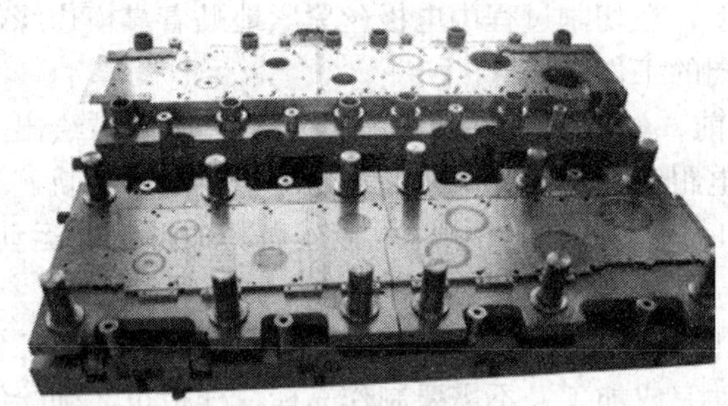

图 1—7　电机的模具

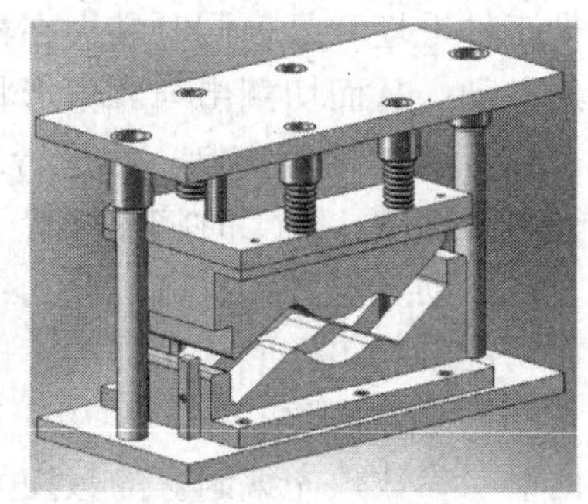

图 1—8　普通折弯模具

（3）家电行业。电视机、冰箱、洗衣机的注塑模。图 1—9 所示为电视机模具。

（4）建材行业。型材挤压模。图 1—10 所示为铝型材挤压模。

图 1—9　电视机模具

图 1—10　铝型材挤压模

（5）粉末冶金。硬质合金压铸模。图 1—11 所示为压铸模。

（6）轻工产品。缝纫机、自行车零件模具。

（7）广告美工。不锈钢割字、面板加工。

（8）玩具制造。外形落料、冲孔、成形模。

（9）眼镜制造。镜框、挂脚下料、成形模。图 1—12 所示为眼镜模具。

图 1—11　压铸模

图 1—12　眼镜模具

2. 加工电火花成型加工用的电极

一般穿孔加工用的电极以及带锥度型腔加工用的电极以及铜钨、银钨合金之类的电极材料用电火花线切割加工特别经济，同时也适用于加工微细复杂形状的电极，图 1—13 所示为铜电极。

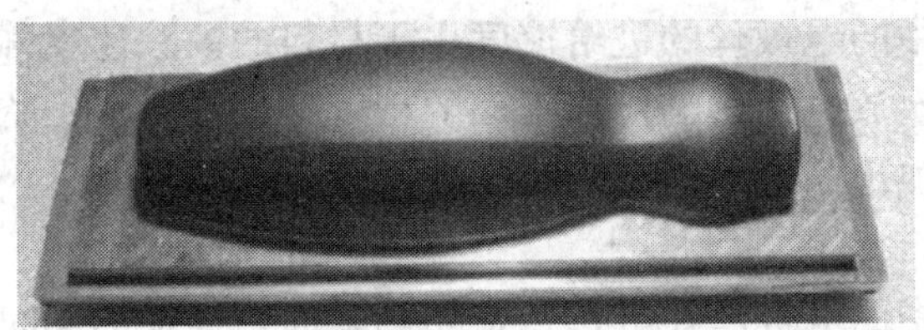

图 1—13　铜电极

3. 加工零件

在试制新产品时，用线切割在坯料上直接割出零件，例如试制切割特殊微电机硅钢片定、转子铁芯，由于不需要另外制造模具，可大大缩短制造周期，降低成本。此外，修改设计，变更加工程序比较方便，加工薄件时还可以多片叠加在一起加工。在零件制造方面，可用于加工品种多、数量少的零件，特殊难加工材料的零件、材料试验样件、各种型孔、特殊齿轮凸轮、样板、成形刀具。同时还可进行微细加工，异形槽和人工标准缺陷的窄缝加工等，图 1—14 所示为电火花线切割加工的典型零件。

图 1—14　电火花线切割加工的典型零件

四、电火花线切割加工中的常用名词、术语

1. 加工效率（η）

加工效率是衡量电火花线切割加工速度的一个参数，以单位时间内电极丝加工过的面积大小来衡量。

$$\eta=\frac{加工面积}{加工时间}=\frac{切割长度\times工件厚度}{加工时间}(mm^2/min)$$

2. 伺服控制

电火花线切割加工过程当中，电极丝的进给速度是由材料的蚀除速度和极间放电状况的好坏决定的。伺服控制系统能自动调节电极丝的进给速度，使电极丝根据工件的蚀除速度和极间放电状态进给或后退，保证加工顺利进行。电极丝的进给速度与材料的蚀除速度一致时的加工状态最好，加工效率和表面粗糙度均较好。

3. 短路

电火花线切割加工中的电极丝的进给速度大于材料的蚀除速度，致使电极丝与工件接触，不能正常放电，称为短路。它使放电加工不能连续进行，严重时还会在工件表面留下明显条纹。短路发生后，伺服控制系统会做出判断并让电极丝沿原路回退，以形成放电间隙，保证加工顺利进行。

4. 开路

电火花线切割加工中的电极丝的进给速度小于材料的蚀除速度称为开路。开路不但影响加工速度，还会形成二次放电，影响已加工面的精度，也会使加工状态变得不稳定。开路状态可从加工电流表上反映出，即加工电流间断性回落。

5. 锥度

电火花线切割加工中的电极丝在进行二维切割平面内运动的同时，还能按一定的规律进行偏摆，形成一定的倾斜角，加工出带锥度的工件或上、下形状不同的异形件。这就是所谓的四轴联动、锥度加工，如图 1—15 所示。

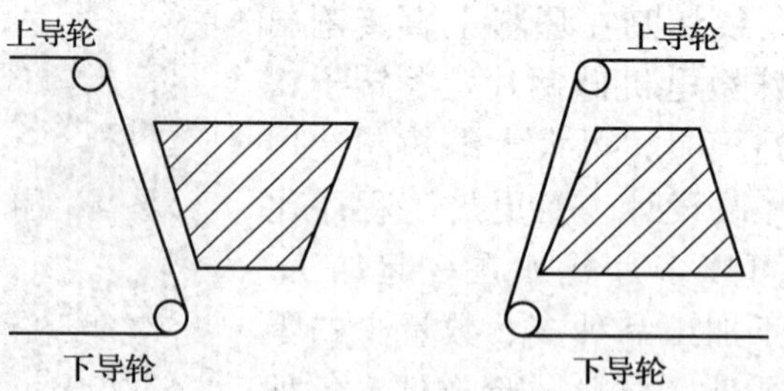

图 1—15　锥度加工示意图

实际加工过程中，当加工方向确定时，电极丝的倾斜方向不同，加工出的工件锥度方向也就不同，反映在工件上就是上大或是下大。锥度也有左锥、右锥之分，依电极丝的前进方向，电极丝向左倾斜即为左锥，向右倾斜即为右锥。

6. 偏移

电火花线切割加工时电极丝中心的运动轨迹与零件的轮廓有一个平行位移量，也就是说电极丝中心相对于理论轨迹偏在一边，这就是偏移。平行位移量叫偏移量，为了保证理论轨迹的正确，偏移量等于电极丝半径与放电间隙之和，如图 1—16 所示。

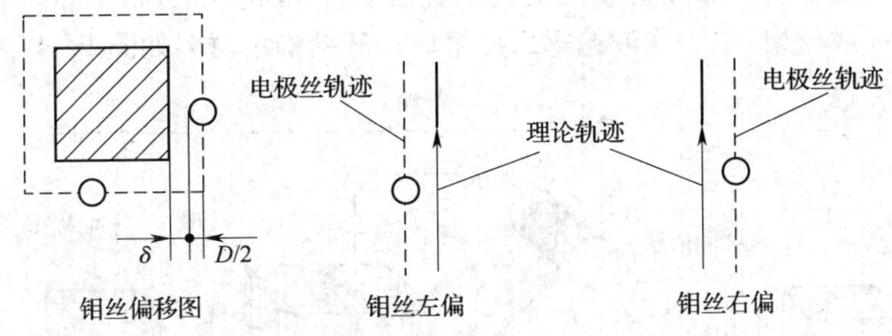

图 1—16 电火花线切割加工偏移示意图

根据实际需要偏移可分为左偏和右偏，左偏还是右偏要根据成型尺寸的需要来确定。依电极丝的前进方向，电极丝位于理论轨迹的左边即为左偏，如图 1—16 所示。电极丝位于理论轨迹的右边即为右偏。

五、电火花线切割加工特点

1. 电火花线切割加工的优点

（1）非接触式，适合高硬度难切削材料的加工。

（2）十分适合复杂形孔及外形的加工。

（3）切缝细，节省宝贵的金属材料。

（4）加工的尺寸精度高，表面质量好。

（5）易于实现数字控制。

（6）加工的残余应力较小。

2. 电火花线切割加工的局限性

（1）仅限于金属等导电材料的加工。

（2）加工速度较慢，生产效率较低。

（3）存在电极损耗和二次放电。

（4）最小角部半径有限制。

第三节 快速走丝电火花线切割机床

快速走丝电火花线切割机床相比慢速走丝线切割机床的主要不同之处在于电极丝的走丝速度较快、运动形式为往复运动等。这些特征主要是由其结构特征决定的。

一、快速走丝线切割机床结构原理

快速走丝线切割机床一般分成数控电源柜和主机两大部分，电源柜主要由管理控制系统、高频电源和伺服驱动等部分组成；主机主要由 X、Y 轴（部分机器带 U、V 轴）、工作台、丝筒、立柱（或丝架）、工作液箱等部分组成，其结构示意图如图 1—17 所示。

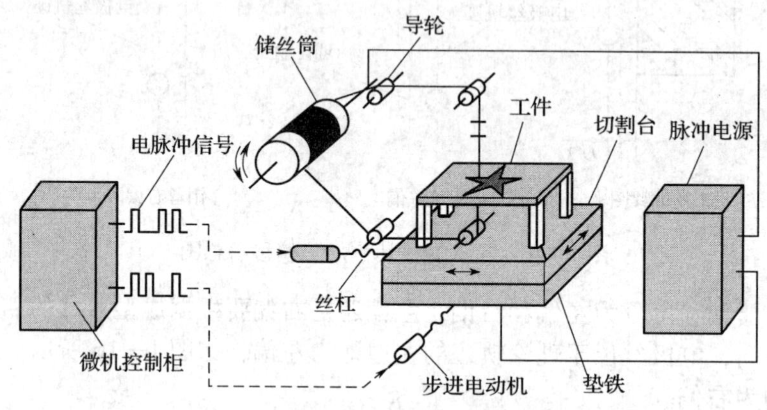

图 1—17　快走丝线切割结构示意图

其工作原理是利用工具电极对工件进行脉冲放电时产生的电腐蚀现象来进行工件加工，但是电火花线切割加工不需要制作成形电极，而是用运动着的金属丝作电极，利用电极丝和工件的相对运动切割出各种形状的工件，若使电极丝相对于工件进行有规律的倾斜运动，还可以切割出带锥度的工件。

二、快速走丝电火花线切割机床的主要技术参数

快速走丝电火花线切割机床的主要技术参数包括工作台行程（纵向行程×横向行程）、最大切割厚度、加工表面粗糙度、加工精度、切割速度以及数控系统的控制功能等。

以 DK7725 型数控电火花线切割机床为例，其主要参数如下：

1．规格参数

外形尺寸（长×宽×高）	1 585 mm×1 120 mm×1 326 mm
工作台面尺寸（长×宽）	500 mm×320 mm
切割工件最大厚度	120 mm
工作台最大行程（纵×横）	320 mm×250 mm
切割零件总重量	≤125 kg

2．主要技术参数

切割用钼丝直径	ϕ0. 12 ~0. 25 mm
T 形槽尺寸（槽宽×槽距）	10 mm×63 mm
储丝筒直径	ϕ120 mm

步进电机距角 1.5°
钼丝移动速度 约 8.8 m/s
步进电动机最大静转矩 0.882 N·m
储丝筒回转速度 1 440 r/min
工作台移动脉冲当量 0.001 mm
储丝筒最大往复行程 150 mm
储钼丝筒电动机功率 250 W
手转刻度盘每一格 0.01 mm
张紧机构可逆电动机功率 10 W
手转每转一周工作台移动 1 mm
液压泵电动机功率 60 W
上下拖板标尺每一格 1 mm
液压泵流量 25 dm^3/min
工作台面 T 形槽槽数 5 条
设备总功耗 1.5 kW

三、快走丝电火花线切割机床组成

我国生产的数控快走丝电火花线切割机床品牌非常多，但基本机构都是相近的。表1—8 所示为通用数控快走丝电火花线切割加工机床各构成部分及其功能。

表 1—8　　快走丝电火花线切割加工机床各构成部分及其功能

名称	实　物	功　能
储丝筒		数控电火花线切割机床在工作时，为了让钼丝能进行循环上下来切割工件，必须要让钼丝能够收卷起来，通过收卷的正反向旋转来收放钼丝，从而达到连续切割的目的。储丝筒连接在电机上，电机旋转的正反向是通过控制柜提供电力并给予控制的
控制柜		它是线切割机床加工的重要组成部分之一，控制系统的稳定性、可靠性、控制精度、步进原理等都会直接影响线切割的加工。控制系统的主要作用是在线切割过程中，通过控制钼丝相对于工件的切割路径和进给速度来进行各种形状的加工，同时使进给速度与工件材料的蚀除速度平衡

续表

名称	实　物	功　能
上拖板	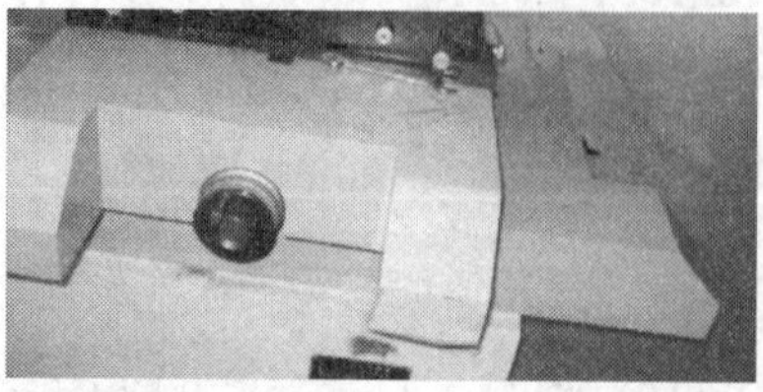	它是使工件进行 X 方向移动的主要部件，是机床的重要组成部分之一。上拖板负责工件 X 方向的运动
下拖板		它是使工件进行 Y 方向移动的主要部件，是机床的重要组成部分之一。下拖板负责工件 Y 方向的运动
小拖板	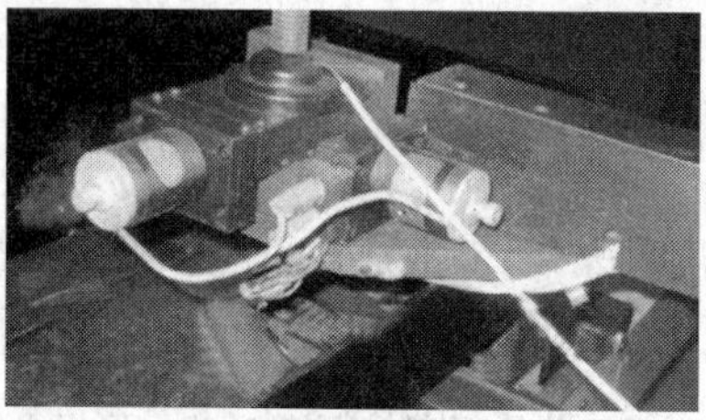	它是用来控制锥度加工的。通常下丝架不动，通过调节锥度调节器，可以让上丝架固定导轮做进出移动，使上丝架与下丝架不对齐，形成了角度，则此时切割出来的制品是具有锥度（斜度）的
立柱支架	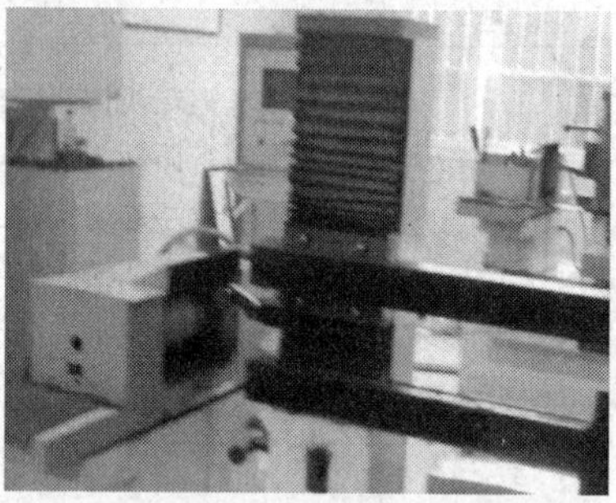	立柱支架用来调节上丝架升降。通过丝架的升降可以调节线切割 Z 方向的距离，即当工件较厚时，必须把上丝架升起来，否则厚的工件是放不进去的，这也是判定线切割最大切割厚度的主要依据。通常上丝架的升降是由工人转动手轮来完成并锁紧的
床身		床身是支撑整台机器和机械部分运动的平台，是机床的重要组成部分之一。线切割机除了控制柜不是安装在它的上面之外，其余的所有组件都安装在床身上，这足以证明它的重要性

续表

名称	实　　物	功　　能
工作台		数控线切割机床工作台的移动一般由两个坐标来控制，*X* 轴和 *Y* 轴由控制台发出进给信号，分别控制两个步进电机，通过滚动导轨和丝杠传动副将电动机的旋转运动变为工作台的直线运动，通过两个坐标方向各自的进给移动，最终使工作台带动工件按要求的轨迹进行运动而对工件进行加工
冷却液系统		按一定比例配制的电火花线切割专用工作液，由工作液泵输送到线架上的工作液分配阀体上，阀体有两个调节手柄，分别控制上下丝臂水嘴的流量，工作液经加工区落在工作台上，再由回水管回到工作液箱进行过滤

第四节　快速走丝电火花线切割加工工艺

任何加工方式都有自己特定的加工工艺，快速走丝电火花线切割加工也同样有着自己一些特有的加工工艺，主要包含切削加工条件的选用及工件的装夹等。

一、加工放电参数的选用

1．脉宽

在特定的工艺条件下，脉宽增加，切割速度提高，表面粗糙度增大，这个趋势在脉宽增加的初期，加工速度增大较快，但随着脉宽的进一步增大，加工速度的增大相对平缓，粗糙度变化趋势也一样。这是因为单脉冲放电时间过长，会使局部温度升高，形成对侧边的加工量增大，热量散发快，因此减缓了加工速度。

通常情况下，脉宽的取值要考虑工艺指标及工件的材质、厚度。如表面粗糙度要求较高，工件材质易于加工，厚度适中时，脉宽取值较小，一般在 3 ~ 10 μs；中、粗加工，工件材质切割性能差，较厚时，脉宽取值一般为 10 ~ 25 μs。

当然，这里只能定性地介绍脉宽的选择趋势和大致取值范围，实际加工时要综合考虑各种影响因素，根据侧重的不同，最终确定合理的数值。

2．脉间间隙

设置脉冲停歇时间。在特定的工艺条件下，脉间间隙减小，切割速度增大，表面粗糙度增大不多。这表明脉间间隙对加工速度影响较大，而对表面粗糙度影响较小。减小脉间间隙可以提高加工速度，但是脉间间隙不能太小，否则消电离不充分，电蚀产物来不及排除。

3．功率管数 IP

IP 的选择是根据加工工件的厚度来确定的。

4．电压 U

低压一般在找正时选用，加工时一般都选用常压，因而电压 U 参数一般不需修改。

二、电极丝的选用

快走丝线切割的电极丝要反复使用，因此要有一定的韧性、抗拉强度和抗腐蚀能力。

1．材料性能

可作快走丝电极丝的材料性能见表 1—9。

表 1—9　　可作快走丝电极丝的材料性能

材料	适用温度（℃）		延伸率（%）	抗张力（MPa）	熔点（℃）	电阻率（Ω·m）	备注
	长期	短期					
钨 W	2 000	2 500	0	1 200 ~ 1 400	3 400	0.061 2	较脆
钼 Mo	2 000	2 300	30	700	2 600	0.047 2	较韧
钨钼 $W_{50}Mo$	2 000	2 400	15	1 000 ~ 1 100	3 000	0.053 2	韧性适中

2．丝的直径及张力选择

常用的丝径有 ϕ0.12 mm、ϕ0.14 mm、ϕ0.18 mm 和 ϕ0.2 mm。

张力是保证加工零件精度的一个重要因素，但受丝径、丝使用时间的长短等因素限制。一般丝在使用初期张力可大些，使用一段时间后，丝已不易伸长，可适当去些配重，以延长丝的使用寿命。

三、工件的装夹、找正

工件的合理装夹及正确的位置，对加工质量和效率及加工方法将起到决定作用，本节重点介绍工件的装夹及找正。

1．快走丝线切割的装夹特点

（1）由于快走丝线切割的加工作用力小，不像金切机床要承受很大的切削力，因而其装夹的夹紧力要求不大，有的地方还可用磁力夹具定位。

（2）快走丝线切割的工作液是靠高速运行的丝带入切缝的，不像慢走丝那样要进行高压冲水，因此对切缝周围的材料余量没有要求，便于装夹。

（3）线切割是一种贯通加工方法，工件装夹后被切割区域要悬空于工作台的有效切割区域，因此一般采用悬臂支撑或桥式支撑方式装夹。

2. 工件装夹的一般要求

（1）工件的定位面要有良好的精度，一般以磨削加工过的面定位为好，棱边倒钝，孔口倒角。

（2）切入点要导电，热处理件切入处要去积盐及氧化皮。

（3）热处理件要充分回火去应力，平磨件要充分退磁。

（4）工件装夹的位置应利于工件找正，并应与机床的行程相适应，夹紧螺钉高度要合适，避免干涉加工过程。上导轮要压得较低。

（5）对工件的夹紧力要均匀，不得使工件变形和翘起。

（6）批量生产时，最好采用专用夹具，以利于提高生产率。

（7）加工精度要求较高时，工件装夹后，必须拉表找平行、垂直。

3. 常见的工件装夹方法

（1）悬臂式支撑

工件直接装夹在台面上或桥式夹具的一个刃口上，如图 1—18 所示。悬臂式支撑通用性强，装夹方便，但容易出现上仰或倾斜，一般只在工件精度要求不高的情况下使用，如果由于加工部位限制只能采用此装夹方法而加工又有垂直度要求时，要拉表找正工件上表面。

（2）垂直刃口支撑

如图 1—19 所示，工件装在具有垂直刃口的夹具上，采用此种方法装夹后的工件也能悬伸出一角便于加工。装夹精度和稳定性较悬臂式好，也便于拉表找正，装夹时夹紧点注意对准刃口。

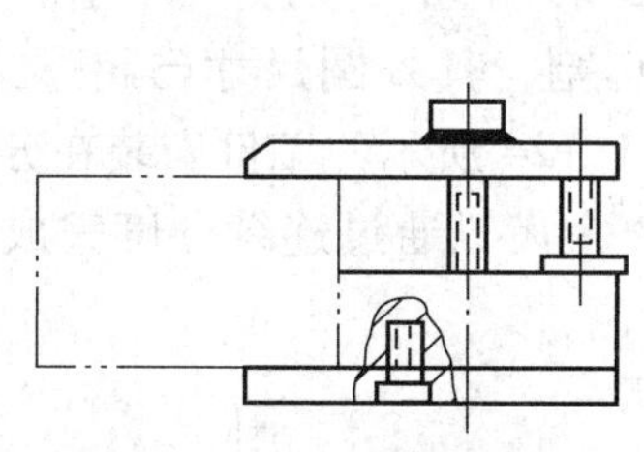

图 1—18　悬臂式支撑

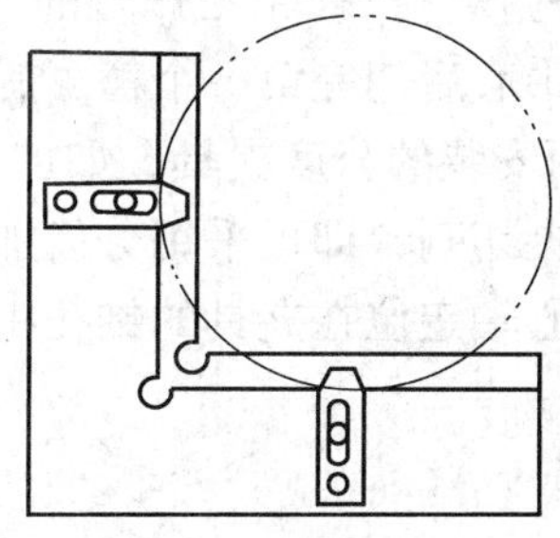

图 1—19　垂直刃口支撑

（3）桥式支撑方式

如图 1—20 所示，此种装夹方式是快走丝线切割最常用的装夹方法，适用于装夹各类工件，特别是方形工件，装夹后稳定。只要工件上、下表面平行，装夹力均匀，即能保证工件表面与台面平行。桥的侧面也可作定位面使用，拉表找正桥的侧面与工作台 X 方向平行，工件如果有较好的定位侧面，与桥的侧面靠紧即可保证工件与 X 方向平行。

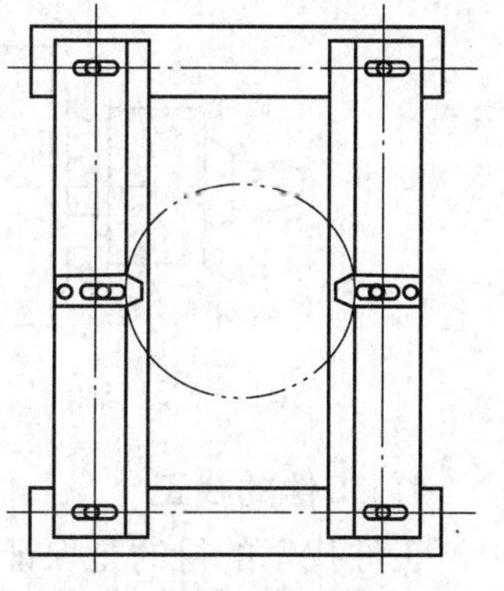

图 1—20　桥式支撑

（4）V 形夹具装夹

如图 1—21 所示，此种装夹方式适合于圆形工件的装夹，工件母线要求与端面垂直，如果切割薄壁零件，注意装夹力要小，以防变形。V形夹具拉开跨距，为了减小接触面，中间凹下，两端接触，可装夹轴类零件。

（5）板式支撑方式

加工某些外周边已无装夹余量或装夹余量很小，中间有孔的零件，可在底面加一托板，用胶粘固或螺栓压紧，使工件与托板连成一体，且保证导电良好，加工时连同托板一起切割，如图1—22所示。

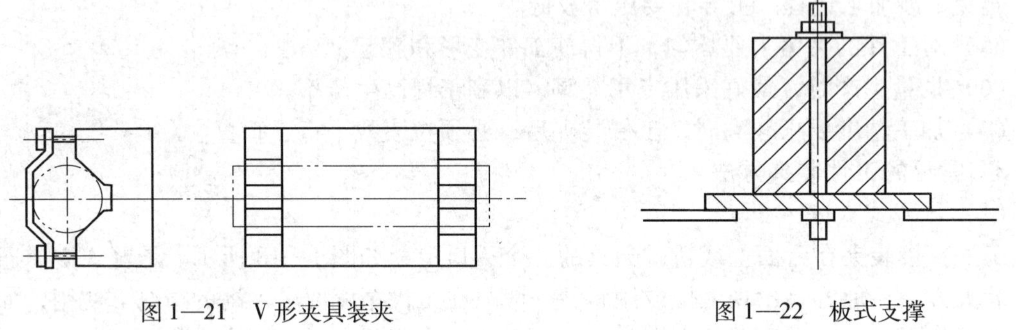

图1—21　V形夹具装夹　　图1—22　板式支撑

（6）分度夹具装夹

1）轴向安装的分度夹具，如小孔机上弹簧夹头的切割，要求沿轴向切两个垂直的窄槽，即可采用专用的轴向安装的分度夹具，如图1—23所示。分度夹具安装于工作台上，三爪内装一个检棒，拉表跟工作台的X或Y方向找平行，工件安装于三爪上，旋转找正外圆和端面，找中心后切完第一个槽，旋转分度夹具旋钮，转动90°，切另一个槽。

2）端面安装的分度夹具，如加工中心上链轮的切割，其外圆尺寸已超过工作台行程，不能一次装夹切割，即可采用分齿加工的方法。如图1—24所示，工件安装在分度夹具的端面上，通过心轴定位在夹具的锥孔中，一次加工2~3个齿，通过连续分度完成一个零件的加工。

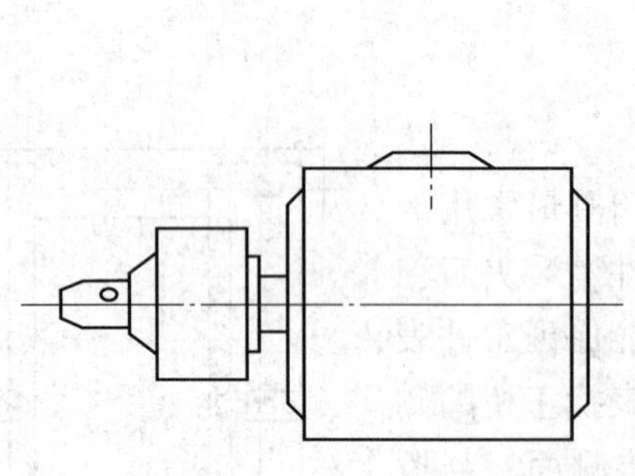

图1—23　轴向安装的分度夹具

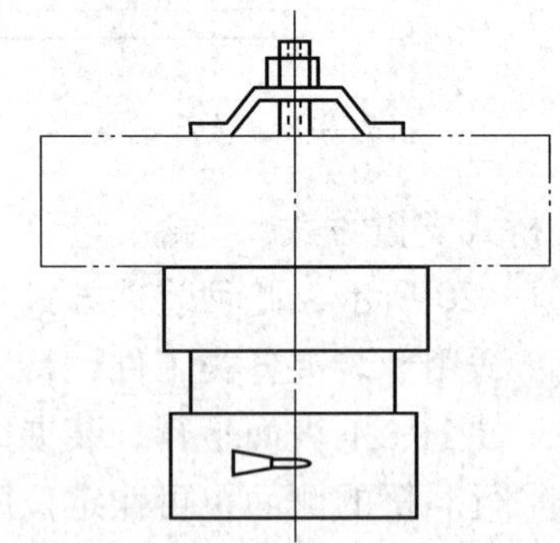

图1—24　端面安装的分度夹具

4．工件的找正

工件找正的目的是保证切割型腔与工件外形或型腔与型腔之间有一个正确的位置关系，与外形的位置关系可通过找外形或找工艺孔的中心来确定，工艺孔在坐标镗上已精确地加工出，型腔与型腔之间的位置关系是靠定位移动的步距来保证的，但要注意穿丝孔尺寸小时，其位置精度不能太差，以保证移至下一个型腔加工的穿丝位置时能顺利穿丝。找正的实质是为了确定加工起点，而一般情况下型腔与外形或型腔之间的位置参考点就是加工起点，常选在对称中心处。

四、影响加工精度的因素

1. 材料内应力变形

材料的内应力一般有热应力、组织应力和体积效应，以热应力影响为主，热应力对工件形状的影响见表 1—10。

表 1—10　　热应力对工件形状的影响

零件类别	轴类	扁平类	正方形	套类	薄壁型孔	复杂型腔
理论形状					A B	A　B
热应力作用					A +　B +	A −　B +

对于应力变形，一般可采用预加工，如在余料上钻孔、切槽等，热处理件充分回火消应力，采用穿丝并选择合理的加工路径，以限制应力释放，如图 1—25 所示。

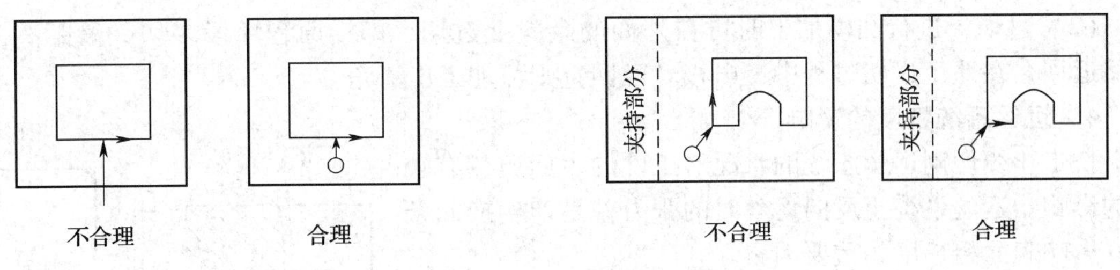

图 1—25　起割点选择对应力变形影响

2. 找正精度的影响

（1）定位孔精度的影响。定位孔自身的精度及找正此孔的精度都会影响加工精度。如果用穿丝孔作为定位孔，则要保证穿丝孔精度。如图 1—26 所示，定位孔若有 α 的倾斜度，

工件厚 H，则找正的中心 O_d 与理论中心 O_D 的误差为：

$$\Delta = H\tan\alpha/2$$

即找中心误差与工件厚度、倾角的正切成正比。

为了减小定位孔自身精度对定位的影响，就要设法减小 H 与 α。在工件厚度不变的情况下，通常挖空刀孔以减小 α，如图 1—27 所示，再就是设法提高定位孔的垂直度，对要求较高的定位孔需在坐标镗上加工。对于多孔位加工，为了保证各孔的位置精度，也需在坐标镗上加工定位孔。

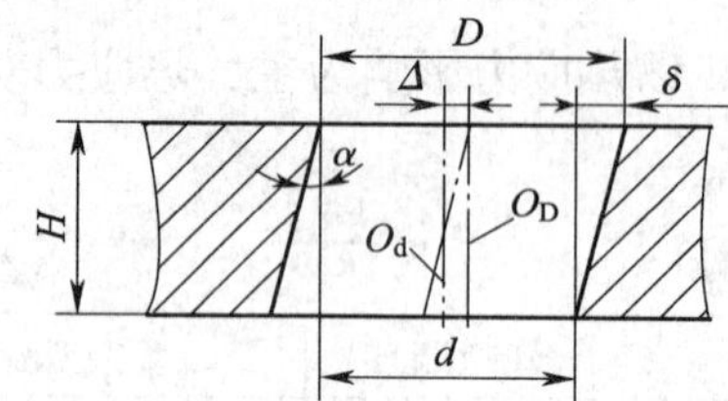

图 1—26　找正示意图

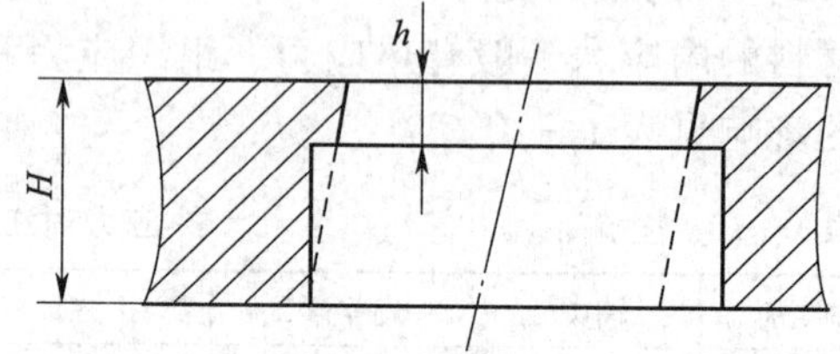

图 1—27　孔位修正后找正示意图

另外，为了提高感知精度，感知面的粗糙度要小，以防孔口倒角产生毛刺。

（2）找中心的方法。第一次找正完后接着再找正 2 ~ 3 次，以差值很小为准。由于找正前电极丝不在孔的中心，找正误差较大，多找正几次可减小误差。

找正时注意感知表面要干净，电极丝上不要有残留的工作液，以免影响感知精度。

（3）对有垂直度要求的工件加工，电极丝找垂直要精细。首先检查运丝是否抖动，若抖动则应清洗导轮槽，检查导电块是否已磨出深槽，丝与导电块接触是否良好，导轮轴承运转是否灵活，有无轴向窜动。其次要保证找正块与台面接触良好，找正时速度要逐步降低，在找正块的一个位置粗找后，再换一个位置精找。

3．拐角策略

线切割加工时由于电磁力的作用，电极丝会产生一个挠曲变形而滞后，在进行拐角切割时，会抹去工件轮廓的尖角造成塌角，如图 1—28 所示。为防止塌角可采用以下方法：

（1）程序段末延时，以等待电极丝切直。

（2）过切，进行凸模加工时可在外面的余料上过切，即沿原程序段多切一段距离，再原路返回，在这个过切过程中，电极丝已回直则可加工出清角。

4．运丝系统精度的影响

快走丝线切割运丝系统的状况对工件的表面质量有较大的影响。运丝系统正反向运丝时的张力差是产生换向条纹、影响表面粗糙度的重要因素。

此外，运丝的平稳性（即丝的抖动）、张力的大小都会对加工表面及尺寸精度带来影响。丝抖动反映在切割表面，会呈现两端条纹明显而中间稍好。张力大小会影响工件纵剖面尺寸的一致性。

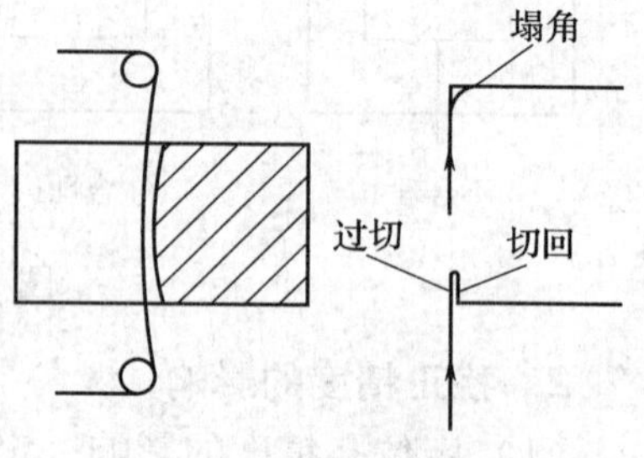

图 1—28　拐角策略

运丝环节包括丝筒、配重、导轮、导电块，检查维护好这些环节是保证运丝平稳的条件。

张力的大小要根据侧重点确定。张力大则丝绷得直，工件上下一致性好，但丝的损耗大且对导电块、导轮及轴承的磨损也大。电极丝在使用的中后期要适当减小配重，以延长使用寿命。

五、加工中的常见问题

1．断丝处理

（1）断丝后丝筒上剩余丝的处理

若丝的断点接近两端，剩余的丝还可利用，先把丝多的一边断头找出并固定，抽掉另一边的丝，然后手摇丝筒让断丝处位于立柱背面过丝槽中心（即配重块上导轮槽中心右边一点），重新穿丝，定好限位，即可继续加工。

（2）断丝后原地穿丝

工作液有一层细过滤，因此切缝中不是很黏，可以原地穿丝。若采用南京特种油厂生产的乳化液，切缝中更干净，一般加工后的工件可自行掉落，此切缝原地穿丝一般都能穿过，工件厚度 100 mm 左右也能穿过。原地穿丝时若是新丝，注意用中粗砂纸打磨其头部一段，使其变细变直，以便穿丝。

（3）回穿丝点

若原地穿丝失败，只能回穿丝点，反方向切割对接。由于机床定位误差、工件变形等原因，对接处会有误差。若工件还有后序抛光、锉修工序，而又不希望在工件中间留下接刀痕，可沿原路切割，由于二次放电等因素，已切割表面会受影响，但尺寸不会受太大影响。

2．短路处理

（1）排屑不良引起的短路

短路回退太长会引起停机，若不排除短路则无法继续加工。可原地运丝，并向切缝处滴些煤油清洗切缝，一般短路即可排除。

（2）工件应力变形夹丝

热处理变形大或薄件叠加切割时会出现夹丝现象，对热处理变形大的工件，在加工后期快切断前变形会反映出来，此时应提前在切缝中穿入电极丝或与切缝厚度一致的塞尺以防夹丝。薄板叠加切割，应先用螺钉连接紧固，或装夹时多压几点，压紧压平，以防止加工中夹丝。

3．接刀痕的处理

对于凸模加工，切断后的导电性及其位置都是不可靠的，如不加任何处理会在接刀处产生如图 1—29 所示的接刀痕。为了去掉接刀痕，在工件快切断前必须加以固定，可在端面进行粘

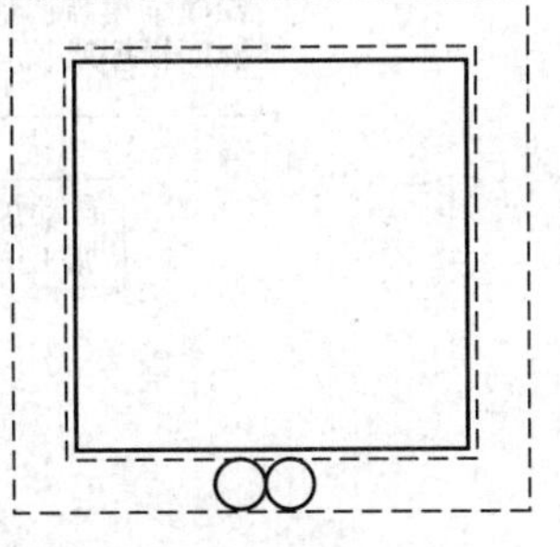

图 1—29　接刀痕的处理

接，为确保导电，在端面贴一小铜片后从四周粘接固定，不要在贴合面处涂胶。线切割常用粘接胶为502胶水，若用导电胶即可不考虑加贴铜片。

4. 废料卡住下臂

切凹模时的废料，切凸模时的工件，若切断后易落下，则切断后应暂停，拿掉废料或工件后再让机床回起点，否则可能会卡住下臂。

第五节　快速走丝电火花线切割加工的操作流程

数控线切割加工，一般作为工件加工的最后一道工序，要使工件达到图样规定的尺寸、形位精度和表面粗糙度等工艺指标。如图1—30所示为数控电火花线切割加工的加工流程。

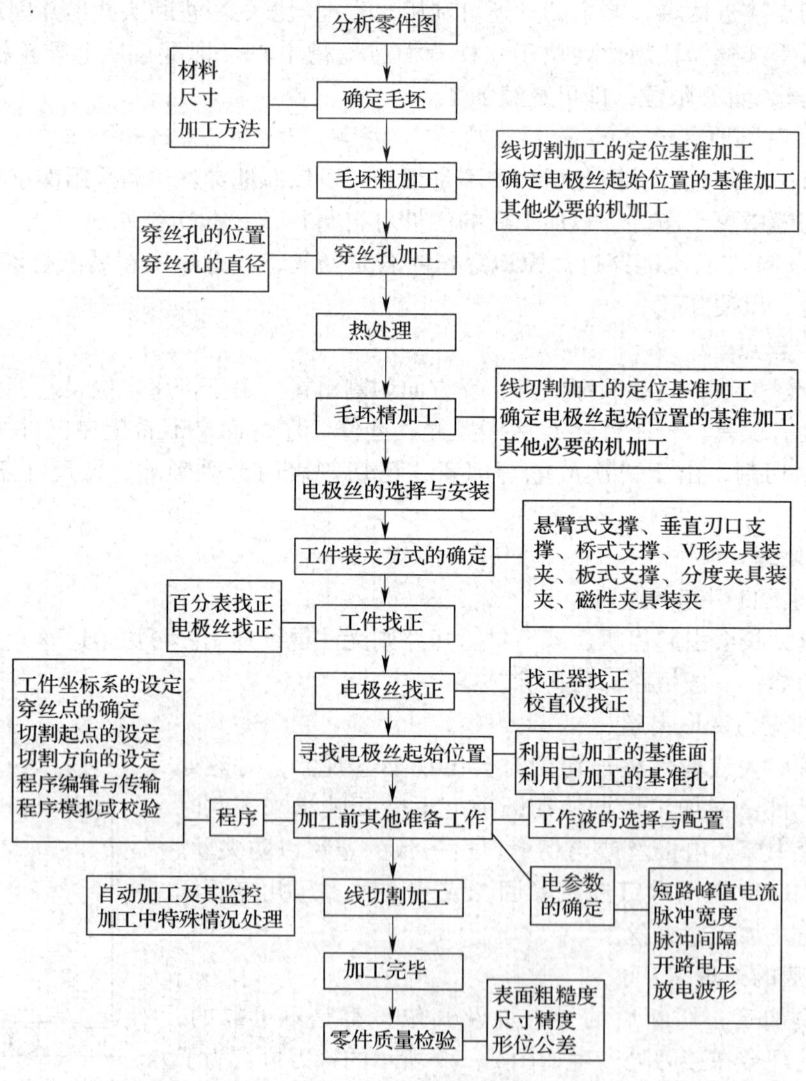

图1—30　数控电火花线切割加工的流程

一、工件准备

1. 工件材料的选定和处理

工件材料的选择是在图样设计时确定的。作为模具加工，在加工前毛坯需经锻打和热处理。锻打后的材料在锻打方向与垂直方向会有不同的残余应力，淬火后也会出现残余应力。加工过程中残余应力的释放会使工件变形，从而达不到尺寸精度要求，淬火不当的工件还会在加工过程中出现裂纹，因此，工件需经两次以上回火或高温回火。另外，加工前还要进行消磁处理以及去除表面氧化皮和锈斑等。

2. 工件加工基准的选择

为了便于线切割加工，根据工件外形和加工要求，应准备相应的校正和加工基准，并且此基准应尽量与图样的设计基准一致，常见的形式有以下两种：

（1）以外形作为校正和加工基准加工外形是矩形的工件，一般需要有两个相互垂直的基准表面，并垂直于工件的上、下面，如图 1—31 所示。

（2）以外形作为校正基准，内孔作为加工基准加工外形是矩形、圆形还是其他异形的工件，都应准备一个与工件的上、下面保持垂直的校正基准，此时其中一个内孔可作为加工基准，如图 1—32 所示。

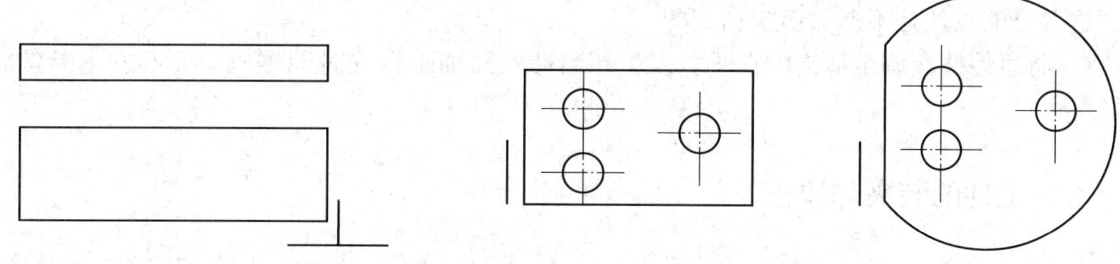

图 1—31　以外形作为校正和加工基准　　　　图 1—32　以外形作为校正基准，内孔作为加工基准

二、快速走丝数控电火花线切割机床的上电操作

1. 机床上电。确认各电气箱、柜的门已关闭后，闭合电源总开关，电源指示灯亮。检查工作台行程限位开关、储丝筒的换向开关及急停开关是否安全可靠。

2. 启动、停止储丝筒。将储丝筒的换向开关及急停开关的撞块调至适当位置，按下储丝筒启功按钮，储丝筒运行正常；停机时，要等储丝筒刚换向后，再按下储丝筒停止按钮。

3. 启动、停止工作液泵。将上下嘴阀门置于开的位置，但不能置于最大的位置，按下工作液启动按钮，此时工作液泵启动，上下水嘴有工作液流出，调整上下水嘴阀门，工作液的流量有明显变化。停止工作液泵时，按下工作液停止按钮。

4．启动、停止数控系统。按下数控系统的启动按钮，数控系统得电并进入自检状态。自检结束后将功放开关闭合，手动正反方向运行 X、Y（带锥度切割的机床也要运行 U、V）拖板。停止时，按下数控系统的停止按钮即可。

加工时，上电操作顺序为：闭合电源总开关、启动数控系统、启动储丝筒、启动工作液泵、启动脉冲电源。

三、上丝、张丝操作

1．上丝。将储丝筒的换向撞块放开，启动储丝筒运行至左端。将电极丝的一端固定在储丝筒左端的压丝螺钉下，可选择手摇方式或自动方式上丝，当丝量达到要求时停止，将电极丝的另一端固定在储丝筒右端的压丝螺钉下。

2．张丝。用换向撞块压下储丝筒左端的换向开关，使用张丝轮将电极丝挑起，摇动（启动）储丝筒，当储丝筒运行至另一端时，停止并将多余的电极丝剪掉，重新压紧。如果电极丝的张力不够，可重复数次，至电极丝的张力达到要求。

四、调整换向撞块位置

1．将储丝筒左右换向撞块调至适当的位置，使储丝筒上的电极丝在两端均留一定的余量，这部分电极丝是不参加切割加工的。

2．将急停撞块调至适当的位置。发生超出储丝筒加工行程时能停机，而不发生断丝故障。

五、工件的装夹与校正

工件装夹时，一方面需要考虑线切割加工时电极丝由上而下穿过工件的因素，另一方面应充分考虑装夹部位、穿丝孔和切入位置，以保证切割路径在机床坐标行程内。

使用机床配备的夹具及附件即可满足使用要求，工件的装夹步骤如下：

（1）擦净工作台面和工件。

（2）用夹具将工件固定在工作台上，压板要平行压紧工件。

（3）在工件夹紧之前，用百分表校正工件平行度，即将工件的水平方向调整到指定的角度，一般为工件的侧面与机床运动的坐标相平行，控制在 0.01 mm 之内。

六、程序的编制与输入

编程有手工编程和自动编程两种类型，程序类型主要有 3B 格式和 ISO 格式两种。

七、工作液的配制与更换

1. 乳化液特点

快走丝线切割选用的工作液是乳化液，乳化液有以下特点：

（1）有一定的绝缘性能。乳化液水溶液的电阻率为 $10^4 \sim 10^5\,\Omega \cdot cm$，适于快走丝对放电介质的要求。另外，由于快走丝的独特放电机理，乳化液会在放电区域金属材料表面形成绝缘膜，即使乳化液使用一段时间后电阻率下降，也能起到绝缘介质的作用，使放电正常进行。

（2）具有良好的洗涤性能。所谓洗涤性能指乳化液在电极丝带动下，渗入工件切缝起溶屑、排屑作用。洗涤性能好的乳化液，切割后的工件易取，且表面光亮。

（3）有良好的冷却性能。高频放电局部温度高，工作液起到了冷却作用，由于乳化液在高速运行的电极丝带动下易进入切缝，因而整个放电区能得到充分冷却。

（4）有良好的防锈能力。线切割要求用水基介质，以去离子水作介质，工件易氧化，而乳化液对金属起到了防锈作用，有其独到之处。

（5）对环境无污染，对人体无害。

2. 常用乳化液种类

常用乳化液有 DX－1 型皂化液、502 型皂化液、植物油皂化液、线切割专用皂化液。

3. 乳化液的配制方法

乳化液一般是以体积比配制的，即以一定比例的乳化液加水配制而成，浓度根据加工要求选择：

（1）加工表面粗糙度和精度要求较高，工件较薄或中厚，配比要浓些，为 8%～15%。

（2）要求切割速度高或加工大厚度工件，浓度淡些，为 5%～8%，以便于排屑。

（3）用蒸馏水配制乳化液，可提高加工效率和表面粗糙度。对于大厚度切割，可适当加入洗涤剂，如“白猫”洗洁精，以改善排屑性能，提高加工稳定性。

根据加工使用经验，新配制的工作液切割效果并不是最好，在使用 20 h 左右时，其切割速度、表面质量最好。

（4）流量的确定

快走丝线切割是靠高速运行的丝把工作液带入切缝的，因此，工作液不需多大压力，只要能充分包住电极丝，浇到切割面上即可。

八、确定电参量

启动机床进行切割，根据加工要求调整加工参数。常用参数含义在前面章节都已介绍。

第六节　快速走丝电火花线切割机床的维护保养

在工厂里到处可见类似“安全第一，质量第一”的各种标语，足可证明机床安全和日常维护保养的重要性。只有机床能够良好运转，才能保证加工出优质的工件。

一、快速走丝电火花线切割加工安全规程

保证快速走丝电火花线切割加工的安全性，要注意两个方面：一方面是人身安全，另一方面是设备安全。具体有以下几点要求：

（1）操作者必须熟悉快速走丝线切割机床的操作技术，开机前应按设备润滑要求，对机床有关部位注油润滑。

（2）操作者必须熟悉快速走丝线切割机床加工工艺，适当地选取加工参数，图 1—33 所示为苏州新火花公司快速走丝线切割机床的常用参数选择专家库，按此选择合适的加工参数进行操作，可以防止断丝等故障发生。

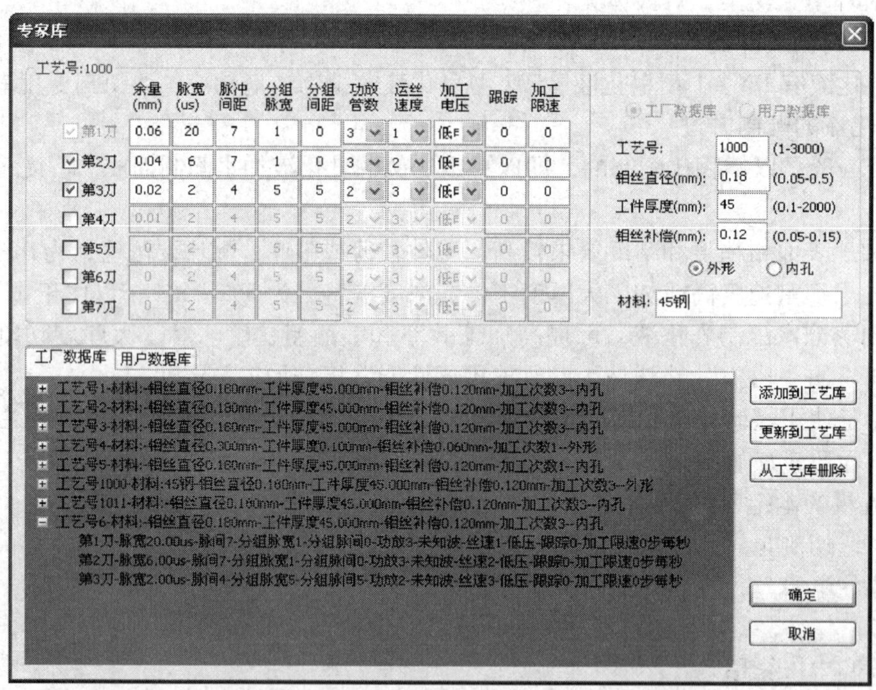

图 1—33　苏州新火花公司快速走丝线切割工艺参数专家库

（3）用手柄操作储丝筒后，应及时将摇柄拔出，防止储丝筒转动时将摇柄甩出伤人。废丝要放在规定的容器内，防止混入电路和走丝系统中，造成电器短路、触电和断丝事故。停机时，要在储丝筒刚换向后尽快按下停止按钮，防止因储丝筒惯性造成断丝及传

动件碰撞。

(4) 正式加工工件之前，应确认工件位置是否安装正确，防止碰撞丝架和因超程撞坏丝杠、螺母等传动部件。对于无超程限位的工作台，要防止超程坠落事故。

(5) 在加工工件之前应对工件进行热处理，尽量消除工件的残余应力，防止切割过程中工件爆裂伤人。加工之前应安装好防护罩。

(6) 在检修机床、机床电器、脉冲电源、控制系统之前，应注意切断电源，防止损坏电路元件和触电事故的发生。

(7) 禁止用湿手按开关或接触电器部分。

(8) 防止工作液等导电物进入电器部分，一旦发生因电器短路造成火灾时，应首先切断电源，立即用氯化碳等合适灭火器灭火，不准用水灭火。

(9) 由于工作液在加工过程中可能因为一时供应不足而产生放电火花，所以机床附近不得放置易燃、易爆物品。

(10) 定期检查机床的保护接地是否可靠，注意各部位是否漏电，尽量采用防触电开关。合上加工电源后，不可用手或手持导电工具同时接触脉冲电源的两输出端（床身与工件）以防触电。

(11) 停机时，应先停高频脉冲电源，再停工作液，让电极丝运行一段时间，并等储丝筒反向后再停走丝。工作结束后，关掉电源，擦净工作台及夹具，并润滑机床。

二、快速走丝电火花线切割机床的常见故障

快速走丝电火花线切割机床中的常见故障及排除方法见表1—11。

表1—11　　机床常见故障及排除方法

序号	加工中的故障	产生原因	排除方法
1	工件表面有明显的丝痕	1）电极丝松动或抖动 2）工作台纵横运动不平衡，储丝筒横向运动时振动大，上线架未夹紧或燕尾间隙过大 3）跟踪不稳定	1）按紧丝方法排除 2）检查调整工作台、储丝筒精度以及上线架 3）调节电参数
2	抖丝	1）电极丝松动 2）长期使用、轴承、导轮、排丝轮磨损 3）储丝筒换向时冲击及储丝筒跳动增大 4）电极丝弯曲不直	1）将电极丝收紧 2）更换轴承、导轮、排丝轮 3）调整储丝筒 4）更换电极丝
3	导轮跳动有啸叫声，转动不灵活	1）导轮轴向间隙大 2）冷却液进入轴承 3）长期使用轴承精度降低，导轮磨损	1）调整导轮轴向间隙 2）用煤油清洗轴承 3）更换轴承及导轮

续表

序号	加工中的故障	产生原因	排除方法
4	断丝	1）电极丝长期使用老化发脆 2）严重抖丝 3）冷却液供应不足电蚀物排泄不出 4）工件厚度和电参数选择配合不当 5）筒拖板换向间隙大造成不当 6）开关失灵拖板超出行程位置 7）表面有氧化皮	1）更换电极丝 2）检查导轮及排丝轮 3）调节冷却液流量 4）正确选择电参数 5）调整拖板换向间隙 6）检查限位开关 7）手动切入或去氧化皮
5	松丝	1）电极丝安装太松 2）电极丝使用时间过长产生松丝	1）重新紧丝 2）紧丝或更换电极丝
6	烧伤	1）脉冲电源电参数选择不当 2）冷却液太脏供应不足 3）自动调频不灵敏	1）正确调整电参数 2）更换冷却液 3）检查控制器
7	工作精度不符	1）传动丝杠间隙过大 2）传动齿轮间隙过大 3）数控装置失灵	1）调整丝杠、螺母副 2）调整齿轮间隙 3）检查数控装置

三、快速走丝电火花线切割机床的维护与保养

为了保持机床能正常可靠地工作，充分发挥作用，延长其使用寿命，对电火花线切割机床的维护保养是必不可少的。

一般的维护保养有两种，即日常维护保养和定期维护保养。

1. 日常维护保养

（1）日常维护保养主要内容

日常维护保养的主要内容有润滑运动部件、调整传动机构和更换易损件。每班维护时，班前要对设备进行点检，查看有无异常，并按润滑图表规定加油；确认安全装置及电源等是否良好。先空车运转，等到充分润滑及达到热平衡后再工作。对运行中的设备要注意观察，发现问题必须立即停机处理。同时严格遵守操作规程。对不能排除故障的设备要填写设备故障维修单，交维修部门，检修完成后由操作者签字验收。下班时要切断电源，清扫、擦拭设备，在设备导轨部位涂油，清理工作场地、保持设备及周围环境清洁。

（2）日常维护应注意的主要方面

1）避开阳光直射，尽量远离振动源。机床附近不应有电焊机、高频处理设备等，避免高温对机床精度的影响，始终保持机床的清洁与完整。经常清理数控装置的散热通风系统，便于数控系统可靠运行。有超温情况时，一定要立即停机检测。

2）机床电源保持稳定，波动范围控制在 -15% ~10%。最好有稳压装置和防止损坏

系统。

3）润滑装置要保持清洁，油路畅通，各部位润滑良好。油液必须符合标准。

4）电气系统的控制柜和强电柜的门应尽量少开。防止灰尘、油雾对电子元器件的腐蚀。

2. 定期维护

设备的定期维护是在维修工的配合下，由操作者进行的定期维护作业按设备管理部门的计划执行。在维护作业中发现的故障隐患，一般由操作者自行排除，不能完成的则以维修工为主、操作者配合进行处理，并按规定做好记录备查。设备定期维护后要由机械员（师）组织维修组验收，由设备部门抽查。

定期维护的主要内容有：

（1）清洁

拆卸指定部件、箱盖及防尘罩等，彻底清洗，擦拭各部件内外；更换冷却液及清洗冷却液箱；补齐手柄、手球、螺钉、螺母及油嘴等机件，保持设备完整；清扫、检查、调整电气线路及装置。

（2）定期润滑

疏通油路，清扫滤油器，检修油毡、油线、油标，增添或更换润滑油。线切割机床上需定期润滑的部位主要有机床导轨、丝杠螺母、传动齿轮、导轨轴承等，一般用油枪注入。轴承和滚珠丝杠如果是保护套式的，可以经半年或一年后拆开注油。机床各部位润滑情况见表1—12。

表1—12　　机床各部位润滑情况

序号	润滑部位	油品牌号	润滑方式	润滑周期
1	*X*、*Y*向导轨	根据参考书选择润滑脂	油枪注射	半年
2	*X*、*Y*向丝杠	根据参考书选择润滑脂	油枪注射	半年
3	滑枕上下移动导轨	根据参考书选择机油	油枪注射	每月
4	储丝筒导轨	根据参考书选择机油	油枪注入	每日
5	储丝筒丝杠	根据参考书选择润滑脂	油枪注入	每日
6	储丝筒齿轮	根据参考书选择机油	油枪注入	每日
7	*U*、*V*轴导轨丝杠	根据参考书选择润滑脂	装配时填入	大修
8	机床特别要求	参考机床说明书	厂家要求	要求

（3）定期调整

对于丝杠螺母，部分快速走丝电火花线切割机床采用锥形开槽式的调节螺母，需拧紧一些，凭经验和手感确定间隙，保持转动灵活。滚动导轨的调整方法为松开工作台一边的导轨固定螺钉，拧调节螺钉，看百分表的反应，使其靠紧另一边。挡丝块和进电块的调整在于改变电极丝与挡丝块和进电块的接触位置。因为挡丝块和进电块使用很长时间后，会摩擦出沟痕，易造成电极丝断，所以需转动或移动，以改变接触位置。

4）检查和调整各部分配合间隙，更换个别易损件及密封件

需定期更换的快速走丝电火花线切割机床上的易损件有导轮、进电块、挡丝块和导轮轴承。这些部件易磨损，要及时检查，发现后应更换。进电块、挡丝块目前常用硬质合金制成，只需改变位置，避开已磨损的部位即可。

第七节　简单零件的手工编程

在生产中有各式各样的快速走丝电火花线切割机床，尽管它们的数控系统不一定相同，但大部分数控机床都能够兼容 ISO 代码指令。数控机床的控制系统是按照人的“指令”去控制机床加工的。因此，必须事先把要加工的图形，用机器所能接受的“语言”编排好“指令”，这项工作叫作数控编程，简称编程。

一、ISO 代码指令编程中的坐标系及运动方向

1．运动方向的确定

相关标准规定：机床某一部件运动的正方向，是增大工件和刀具之间距离的方向。

（1）*Z* 坐标的运动

线切割机床 *Z* 轴垂直于工件上表面。

（2）*Y* 坐标的运动

操作者站立在操作面板前面，指向人的方向即为线切割机床的 *Y* 方向。

（3）*X* 坐标的运动

垂直于 *Y*、*Z* 轴线的方向。

2．绝对坐标系与增量（相对）坐标系

本系统中有两种坐标系，绝对坐标系和增量坐标系。所谓绝对坐标系，即每一点的坐标值都是以所选坐标系原点为参考点而得出的值。所谓增量坐标系，则是指当前点的坐标值是以上一个点为参考点而得出的值，如图 1—34 所示。

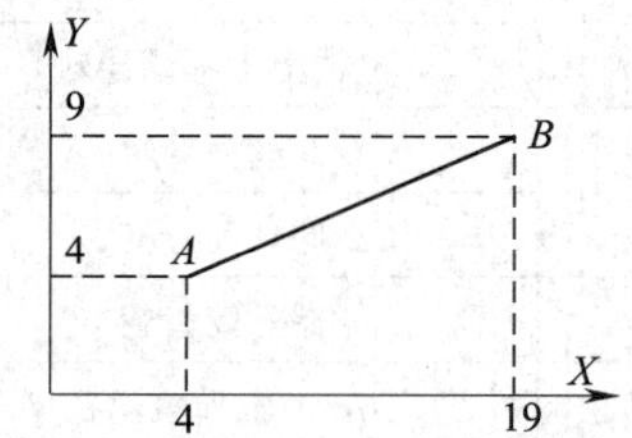

图 1—34　绝对坐标系与增量坐标系

从 *A*（4，4）点加工到 *B*（19，9）点，采用不同坐标方式得到的程序如下：

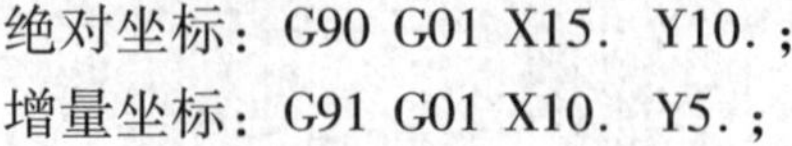

绝对坐标：G90 G01 X15. Y10.；

增量坐标：G91 G01 X10. Y5.；

二、数控系统的 ISO 代码概要

1．字符集

编程中能够使用的字符如下：

数字字符：0 1 2 3 4 5 6 7 8 9

字母字符：A B C D E F G H I J K L M N O P Q R S T U V W X Y Z

特殊字符： + － ；/ 空格 .（ ）

2. 字

所谓字，就是字母（地址）后接一个相应的数据的组合体，它是组成程序的最基本单位。

例如：G00，M05，T84，G01，X17.88 等。

3. 代码与数据

代码和数据的输入形式如下：

A*：指定加工锥度，其后接一位十进制数。

C***：加工条件号，如 C007，C105。

D/H***：补偿代码，从 H000 ~ H099 共有 100 个。可给每个代码赋值，范围为 ±99999.999 mm 或 ±9999.9999 in。

G**：准备功能，可指令插补、平面、坐标系等，如 G00、G17、G54。

I*，J*，K*：表示圆弧中心坐标，数据范围为 ±99999.999 mm 或 ±9999.9999 in，如 I5. J10。

L*：子程序重复执行次数，后接 1 ~3 位十进制数，最多为 999 次，如 L5，L99。

M**：辅助功能代码，如 M00，M02，M05。

N****/O****：程序的顺序号，最多可有一万个顺序号，如 N0000，N9999 等。

P****：指定调用子程序的序号，如 P0001，P0100。

R：转角 R 功能。后接的数据为所插圆弧的半径，最大为 99999.999 mm。

SF：变换加工条件中的 SF 的值，其后接一位十进制数。

T**：表示一部分机床控制功能，如 T84，T85。

X*，Y*，Z*，U*，V*，W*：坐标值代码，指定坐标移动值，数据范围为 ±99999.999 mm 或 ±9999.9999 in。

4. 注释

在自动生成的程序中，会有一些用（）括起来的字符，一般为 NC 程序的注释部分，并非执行对象，仅对该段程序进行说明。例如：

```
(Main Program)；……………………注释
G90 G92 X0 Y0；
M98 P0010；
G05；(X Mirror Image ON)；………注释
⋮
(Sub Program)；…………………………注释
⋮
```

5．段

所谓段，就是由一个地址或符号“/”开始，以“;”结束的一行程序。一个 NC 程序由若干个段组合而成。一个段内有如下约束：

（1）若在一段内含有两个或多个轴，依据代码，可同时处理。

（2）在一个段内不能有多个运动代码，否则将出错。

例如：G00 X10. G01 Y－10.；………一个段内有 G00 和 G01 则出错。

应为：G00 X10.；

G01 Y－10.；

（3）在一个段内不能有相同的轴标识，否则将出错。

例如：G01 X10. Y20. X40.；……一个段内有两个 X 轴标识则出错。

三、准备功能 G 代码

1．G90（绝对坐标指令）、G91（增量坐标指令）

G90：绝对坐标指令，即所有点的坐标值均以坐标系的零点为参考点。

G91：增量坐标指令，即当前点坐标值是以上一点为参考点得出的。

2．G92（设置当前点的坐标值）

G92 代码把当前点的坐标设置成需要的值。

例如：G92 X0 Y0；……………把当前点的坐标设置为（0，0），即坐标原点。

又如：G92 X10 Y0；……………把当前点的坐标设置为（10，0）。

（1）在补偿方式下，如果遇到 G92 代码，会暂时中断补偿功能，相当于撤销一次补偿，执行下一段程序时，再重新建立补偿。

（2）每个程序的开头一定要有 G92 代码，否则可能会发生不可预测的错误。G92 只能定义当前点在当前坐标系的坐标值，而不能定义该点在其他坐标系的坐标值。

（3）G54，G55，G56，G57，G58，G59（工作坐标系 0～5）

这组代码用来选择工作坐标系，从 G54～G59 共有六个坐标系可选择，以方便编程。这组代码可以和 G92，G90，G91 等一起使用。

（4）G00（定位、移动轴）

格式：G00｛轴 1｝ ± ｛数据 1｝｛轴 2｝ ± ｛数据 2｝；

G00 代码为定位指令，用来快速移动轴。执行此指令后，不加工而移动轴到指定的位置。可以是一个轴移动，也可以是两个轴移动。例如：

G00 X＋10. Y－20.；

轴标识后面的数据如果为正，“＋”号可以省略，但不能出现空格或其他字符，否则属于格式错误。这一规定也适用于其他代码。例如：

G00 X 10. YA10.；

↑ ↑

出错，轴标识和数据间不应有空格或字符

3. G01（直线插补加工）

格式：G01｛轴1｝ ± ｛数据1｝｛轴2｝ ± ｛数据2｝；

用G01代码，可指令各轴直线插补加工，最多可以有四个轴标识及数据。例如：

G01 X20. Y60.；

4. G02，G03（圆弧插补加工）

格式：｛平面指定｝｛圆弧方向｝｛终点坐标｝｛圆心坐标｝；

用于两坐标平面的圆弧插补加工。平面指定默认值为*XOY*平面。G02表示顺时针方向加工，G03表示逆时针方向加工。圆心坐标分别用I、J、K表示，它是圆心相对于圆弧起点的坐标增量值。

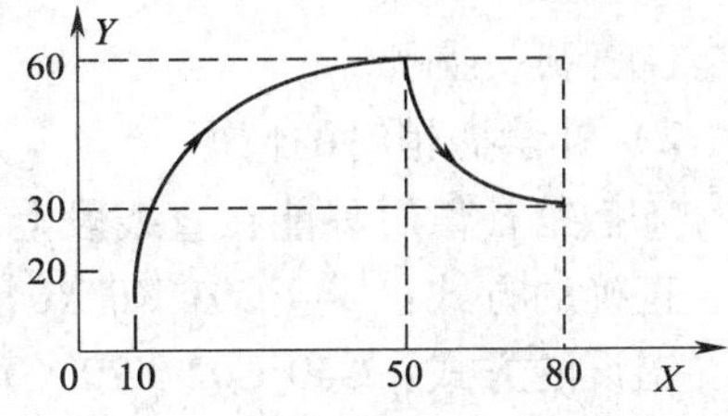

图1—35 圆指令

例如图1—35加工指令：

G17 G90 G54 G00 X10. Y20.；

C001 G02 X50. Y60. I40.；

G03 X80. Y30. I20.；

I、J有一个为零时可以省略，如此例中的J0。但不能都为零、都省略，否则会出错。

5. G04（停歇指令）

格式：G04 X｛数据｝；

执行完一段程序之后，暂停一段时间，再执行下一程序段。X后面的数据即为暂停时间，单位为秒，最大值为99999.999 s。例如暂停5.8 s的程序：

公制：G04 X5.8；或G04 X5800；

英制：G04 X5.8；或G04 X58000；

6. G20，G21（单位选择）

这组代码应放在NC程序的开头。

G20：英制，有小数点为英寸，否则为万分之一英寸。如0.5英寸可写作“0.5”或“5000”。

G21：公制，有小数点为毫米，否则为微米。如1.2 mm可写作“1.2”或“1200”。

7. G40，G41，G42（补偿和取消补偿）

格式：G41 H＊＊＊；

G41为电极左补偿，G42为电极右补偿。它是在电极运行轨迹的前进方向上，向左（或者向右）偏移一定量，偏移量由H＊＊＊确定。G40为取消补偿。

（1）补偿值（D，H）

较常用的是H代码，从H000～H099共有100个补偿码，它存于“offset. sys”文件中，开机即自动调入内存。可通过赋值语句H＊＊＊ =赋值，范围为0～99999999。

（2）补偿开始的情形

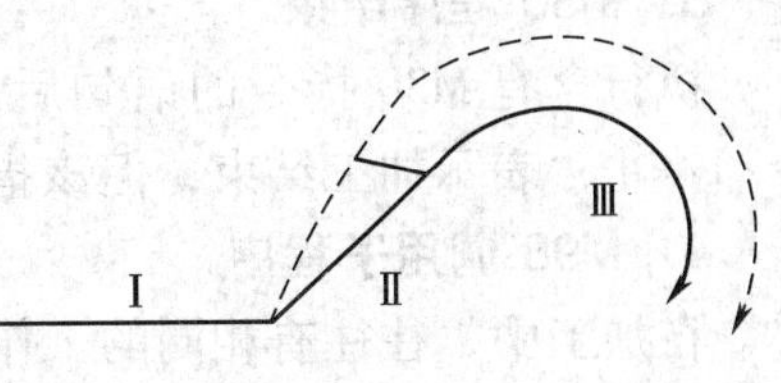

图1—36 补偿图

图1—36所示为补偿建立的过程。在第Ⅰ段中，无

补偿，电极中心轨迹与编程轨迹重合；第Ⅱ段中，补偿从无到有，称为补偿的初始建立段，规定这一段只能用直线插补指令，不能用圆弧插补指令，否则会出错；第Ⅲ段中，补偿已经建立，故称为补偿进行段。

1）补偿进行中的几种情形

①直线—直线

②直线—圆弧

③圆弧—直线

④圆弧—圆弧

2）补偿撤销时的情形

①撤销补偿时只能在直线段上进行，在圆弧段撤销补偿将会引起错误。

正确的方式：G40 G01 X0 Y0；

错误的方式：G40 G02 X20. Y0 I10. J0；

②当补偿值为零时，运动轨迹与撤销补偿一样，但补偿模式并没有被取消。

3）改变补偿方向

在补偿方式下改变补偿方向时（由 G41 变为 G42，或由 G42 变为 G41），电极由第一段补偿终点插补走到下一段的补偿终点。

4）补偿模式下的 G92 代码

在补偿模式下，如果程序中遇到了 G92 代码，那么补偿会暂时取消，在下一段，像补偿起始建立段一样再把补偿值加上。

四、常用辅助功能 M 指令

M 指令是用来控制机床各种辅助动作及开关状态的。如主轴的转与停、冷却液的开与关等。程序的每一个语句中 M 代码只能出现一次。

1．M00 程序暂停

执行含有 M00 指令的语句后，机床自动停止。如果编程者想要在加工中使机床暂停（检验工件、调整、排屑等），使用 M00 指令，重新启动程序后，才能继续执行后续程序。

2．M02 程序结束

执行含有 M02 指令的语句后，机床自动停止。机床的数控单元复位，如主轴、进给、冷却停止，表示加工结束，但该指令并不返回程序起始位置。

3．M30 程序结束

执行含有 M30 指令的语句后，机床自动停止。机床的数控单元复位，如主轴、进给、冷却停止，表示加工结束，但该指令返回程序起始位置。

4．M98 调用子程序

在加工中，往往有相同的工作步骤，将这些相同的步骤编成固定的程序，在需要的地方调用，那么整个程序将会简化和缩短。我们把调用固定程序的程序叫作主程序，把这个固定程序叫作子程序，并以程序开始的序号来定义子程序。当主程序调用子程序时只需指定它的序号，并将此子程序当作一个单段程序来对待。

主程序调用子程序的格式：M98 P＊＊＊＊ L＊＊＊；

其中：P＊＊＊＊为要调用的子程序的序号，L＊＊＊为子程序调用次数。如果 L＊＊＊省略，那么此子程序只调用一次，如果为“L0”，那么不调用此子程序。子程序最多可调用 999 次。

5．M99 子程序结束指令

子程序以 M99 作为结束标识。当执行到 M99 时，返回主程序，继续执行下面的程序。

在主程序调用的子程序中，还可以再调用其他子程序，它的处理和主程序调用子程序相同。这种方式称作嵌套（nesting），如图 1—37 所示。

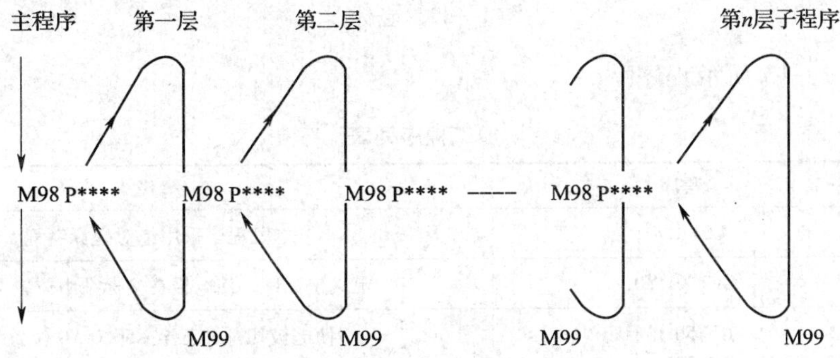

图 1—37　子程序调用嵌套示意图

五、快速走丝电火花线切割手工编程实例

完成图 1—38 所示典型零件的手工编程。

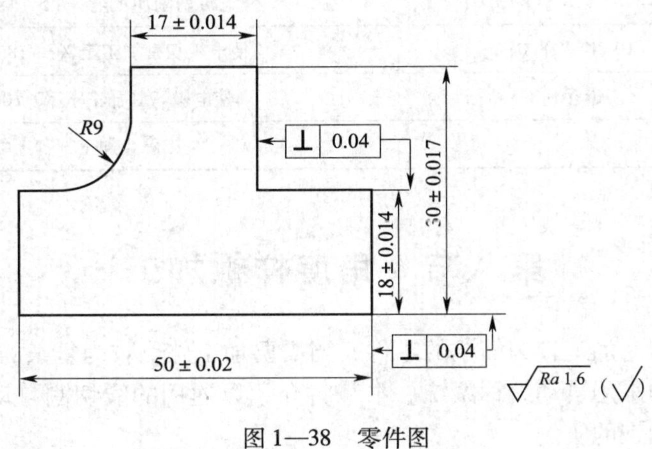

图 1—38　零件图

首先按照零件图标注出各角点的坐标，如图 1—39 所示。

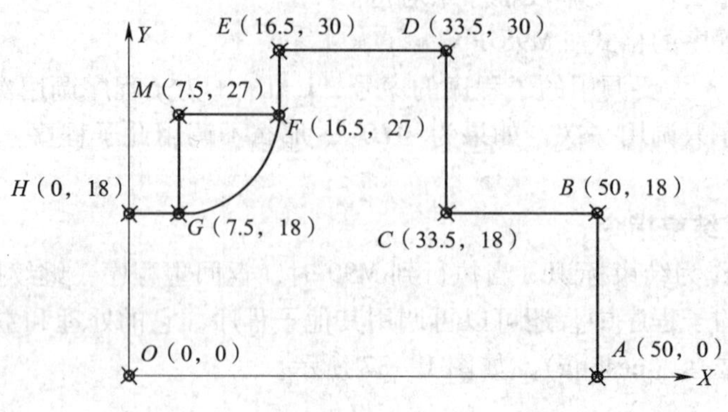

图 1—39 坐标图

编制如表 1—13 所示程序：

表 1—13 加工程序列表

程序段号	程序	解释
N0010	G21 G90；	本段程序采用绝对坐标编程
N0020	G92 X0 Y0；	定义坐标系，使电极在坐标系中位置 X0 Y0
N0030	G01 X50.0 Y0；	使电极切割加工至 X50.0 Y0 位置处
N0040	X50.0 Y18.0；	使电极切割加工至 X50.0 Y18.0 位置处
N0050	X33.5 Y18.0；	使电极切割加工至 X33.5 Y18.0 位置处
N0060	X33.5 Y30.0；	使电极切割加工至 X33.5 Y30.0 位置处
N0070	X16.5 Y30.0；	使电极切割加工至 X16.5 Y30.0 位置处
N0080	X16.5 Y27.0；	使电极切割加工至 X16.5 Y27.0 位置处
N0090	G02 X7.5 Y18.0 I-9.0；	使电极切割加工至 X7.5 Y18.0 位置处
N0100	G01 X0 Y18.0；	使电极切割加工至 X0 Y18.0 位置处
N0110	X0 Y0；	使电极切割加工至 X0 Y0 位置处
N0120	M02；	机床停止加工，程序复位

第八节 角度样板加工

手工编程一般针对加工较为简单的零件，当需要加工外形较为复杂的零件时，手工编程就比较困难了，必须采用自动编程系统。本节将介绍以通用的线切割自动编程系统 AutoCut 完成零件的编程与加工的实例。

一、AutoCut 快速走丝电火花线切割机床编程系统

1．概述

AutoCut 快速走丝电火花线切割编控系统是基于 Windows XP 平台的线切割编控系统。用户用 CAD 软件根据加工图样绘制加工图形，对 CAD 图形进行线切割工艺处理，生成线切割加工的二维或三维数据，并进行零件加工；在加工过程中，本系统能够智能控制加工速度和加工参数，完成对不同加工要求的加工控制。这种以图形方式进行加工的方法，是线切割领域内的 CAD 和 CAM 系统的有机结合。

系统具有切割速度自适应控制、切割进程实时显示、加工预览等方便的操作功能。同时，对于各种故障（断电、死机等）提供了完善的保护，防止工件报废。

如图 1—40 所示，AutoCut 系统是一套完整的线切割解决方案。AutoCut 系统由 AutoCut 系统软件、基于 PCI 总线的运动控制卡、高可靠、免维护的节能步进电动机驱动主板（可选）、高频振荡信号放大板构成。AutoCut 系统软件包含 AutoCAD 线切割模块、AutoCut CAD（包含线切割模块）、CAXA 的 AutoCut 插件以及机床控制软件。

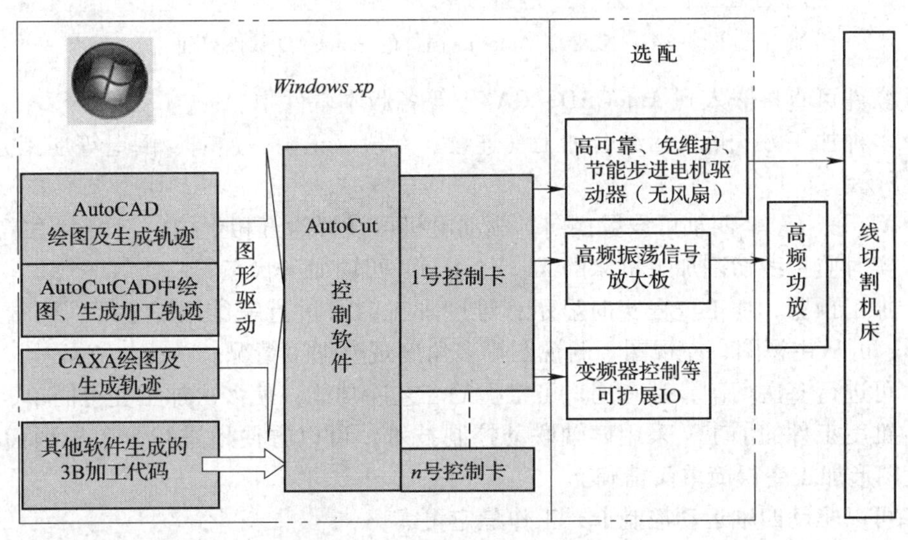

图 1—40　AutoCut 系统结构

AutoCut 系统软件简单地来说就是 AutoCAD、CAXA 软件的一个线切割编程插件，如图 1—41 所示，在 AutoCAD 2004 版本中安装了 AutoCut 插件。一般来说，在计算机上只要安装 AutoCAD 最简化版就可以了，AutoCut 插件一般也只有 7 M 左右。AutoCAD 软件以及 AutoCut 插件在网络上都可以下载，安装过程也非常容易。

2．AutoCut 系统主要功能

（1）支持图形驱动自动编程，用户无需接触代码，只需对加工图形设置加工工艺，便可进行加工；同时，支持多种线切割软件生成的 3B 代码、G 代码等加工代码。

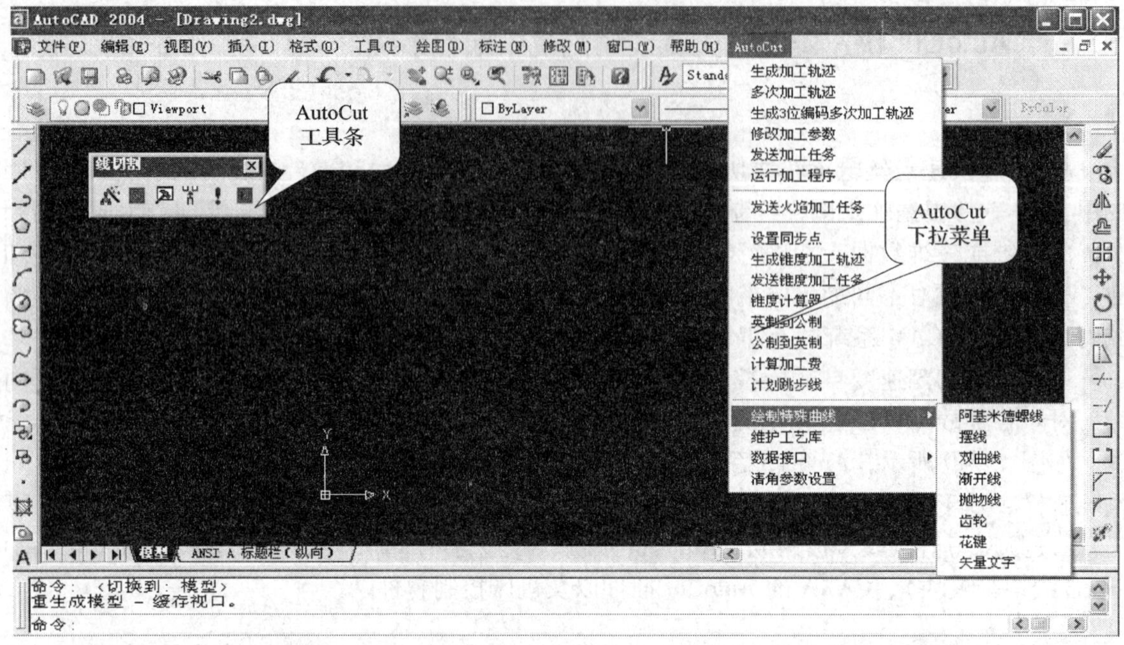

图 1—41　安装了 AutoCut 插件的 AutoCAD 软件界面

（2）软件可直接嵌入到 AutoCAD、CAXA 等各版本软件中。

（3）多种加工方式可灵活组合加工（连续、单段、正向、逆向、倒退等加工方式），如图 1—42 所示。

（4）X、Y、U、V 四轴可设置换向，驱动电机可设置为五相十拍、三相六拍等。

（5）实时监控线切割加工机床的 X、Y、U、V 四轴加工状态。

（6）加工预览，加工进程实时显示；锥度加工时可进行三维跟踪显示，可放大、缩小观看图形，可从主视图、左视图、俯视图等多角度观察加工情况。

（7）可进行多次切割，带有用户可维护的工艺库功能，使多次加工变得简单、可靠。

（8）锥度工件的加工，采用四轴联动控制技术，可以方便地进行上下异形面加工，使复杂锥度图形加工变得简单而精确。

（9）可以驱动四轴运动控制卡，工作稳定可靠。

（10）支持多卡并行工作，一台电脑可以同时控制多台线切割机床；图 1—43 所示可以控制 6 台机床，在未与机床连接时，可以使用虚拟卡进行模拟。

（11）具有自动报警功能，在加工完毕或故障时自动报警，报警时间可设置。

（12）支持清角延时处理，在加工轨迹拐角处进行延时，以改善电极丝弯曲造成的偏差。

（13）支持两种加工模式：普通快走丝模式、中走丝通信输出模式。

（14）具有断电时自动保存加工状态、上电恢复加工，短路自动回退等故障处理功能。

（15）加工结束时自动关闭机床电源。

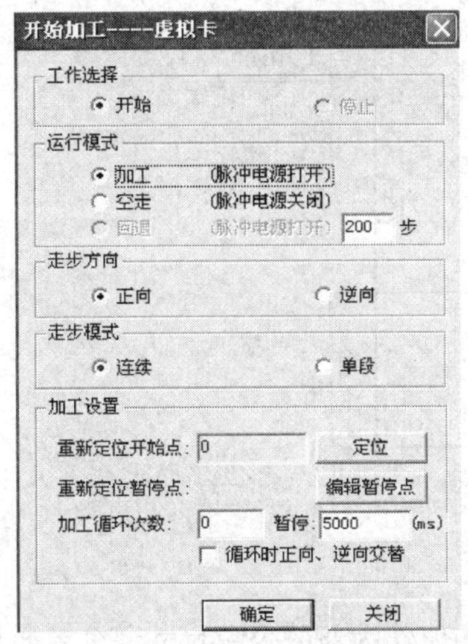

图 1—42　多种加工方式

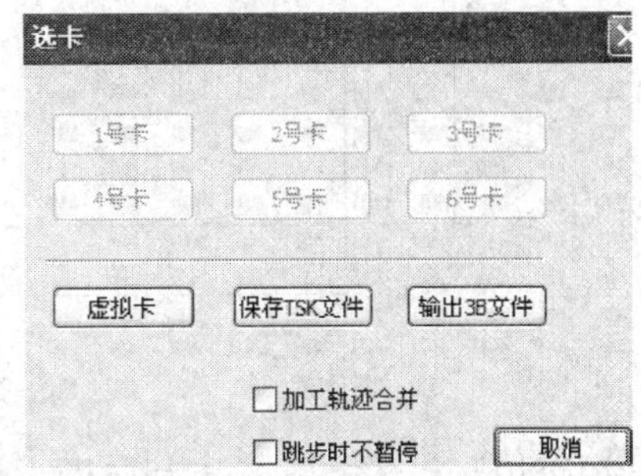

图 1—43　控制多台机床

3. AutoCut 系统主要特点

(1) 采用图形驱动技术，降低了工人的劳动强度，提高了工人的工作效率，减少了误操作机会。

(2) 面向 Windows XP 等各版本用户，软件使用简单，即学即会。

(3) 直接嵌入到 AutoCAD、CAXA 等各版本软件中，实现了 CAD/CAM 一体化，扩大了线切割可加工对象。

(4) 锥度工件的加工，采用四轴联动控制技术；三维设计加工轨迹；并对导轮半径、电极丝直径、单边放电间隙以及大锥度的椭圆误差进行补偿，以消除锥度加工的理论误差。

(5) 采用多卡并行技术，一台电脑可以同时控制多台线切割机床。

(6) 可进行多次切割，带有用户可维护的工艺库功能，智能控制加工速度和加工参数，以提高表面光洁度和尺寸精度，使多次加工变得简单、可靠。

(7) 本软件对超厚工件（1 m 以上）的加工进行了优化，使其跟踪稳定、可靠。

二、加工角度样板

采用 AuotCut 线切割系统按图 1—44 所示零件图加工零件。

通过零件图分析，要完成图 1—44 所示精度，必须要完成对公差的转换处理。在此基础上才能加工出合格的零件。

1. 变换公差

零件图中如果有不同类型的公差，不能够都按图中公称尺寸绘图。只有在对称偏差标注时，是按公称尺寸绘图。在 CAD 软件中绘图的尺寸为理想尺寸，无偏差。而实际加工中误差是永远存在的，在同一个零件中的尺寸偏差方向应该是一致的。所以，为了减少实际偏差，在零件图中有不同类型的公差时必须将尺寸转换为对称偏差标注形式。

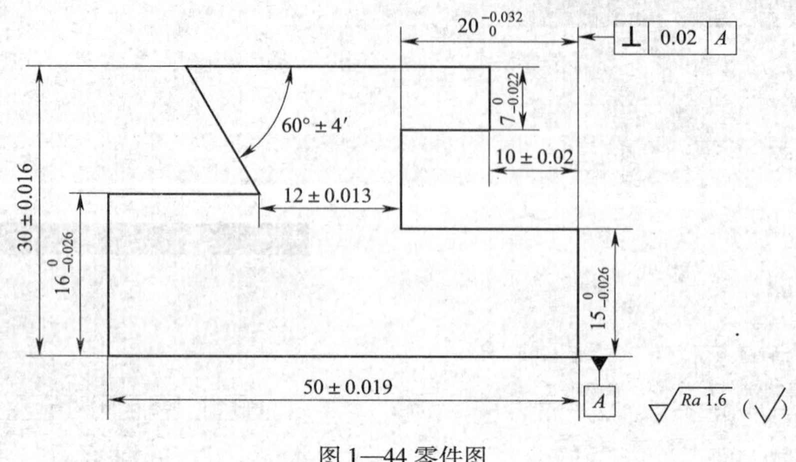

图 1—44 零件图

尺寸标注转换方式是将最大与最小极限尺寸的平均值作为新的公称尺寸，公差数值一半作为对称偏差数值。例如图 1—44 中有单向正偏差、单向负偏差、对称偏差，其公差转换形式见表 1—14。

表 1—14　　公差转换表

序列	原公称尺寸	转换公差后的尺寸	绘图尺寸
1	16	15. 087 ±0. 013	15. 087
2	20	20. 016 ±0. 016	20. 016
3	7	6. 089 ±0. 011	6. 089
4	15	14. 087 ±0. 013	14. 087

2. 自动编程

(1) 绘制加工轮廓

利用 AutoCut 系统绘制出零件图，绘制方法与在 AutoCAD 软件中绘制方法完全一样，在这里不再赘述，绘制结果如图 1—45 所示。

(2) 编制加工路径

在 AutoCAD 线切割模块中有三种设计轨迹的方法：生成加工轨迹、生成多次加工轨迹和生成锥度加工轨迹。在这个任务中不要求较高的表面质量，可以单次加工轨迹。

点击菜单栏上的“AutoCut”下拉菜单，选“生成加工轨迹”菜单项，或者点击工具条上的按钮，会弹出图 1—46 所示的对话框，这是快走丝线切割机生成加工轨迹时需要设置的参数。设置补偿值需要根据实际使用钼丝的直径和放电间隙，通常情况下钼丝直径为 0. 18 mm，则设置补偿值为 0. 1 mm，并选择好左补偿或右补偿。

在命令行提示栏中会提示“请输入穿丝点坐标”，可以手动在命令行中用相对坐标或者绝对坐标的形式输入穿丝点坐标，也可以用鼠标在屏幕上点击鼠标左健选择一点作为穿丝点坐标，穿丝点确定后，命令行会提示“请输入切入点坐标”，这里要注意，切入点一定要选

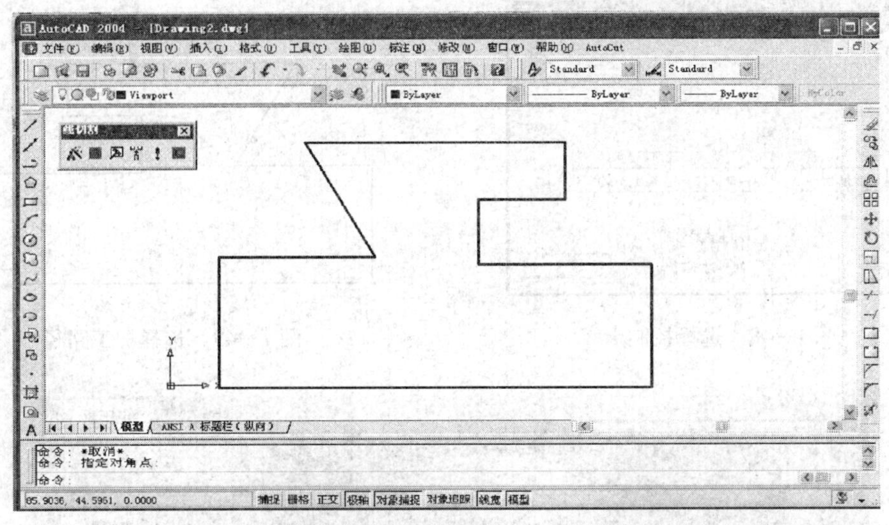

图 1—45　零件图在 AutoCut 系统中

在所绘制的图形上，否则是无效的，切入点的坐标可以手工在命令行中输入，也可以用鼠标在图形上选取任意一点作为切入点，切入点选中后，命令行会提示“请选择加工方向”，如图 1—47 所示。

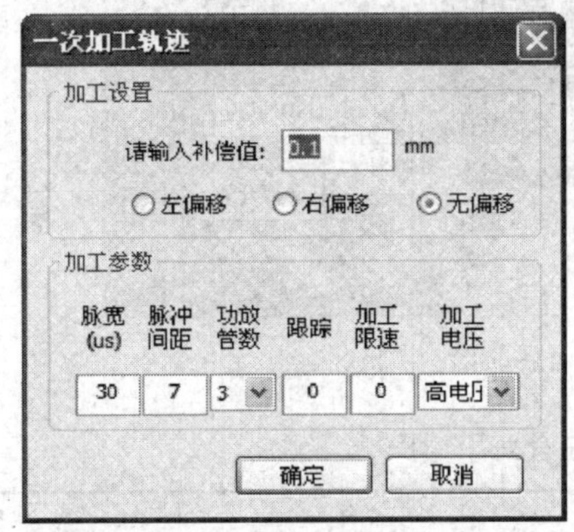

图 1—46　快走丝加工轨迹参数

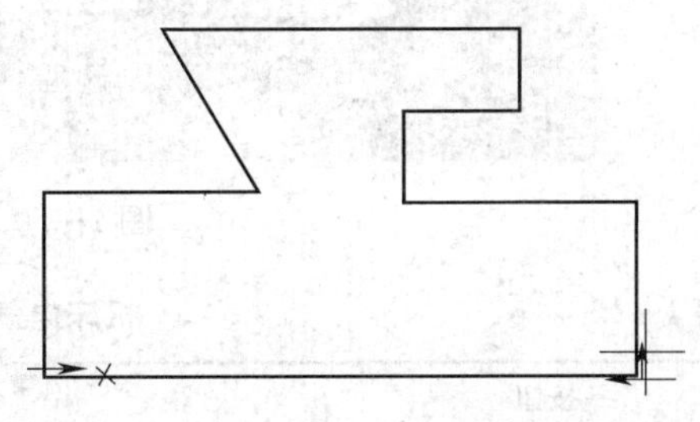

图 1—47　加工方向设置

（3）发送加工任务

点击菜单栏上的“AutoCut”下拉菜单，选“发送加工任务”菜单项，或者点击图形按钮，会弹出“选卡”对话框。如果只连接一台机床，只有“1 号卡”与“虚拟卡”显亮。如果没有连接机床，可以使用“虚拟卡”进行模拟加工，此时只有“虚拟卡”显亮，如图 1—48 所示。用鼠标左键点选图 1—49 中粉色的轨迹，可以进入加工控制软件。

3．认识机床各功能键

各种品牌的快走丝线切割机床的面板功能键都是类似的，下面以苏州新火花机床公司生产的快走丝线切割机床为例介绍面板上各功能键的功能。

（1）图 1—50 所示为机床电气柜脉冲电源操作面板，表 1—15 为各按钮的含义。

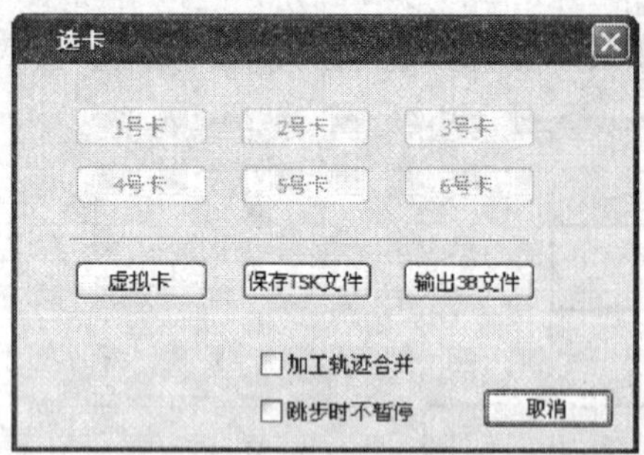

图 1—48　选择控制卡

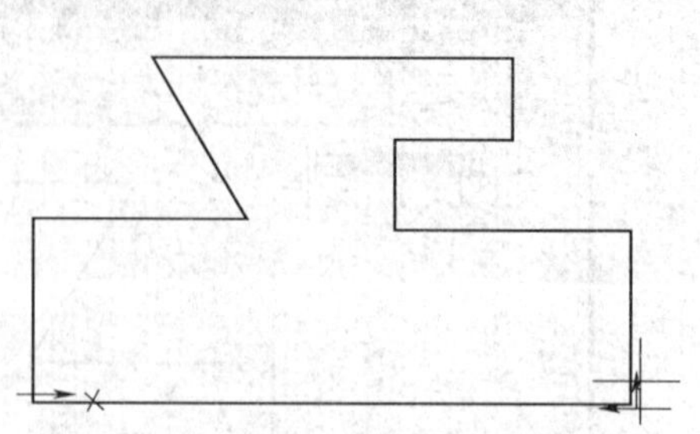

图 1—49　选择加工路径

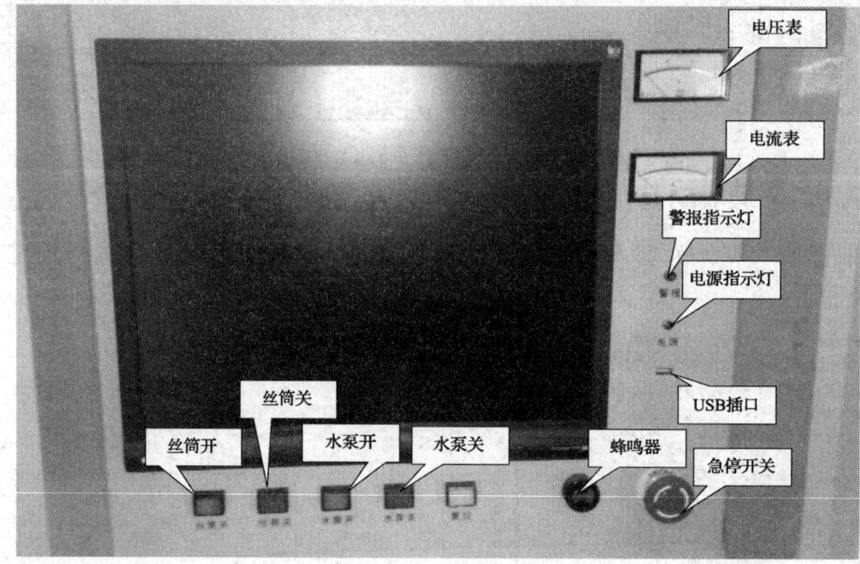

图 1—50　机床电气柜按钮

表 1—15　　机床电气柜面板按钮含义

序号	按钮	功　用	备注
1	储丝筒开	控制手柄上的储丝筒运转速度使储丝筒旋转	
2	储丝筒关	停止储丝筒旋转	
3	水泵开	开启水泵	
4	水泵关	关闭水泵	
5	蜂鸣器	在机床工作过程中，有警报出现，会发出响声	
6	急停开关	在任何时候可以停止机床工作，防止事故的发生	
7	USB 插口	从 USB 接口储存设备导入需要的图形、数据等	
8	警报指示灯	在机床工作过程中，有警报出现，指示灯显亮	
9	电源指示灯	电源打开的情况下，指示灯显亮	
10	电压表	显示当前电压值	
11	电流表	显示当前电流值	

（2）控制手柄

图 1—51 所示为控制手柄，各按钮功能基本和控制柜的按钮功能对应，主要区别是右上角的旋钮是用来控制储丝筒旋转的速度，以适应上丝需要。

4．装夹工件

按前面章节介绍过的悬臂梁装夹形式装夹工件。

5．打开主机

主机开关，如图 1—52 所示。

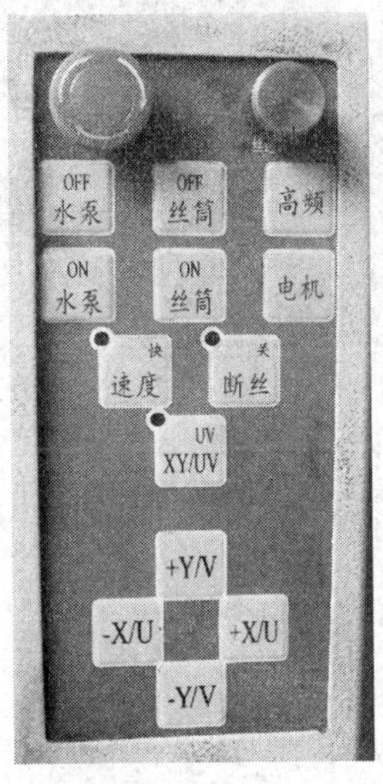

图 1—51　控制手柄

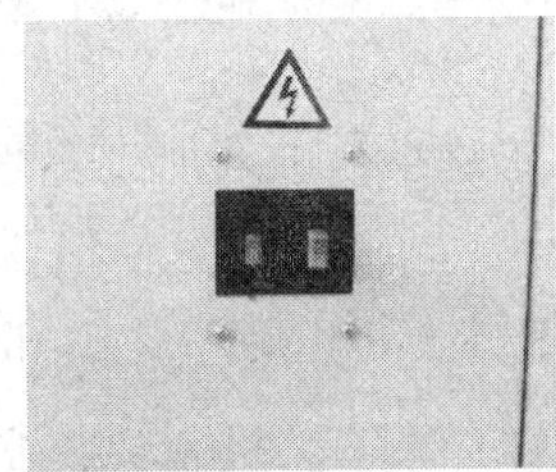

图 1—52　主机开关

6．进入加工界面

在图 1—53 所示的加工界面进行如下操作：

（1）坐标显示

在实际加工或者空走加工时，在位置显示区会实时看到 X、Y、U、V 4 轴实际加工的位置。

（2）时间显示

在加工时“已用时间”表示该工件的加工已经使用的时间，“剩余时间”表示该工件加工完毕还需要的时间。

（3）图形显示区

在实际加工、空走加工时，在图形显示区会实时回显当前加工的位置。

（4）加工波形

实时显示加工的快慢及稳定性。

（5）步进电动机显示

实时显示步进电动机的锁定情况。

（6）功能区

功能区包含打开文件、开始加工、电机、高频、间隙、加工限速、空走限速、设置、手动、关于等功能。

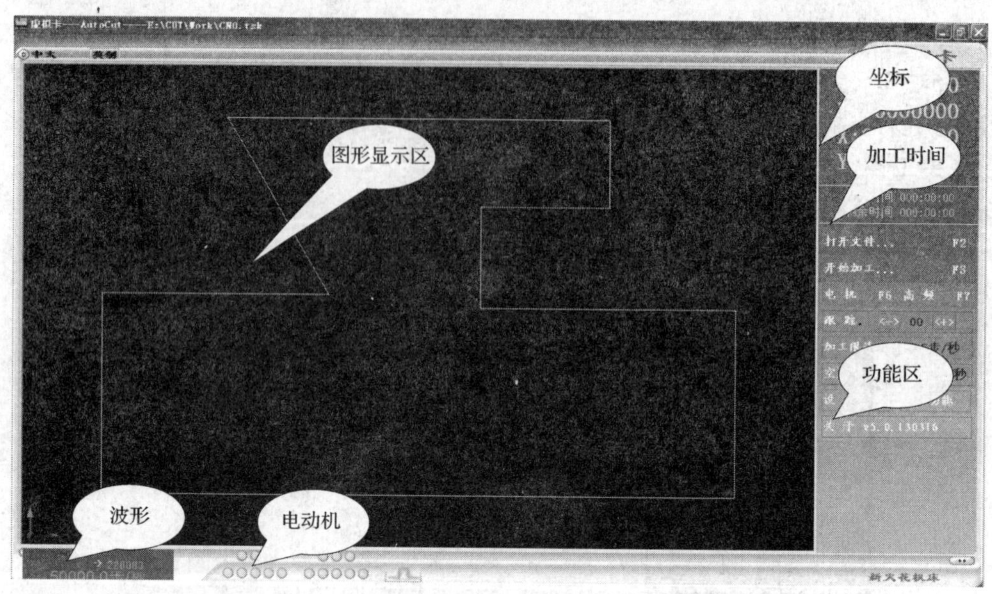

图 1—53　AutoCut 加工界面

在编制好加工路径，进入加工界面时，应首先在功能区选择“开始加工”按钮进入图 1—54 所示对话框。

1）工作选择

开始：开始进行加工。

停止：停止目前的加工工作。

注意：正在进行加工时不能退出程序，必须先停止加工，然后才能退出。

2）运行模式

加工：打开高频脉冲电源，实际加工。

空走：不开高频脉冲电源，机床按照加工文件空走。

回退：打开高频脉冲电源，回退指定步数（回退的指定步数可以在设置界面中进行设置，并会一直保存直到下一次设置被更改）。

3）走步方向

正向：实际加工方向与加工轨迹方向相同。

逆向：实际加工方向与加工轨迹方向相反。

4）走步模式

连续：加工时，只有一条加工轨迹加工完才停止。

单步：加工时，一条线段或圆弧加工完时，会进入暂停状态，等待用户处理。

5）加工位置

单击“定位”按钮将弹出“定位”菜单，“定位”菜单中包含以下几项：

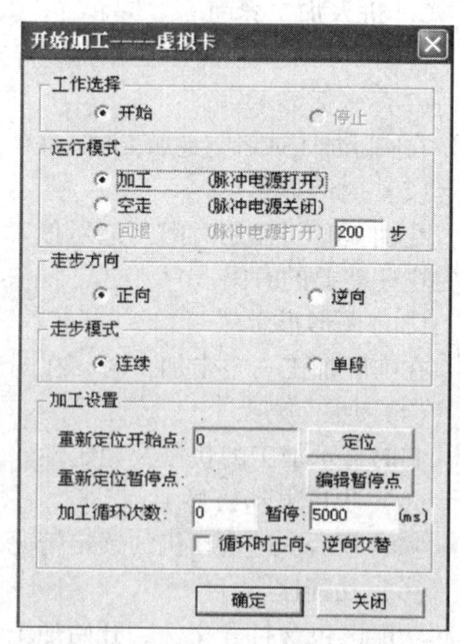

图 1—54　加工开始参数设置

①开始为第一点，设置开始加工段号为第一点。

②开始为第N段起点，设置开始为您设定的起始点。

③开始为最后一点，将设定加工起始点为最后一点。

④开始为指定步数，本系统将自动将您加工的图形解析为步数，设定为指定步数将直接指定到某个位置。

⑤开始点为指定XY坐标，将会为起点直接指定坐标。

当上面的选择做完，确定开始加工后，原来的“开始加工”按钮会变成“暂停加工”，在需要暂停的时候可以点击该按钮，供用户根据实际情况进行相应处理。

7．加工工件

完成“开始加工”对话窗口中所有参数的设置后确认开始加工工件，加工完成后，工件实物图如图1—55所示。

图1—55　工件实物图

第九节　配合件加工

此实例完成图1—56所示的配合件的加工。

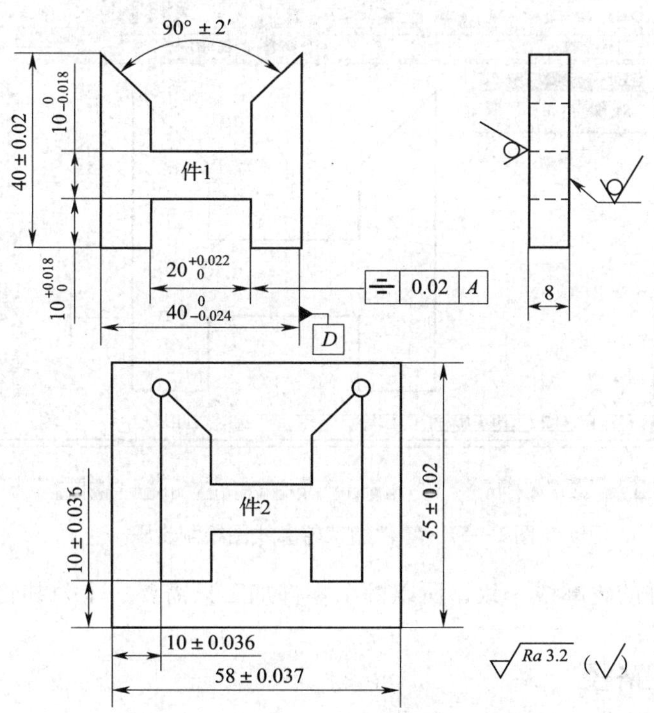

图1—56　配合件零件图

一、公差转换

将零件图中所有非对称偏差的尺寸公差转换成对称偏差，见表 1—16。

表 1—16 公差转换

序列	原公称尺寸	转换公差后的尺寸	绘图尺寸	备注
1	10	9. 991 ±0. 009	9. 991	
2	20	20. 011 ±0. 011	20. 011	
3	10	10. 009 ±0. 009	10. 009	
4	40	39. 988 ±0. 012	39. 988	

二、绘制加工轮廓线

按 AutoCAD 常规绘图方法绘制零件轮廓线。注意图形为轴对称图形，为提高绘图速度，在绘图中可以采用镜像命令，绘制零件轮廓线，如图 1—57 所示。

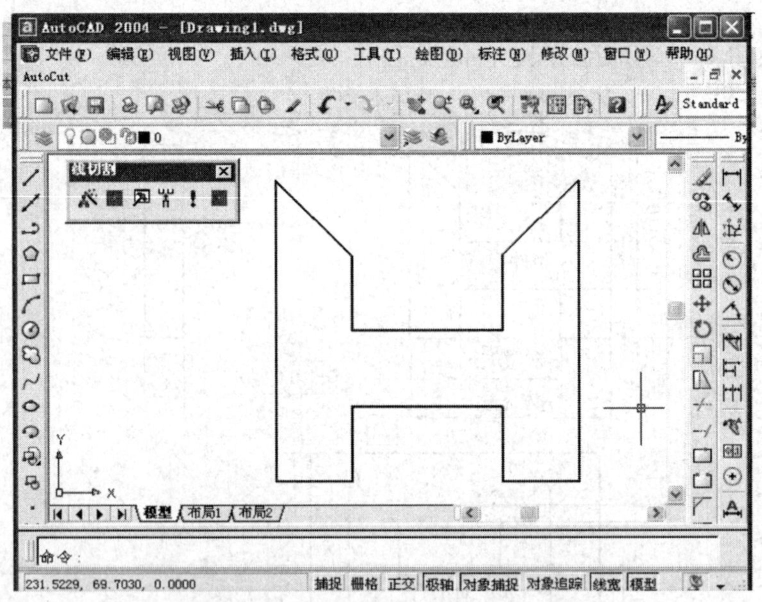

图 1—57 零件加工轮廓线图绘制步骤

由于凸件和凹件的轮廓线一致，所以两个零件加工只需要一个公共轮廓线即可。

三、编制加工路径

为提高零件加工表面质量以及配合精度，在本任务中采用多次切割方式加工。点击菜单栏上的“AutoCut”下拉菜单，选“生成加工轨迹”菜单项，或者点击工具条上的 按钮，会弹出如图 1—58 所示的“编辑加工路径”对话框：

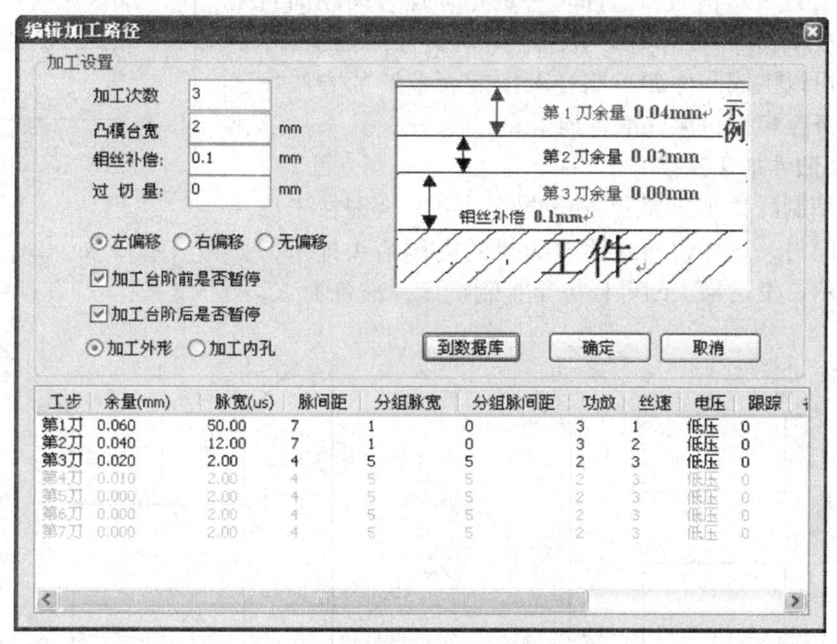

图 1—58 编辑加工路径参数

图 1—58 中所包含的参数含义如下：

加工次数：多次切割的次数。

凸模台宽：凸台的宽度，默认 1 mm。

钼丝补偿：对钼丝的补偿，补偿值默认 0.1 mm。

过切量：加工结束后，工件有时不能完全脱离；可以在生成轨迹时设置过切量使加工后的工件能够完全脱离。

左偏移：以钼丝沿着工件轮廓的前进方向为基准，钼丝位置位于工件轮廓左侧。

右偏移：以钼丝沿着工件轮廓的前进方向为基准，钼丝位置位于工件轮廓右侧。

无偏移：以钼丝沿着工件轮廓的前进方向为基准，钼丝位置和工件轮廓重合。

加工台阶前是否暂停：如选中会在加工台阶之前暂停，等待人工干预后继续加工，否则不用。

加工台阶后是否暂停：如选中会在加工完台阶后暂停，等待人工干预后继续加工，否则不用。

加工外形：加工的是外部图形。

加工内孔：加工的是内部图形。

1．编制凸件加工路径

以上“编制加工路径”对话框中的参数可以暂时以默认值设定，按下“确定”按钮以后，再按命令行提示，依次选择加工穿丝孔位置以及起割位置，出现图 1—59 所示的指定加工方向界面，这里可以任意选择顺时针加工或逆时针加工，操作时使用鼠标的十字光标选择相应箭头，则出现如图所示选择补偿方向界面，在加工凸件时一定是补偿方向朝向封闭轮廓线的外侧，如图 1—60 所示，选择朝向外的箭头即可。至此，已经可以生成凸件加工路径，按前面章节的方法发送加工凸件任务至控制机床，准备加工。

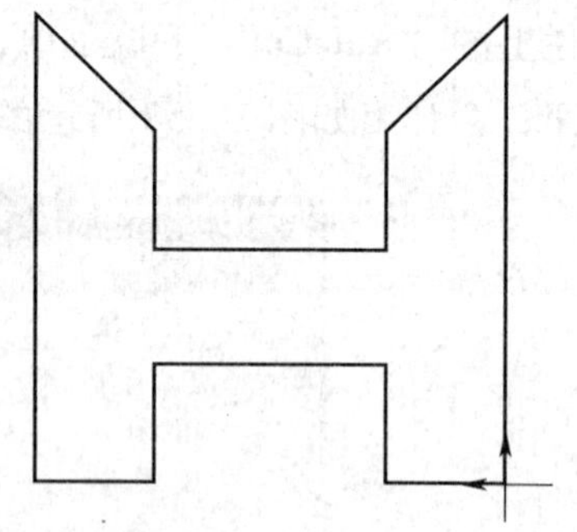

图 1—59　选取加工方向

2．编制凹件加工路径

方法与编制凸件加工路径方法类似，主要区别在于选择加工补偿方向时，选择朝向封闭轮廓线的内侧箭头即可，如图 1—61 所示。发送加工凹件任务至控制机床，准备加工。

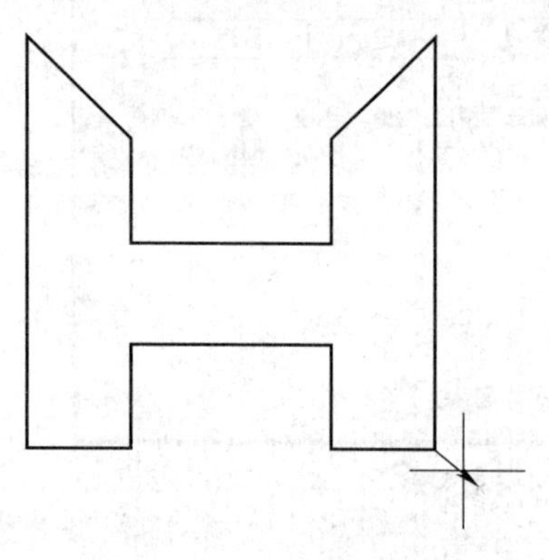

图 1—60　选取补偿方向

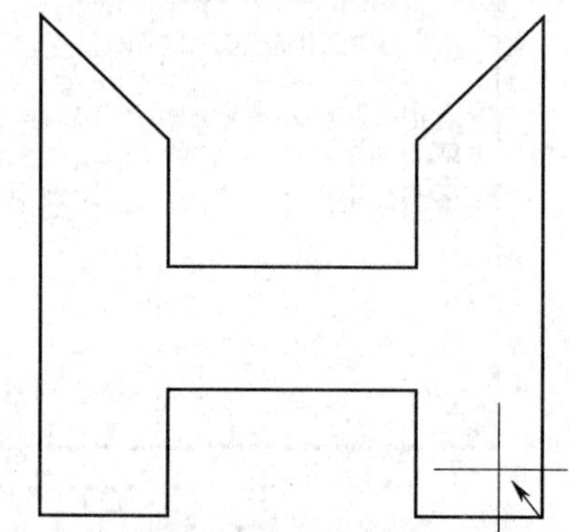

图 1—61　选取凹件加工的补偿方向

四、AutoCut 控制软件参数设置

在前一节中加工单个零件时，没有具体设置参数，都是以默认值设定。在这里需要加工配合件，进一步提高零件的质量，需要深入地设定加工参数。

1．加工限速

限制加工的最大速度，如图 1—62 所示，单位：步每秒（Hz），可以避免断丝等现象。

2．空走限速

限制机床在空走时的最大速度，如图 1—63 所示，单位：步每秒（Hz），以免速度过快而伤害丝杠等零部件。

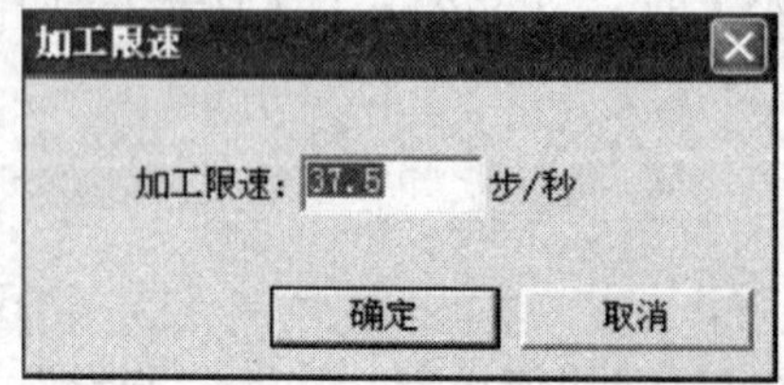

图 1—62　加工限速参数设置对话框

图 1—63　空走限速参数设置对话框

3. 手动功能

（1）移轴

图1—64所示为平移坐标的对话框，输入正数向正方向移动，输入负数向负方向移动。

1）X、Y、U、V轴平移：分别指定X、Y、U、V方向移动的距离，单位为毫米（mm）。

2）定速走步：以固定的速度移动各轴指定的步数，单位为步每秒。

3）跟踪走步：以实际加工的方式移动各轴指定的步数。

4）开始：设置好参数后，点击该键即可进行平移。

5）停止：在平移过程中可以点击该键结束平移。

6）回原点：以最近的路径回到圆点。

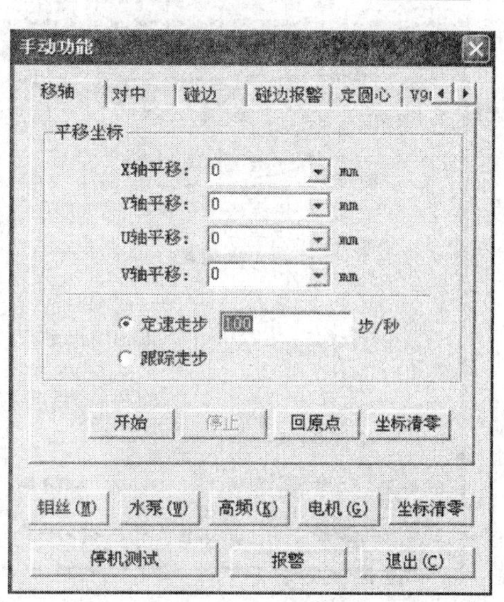

图1—64　平移坐标对话框

具体的使用方法：

①空走平移：在相应的平移方向中输入需要平移的距离，并设置走步速度（默认为100 Hz），点击“开始”，即可按照指定的方向平移指定的距离，在平移的过程中可以点击“停止”键，结束平移。

②边平移边进行加工：点选“跟踪走步”，系统会自动打开高频，按照指定的方向加工到指定的距离，在加工过程中可以点击“停止”键，结束平移。

③回原点：在任一机床停止的时刻，可以点击“回原点”键，系统将会以最近的路径回到原点。

（2）对中

图1—65所示为对中参数设置对话框，其类型如下：

1）X轴对中有“先走X正向，再走X负向”和“先走X负向，再走X正向”可以选择。

2）Y轴对中有“先走Y正向，再走Y负向”和“先走Y负向，再走Y正向”可以选择。

3）走步速度：以固定的速度移动，单位为步每秒。

4）开始：设置好参数后，点击该键即可进行对中。

5）停止：在对中过程中可以点击该键结束对中。

使用方法：在“X轴对中”和“Y轴对中”中选中走步顺序（也可以只对一个轴进行对中），并设定走步速度（默认100 Hz），点击“开始”键即可开始对中，在对中过程中可以点击“停止”键结束对中，否则直到找到中心才会停止走步。

（3）碰边

图1—66所示为碰边参数设置对话框，具体参数含义如下：

1）目标坐标：“方向X”是在X方向上碰边所走的最大距离，单位为毫米（mm）；“方向Y”是在Y方向上碰边所走的最大距离，单位为毫米（mm）。

2）走步速度：以固定的速度进行碰边，单位为步每秒。

3）开始：设置好参数后，点击该键即可进行碰边。

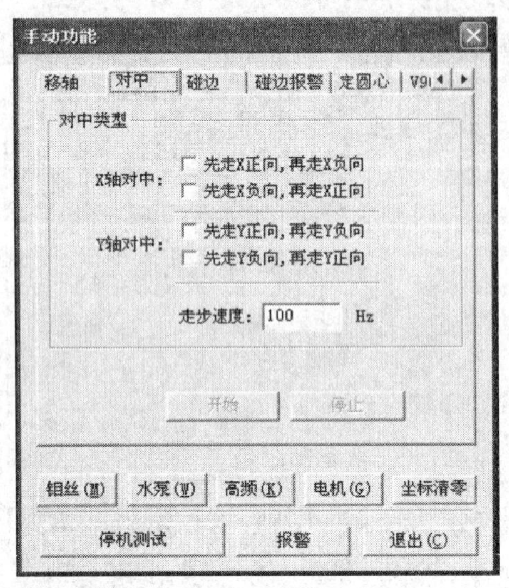

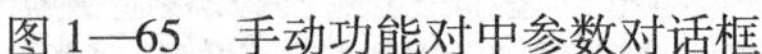

图1—65　手动功能对中参数对话框

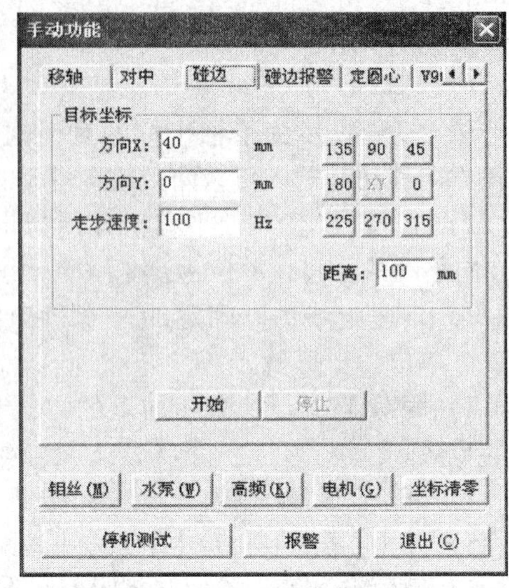

图1—66　手动功能碰边参数对话框

4）停止：在碰边过程中可以点击该键结束碰边。

碰边参数可以直接输入方向 *X*、方向 *Y* 和走步速度，也可以通过指定距离和常用方向进行自动计算。具体使用方法：在指定方向中输入需要碰边的最大距离（如果运行了这段距离都不能碰到边将自动停止碰边），设置走步速度，点击“开始”进行碰边，在碰边的过程中可以点击“停止”结束碰边，否则直到碰到边才会停止走步。另外，可以在手动功能中进行开高频、关高频、电机锁定、电机解锁等操作。

4．高频设置

左键点击“加工参数显示”的位置，会显示 高频设置 界面，点击“高频设置”弹出图1—67所示的对话框。

在该界面中，可以对任意一条参数进行修改，操作方法为：选中列表中任意一条需要进行修改的参数项进行修改，修改完毕后，点击“更新”按钮，即将修改后的参数更新到工艺参数中，点击“确定”完成设置。

五、加工凸件与凹件

加工凸件过程与前一学习任务操作类同。加工凹件时，必须在备料上先进行穿丝孔加工，经过穿丝后，才能加工，穿丝的具体步骤如下：

1．通过将两旋钮往外移动扩大储丝筒的行程开关至最大行程处，如图1—68所示。

2．按图1—69所示方法将丝依次经过储丝筒、张紧轮、左上导轮、右上导轮、凹件穿丝孔、右下导轮、左下导轮。穿丝完毕后，可以将手控盒上的储丝筒运转速度旋钮放到较慢的速度，先试运转，待稳定后，再将速度调至最大。

3．按图1—70所示方法张紧钼丝。

4．完成凹件与凸件的配合，如图1—71所示。

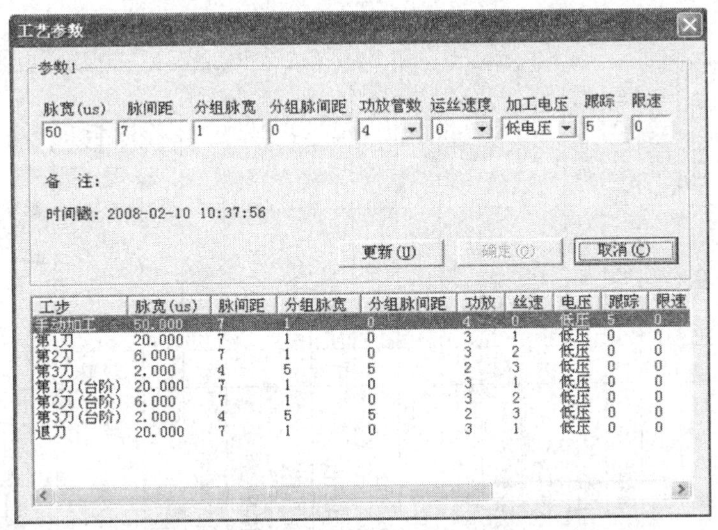

图 1—67　高频设置中的工艺参数

图 1—68　运丝调整行程

图 1—69　穿丝

图 1—70　张紧钼丝

图 1—71　凹凸件配合

第十节　典型冷冲压模具零件的加工

图 1—72 所示为落料冲孔模的装配图，本任务中完成其中的凹模（见图 1—73）与凸模加工（见图 1—74）。

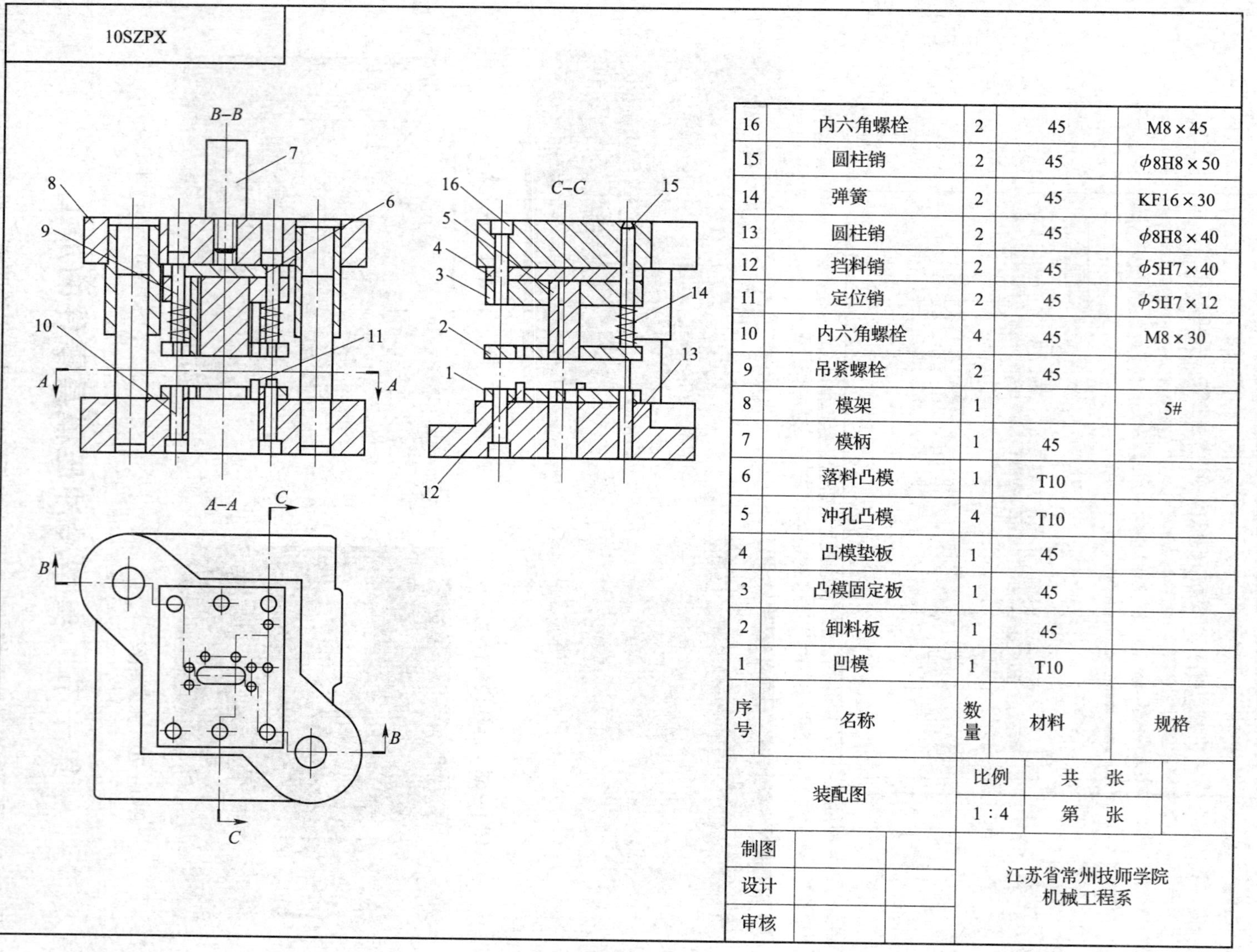

序号	名称	数量	材料	规格
16	内六角螺栓	2	45	M8×45
15	圆柱销	2	45	ϕ8H8×50
14	弹簧	2	45	KF16×30
13	圆柱销	2	45	ϕ8H8×40
12	挡料销	2	45	ϕ5H7×40
11	定位销	2	45	ϕ5H7×12
10	内六角螺栓	4	45	M8×30
9	吊紧螺栓	2	45	
8	模架	1		5#
7	模柄	1	45	
6	落料凸模	1	T10	
5	冲孔凸模	4	T10	
4	凸模垫板	1	45	
3	凸模固定板	1	45	
2	卸料板	1	45	
1	凹模	1	T10	

装配图		比例	共　张	
		1∶4	第　张	
制图		江苏省常州技师学院 机械工程系		
设计				
审核				

图 1—72　落料冲孔模装配图

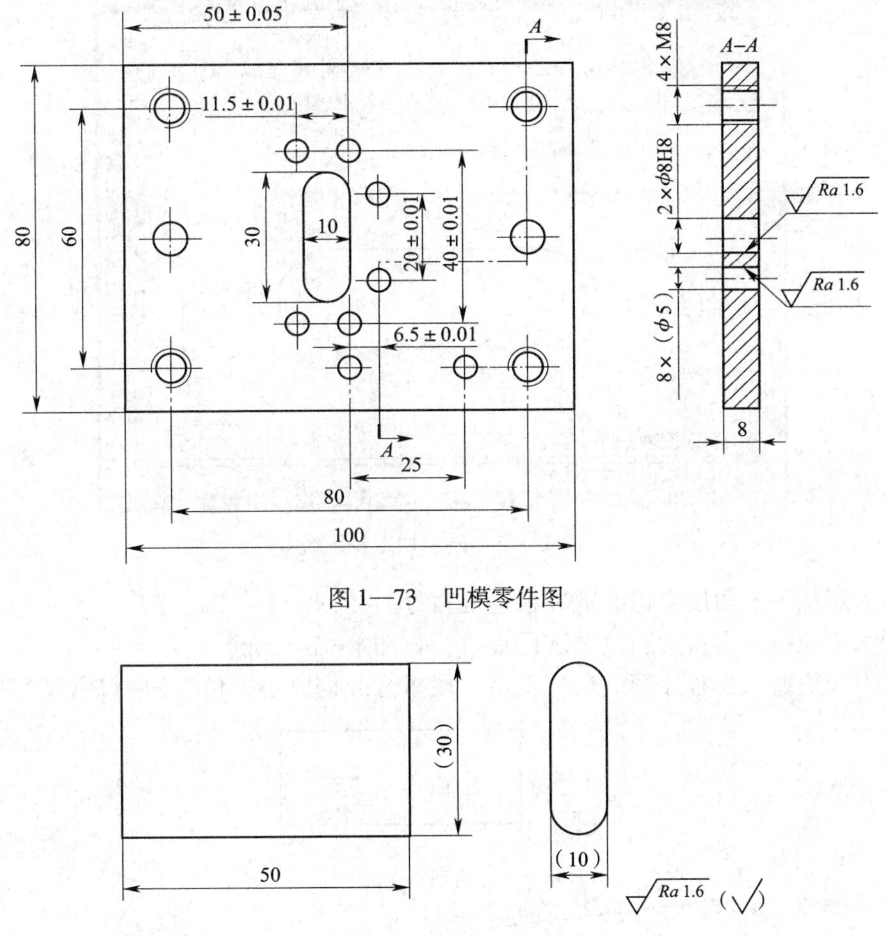

图 1—73　凹模零件图

图 1—74　落料凸模零件图

通过分析不难发现凸模与凹模的轮廓外形是相同的，可以共用一个加工图，只需要改动补偿量及补偿方向。

一、绘制加工轮廓线

利用 AutoCut 系统的直线和圆命令绘制加工图形，如图 1—75 所示。凸模与凹模可以用同一个轮廓线。

二、进刀点的确定

进刀点的确定必须遵从下述几条原则：

1. 从加工起点至进刀点路径要短，如图 1—76a 所示。

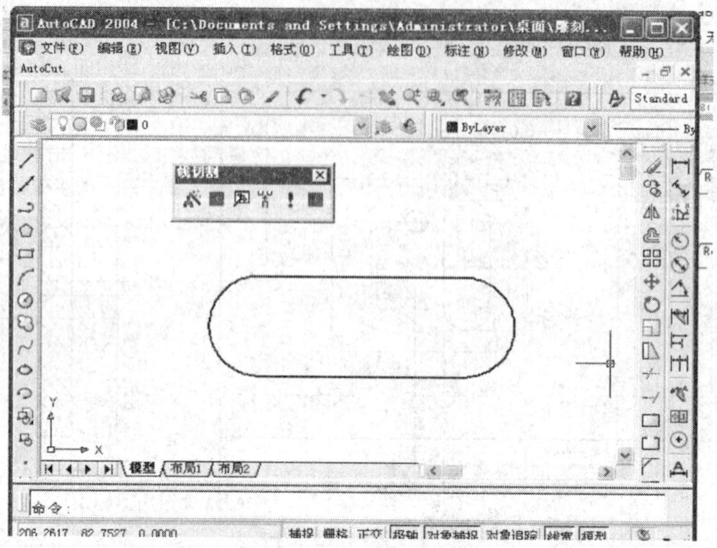

图 1—75　绘制加工轮廓线

2. 切入点从工艺角度考虑，放在棱边处较好。

3. 切入点应避开有尺寸精度要求的地方，如图 1—76b 所示。

4. 进刀线应避免与程序第一段、最后一段重合或构成小夹角，如图 1—76c 所示。

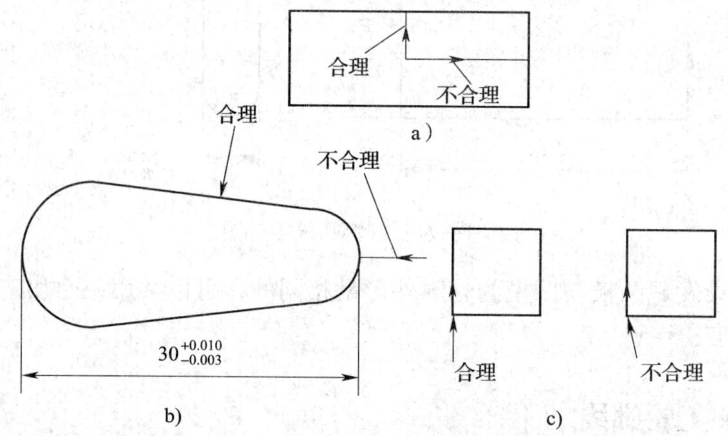

图 1—76　进刀点的确定

按照上述原则编制凸模、凹模加工路径分别如图 1—77a、图 1—77b 所示。

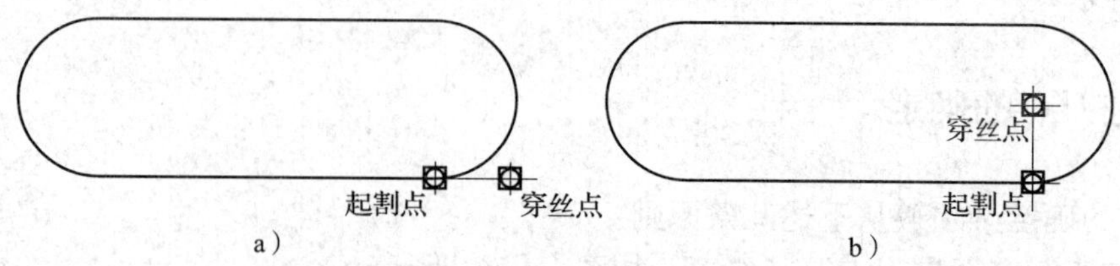

图 1—77　凸模、凹模加工路径

三、加工凹模穿丝孔

利用钳工工具按上一步编制的加工路径划出孔位，加工凹模的穿丝孔，如图 1—78 所示。

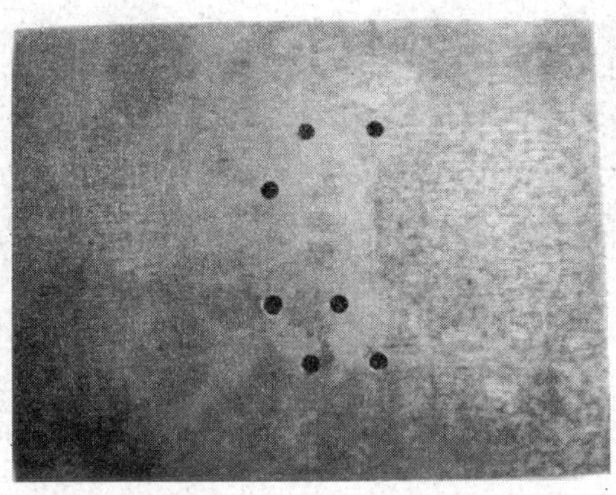

图 1—78　加工凹模穿丝孔

四、校正

按图 1—79 所示方法采用刀口角尺初校正装夹后的工件，再按图 1—80 所示方法采用百分表高精密校正装夹后的工件，以此来满足凹模与凸模的高精度加工要求。

图 1—79　刀口角尺校正

图 1—80　百分表校正

五、凸模、凹模加工

1. 按零偏差要求加工凹件。量取凹件实际尺寸。
2. 按凹模实际尺寸及凹凸模间隙 0. 01 mm 要求，加工过程中凸模和凹模共用同一个加工轮廓图形。在凹模加工参数中，改变补偿方向，补偿量减少 0.01 mm，加工凸件。

3. 最终加工的凸模如图 1—81 所示，凹模如图 1—82 所示。

图 1—81 凸模

图 1—82 凹模

思考与练习

1. 简述电火花线切割加工的物理本质。
2. 实现电火花线切割加工的条件是什么?
3. 解释下列术语：短路、开路、放电间隙。
4. 快速走丝电火花线切割加工较普通机械加工有哪些特点?
5. 列举数控电火花线切割加工的应用实例。
6. 解释 DK7725 的含义。
7. 简述数控电火花线切割机床的分类。
8. 简述数控电火花线切割机床中立柱支架的作用。
9. 常见的工件装夹方法有哪些?
10. 选择脉宽的作用是什么?
11. 工件装夹的一般要求是什么?
12. 如何选择合适的张力?
13. 简述乳化液的特点。
14. 简述工件装夹的步骤。
15. 简述数控线切割机床使用及日常维护应注意的主要方面。
16. 抖丝的主要原因是什么，应该怎样去处理?
17. 什么是绝对坐标系和增量坐标系?
18. 程序中的 G、M 分别表示什么含义?
19. 在 AutoCut 绘图界面上绘制图 1—83 所示零件图，并将所有的尺寸转换成以对称偏差形式表示的尺寸。

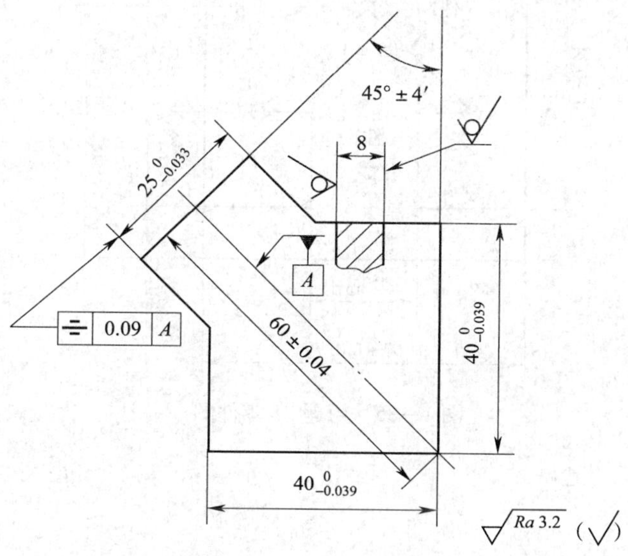

图 1—83　习题 19 零件图

20. 在 AutoCut 绘图界面上绘制图 1—84 所示零件图，并将所有的尺寸转换成以对称偏差形式表示的尺寸。

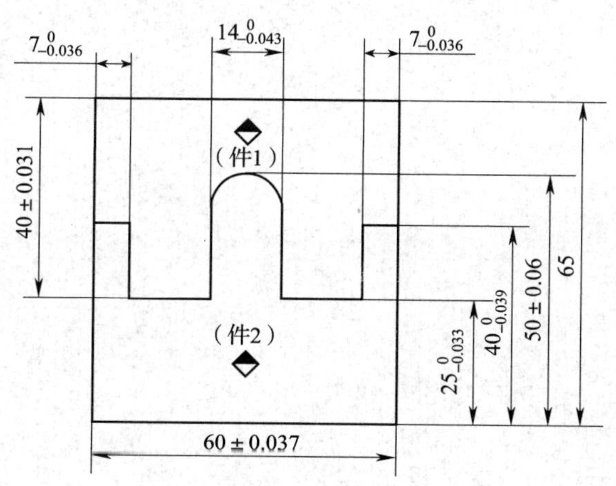

图 1—84　习题 20 零件图

21. 在 AutoCut 绘图界面上绘制图 1—85 所示零件图，并将所有的尺寸转换成以对称偏差形式表示的尺寸，在苏州新火花线切割机床上加工。

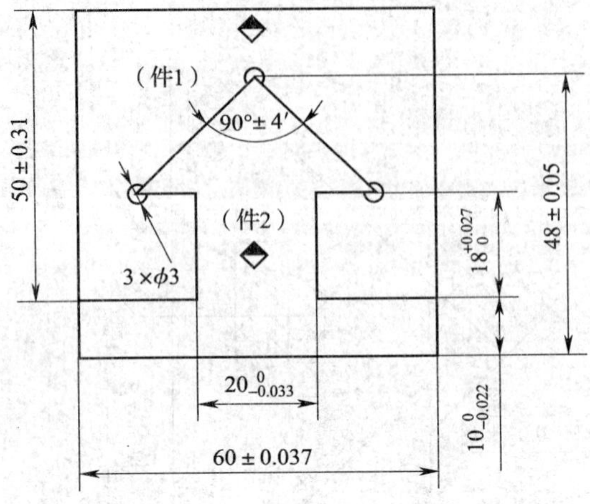

图 1—85　习题 21 零件图

第二章

慢速走丝电火花线切割加工

第一节　慢速走丝电火花线切割加工机床

慢速走丝电火花线切割加工机床作为电火花线切割加工机床的一种类型，有其自身的结构特征，与快速走丝电火花线切割机床还是有区分的。慢速走丝电火花线切割机床虽有不同品牌，但其基本原理及结构都是大同小异。本节主要以北京阿奇有限公司慢速走丝电火花线切割机床为例来说明慢速走丝电火花线切割机床的相关结构特征。

一、慢速走丝电火花线切割加工机床的组成部分

慢速走丝电火花线切割加工机床主要由机床主体、工作液系统及电柜三大部分组成。

1．机床主体

机床主体由立柱、主轴、*X* 与 *Y* 护罩、液槽、机身导轨、丝杠、伺服马达、各类电气开关、运丝系统等组成，如图 2—1 所示。

(1) 机身导轨：采用高硬度耐磨材质，附加手动液压润滑油注入，通过各油管分流到各导轨以达到润滑、减小摩擦因数的效果，每轴两条。

(2) 丝杠：采取螺旋式位移，由伺服马达转速来决定丝杠的位移量，目前手动单步最小移动量为 0. 001 mm，丝杠长度决定机床的可移动范围，丝杠间隙可测量后利用系统参数中补正加以修正，每个丝杠形成一个轴，图 2—2 所示为慢走丝机床丝杠实物图。

(3) 伺服马达（见图 2—3）：伺服马达转速由伺服电箱内主板选取的电压来决定。马达步距最小位移当量为 0. 000 1 mm，各轴均有。

(4) 极限开关（见图 2—4）：极限开关设置在丝杆位移范围的左右端，丝杆实际移动范围中。当机床移动至极限开关闭合时，电信号

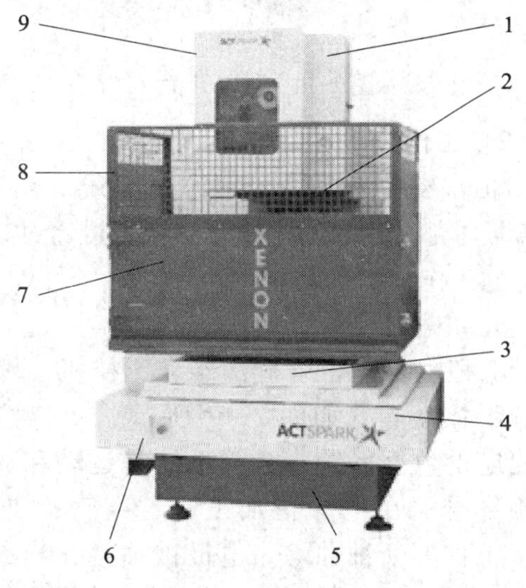

图 2—1　机床主体

1—立柱 *U*/*V* 轴　2—*Z* 轴　3—*Y* 护罩
4—*X* 护罩　5—床身　6—急停电气开关
7—液槽　8—防护网　9—运丝系统

图 2—2　慢走丝机床丝杠

图 2—3　伺服马达

输入主板，主板输出电信号使伺服马达停止运转，各轴均有两个。

(5) 减速开关（见图 2—5）：减速开关设置在极限开关内，当丝杆位移将至极限减速开关闭合处，电信号输入主板，主板输出电信号降低伺服马达转速，各轴均有两个。

图 2—4　极限开关

图 2—5　减速开关

2. 工作液系统

工作液系统是由高压泵、过滤器、离子交换器及各盖板等部分组成。工作液系统可进行冲、抽、喷液及过滤工作，如图 2—6 所示。

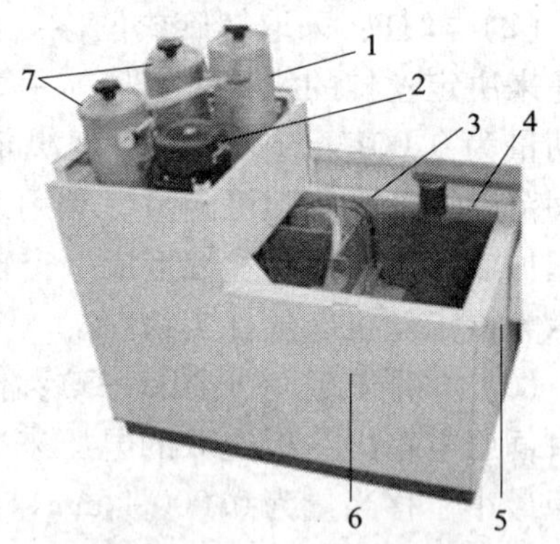

图 2—6　工作液系统

1—离子交换器　2—高压泵　3—洁水　4—污水　5—前盖　6—左侧盖　7—过滤器

3. 电柜

电柜主要包含了显示器、工控机、输入输出设备、手控盒等，如图 2—7 所示。在工控机上安装有相应的数控系统。数控系统是运动和放电加工的控制部分。在电火花加工时，由于火花放电的作用，工件不断被蚀除，电极被损耗，当火花放电间隙变大时，加工便因此而停止。为了使加工过程连续，电极必须间歇式地及时进给，以保持最佳放电间隙。这一基本任务就是由机床的数控系统控制主轴完成的。

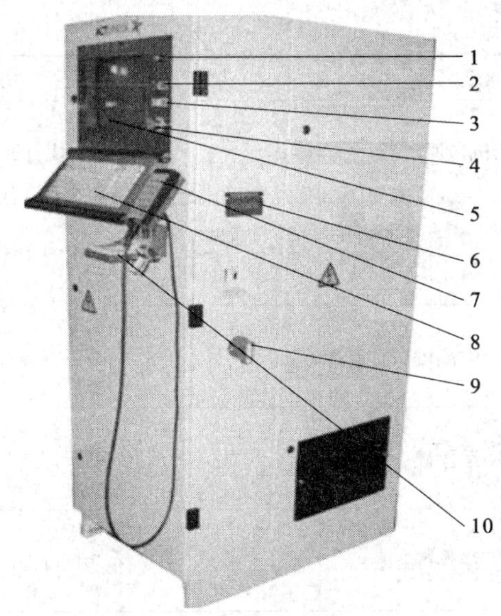

图 2—7 电柜

1—UPS 电源指示灯 2—启动开关 3—关机开关 4—急停钮
5—阴极射线管显示器 6—软驱 7—手控盒 8—键盘 9—主开关 10—鼠标

二、慢速走丝电火花线切割加工机床的基本功能

1. 手控盒功能

慢速走丝电火花线切割加工机床都设计有手控盒。使用手控盒可以方便地实现对机床的一些控制，如图 2—8 所示。手控盒的主要作用是实现轴移动功能，按住对应的轴向键就可以实现移动。另外，手控盒还具有一些其他功能，如工作液的开启与关闭、坐标设零等功能。具体功能见表 2—1。

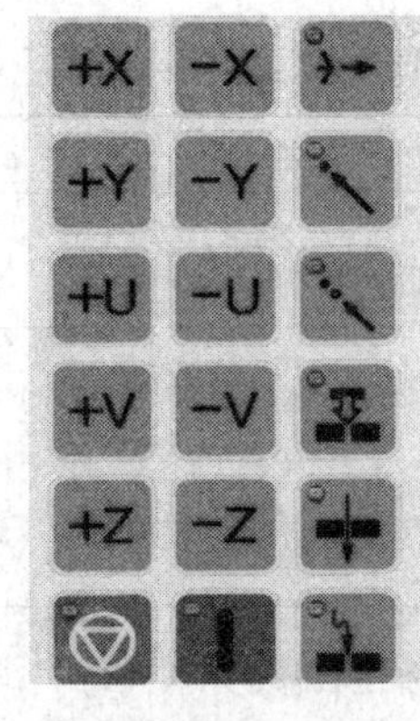

图 2—8 慢速走丝电火花线切割加工机床手控盒

2. 用户界面介绍

慢走丝 CF20 线切割机床系统的用户界面，主要由 7 个区域组成（坐标显示区、任务显示区、当前任务对话框、加工状态显示区、错误信息显示区、CNC 状态显示区、任务窗口选择区），具体见表 2—2。

表 2—1 手控盒的具体功能

图 片	名 称	功 能
+X	轴向键	用户根据需要选择坐标轴及移动方向
	点动速度选择键	按键可选择单步、低速、中速、高速

续表

图　片	名　称	功　能
	回机械原点键	用于执行回机械原点功能
	回零键	用于执行回零功能
	喷流键	用于打开/关闭冲液系统
	运丝键	用于打开/关闭运丝系统
	穿丝键	用于打开/关闭穿丝阀
	启动键	用于启动加工
	暂停键	用于暂停当前的动作

表 2—2　　用户界面组成

名　称	图　片
坐标显示区（1）	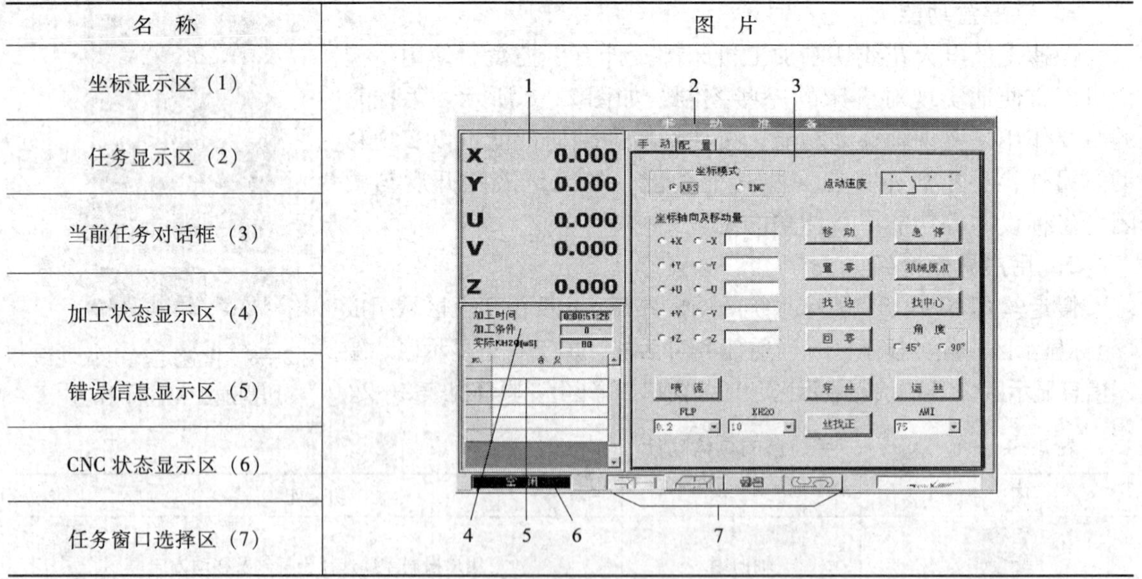
任务显示区（2）	
当前任务对话框（3）	
加工状态显示区（4）	
错误信息显示区（5）	
CNC 状态显示区（6）	
任务窗口选择区（7）	

使用说明：

（1）坐标显示区：显示当前坐标。当光标位于该区时双击鼠标左键可进行机械坐标和用户坐标切换。

（2）任务显示区：显示当前任务名称。

（3）当前任务对话框：显示当前任务的相关信息。

（4）加工状态显示区：显示本次加工时间、当前加工条件号和实际导电率。

（5）错误信息显示区：显示报警、错误和提示信息。

3. 手动准备窗口

用于加工前的准备。包括手动页、配置页和时间页，单击手动准备任务键进入本窗口。在进行手动准备窗口的一系列功能操作时，不要启动加工任务：找边、找中心、丝找正、移动、回机械零点、回零，以免发生意外。

（1）手动页

手动准备窗口的手动页如图2—9所示，功能见表2—3。

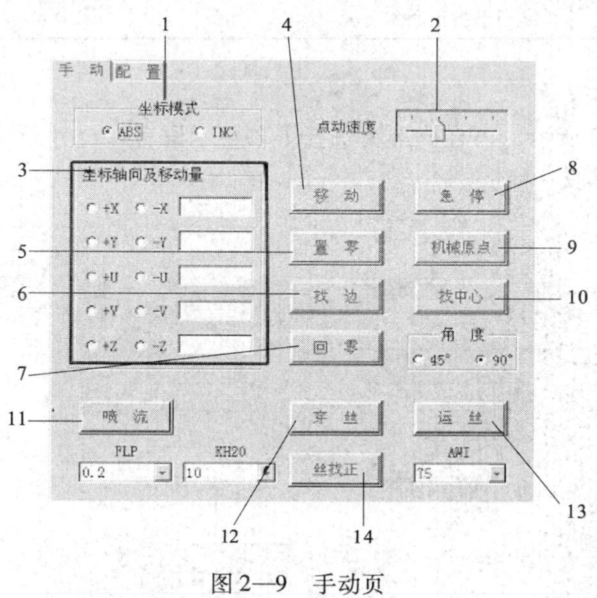

图2—9 手动页

表2—3 **手动页功能**

名 称	功能说明
坐标模式（1）	选择坐标模式：ABS（绝对）或INC（增量）
点动速度（2）	调节点动速度，分4挡，从左至右依次为单步、低速、中速和高速。通过手控盒上的速度键同样可选择点动速度
坐标轴向及移动量（3）	选择轴移动方向和输入移动量。在执行过程中，可通过以下任一方式停止当前动作：按停止键，按手控盒上的暂停键或再按该功能键
移动（4）	选择坐标模式，选择坐标轴向及输入坐标值（单轴或多轴），按移动键执行移动命令
置零（5）	当光标位于标题行时，双击鼠标左键删除显示区内所有的错误信息；当光标位于该区内某一行时，双击鼠标左键仅删除本条信息
找边（6）	选择坐标轴向，无方向区别，单轴或多轴，如+／-X，按［置零］键执行

续表

名　称	功能说明
回零（7）	选择坐标轴，无方向区别，单轴或多轴
急停（8）	在任何时候都可以停止工作
机械原点（9）	选择 Z 轴，按机械原点执行，Z 轴坐标自动设为最大行程
找中心（10）	穿丝后，将丝大致移到孔的中心位置，选择角度。如果选择 45°，丝移动路径为“X”形；如果选择 90°，则丝移动路径为“+”形，按找中心键执行
喷流（11）	FLP 为水压选择栏，单位为 bar，取值范围 0.1～12 bar
穿丝（12）	打开和关闭穿丝阀门，仅适用于已配备穿丝气泵的情况
运丝（13）	AWI 为丝速选择栏，单位为 mm/s，取值范围为 30～200 mm/s
丝找正（14）	执行丝找正命令

（2）配置页

配置页如图 2—10 所示，可在此屏幕选择屏幕显示语言、尺寸单位、设置时间，并可观察加工时间。功能见表 2—4。

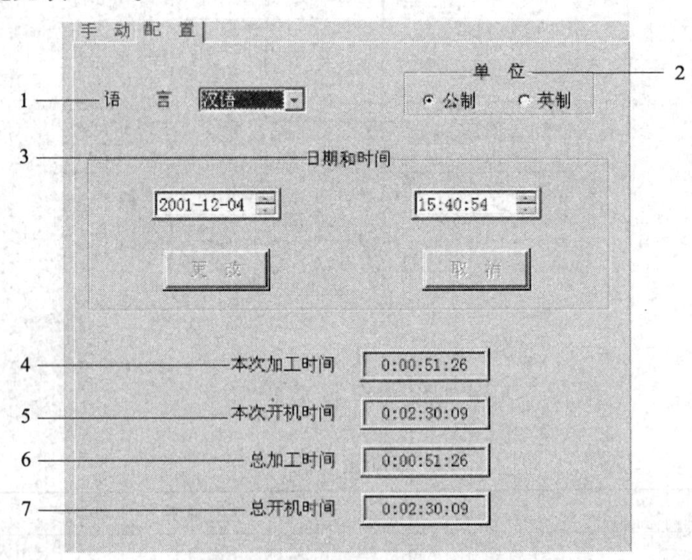

图 2—10　配置页

表 2—4　　配置页功能

名　称	功能说明
语言（1）	允许用户选择语言，选择后需重新启动机床，所选语言才能生效
单位（2）	允许用户选择度量单位，公制或英制
日期和时间（3）	允许用户设置系统日期和时间
本次加工时间（4）	用于显示本次加工的加工时间

续表

名　称	功能说明
本次开机时间（5）	用于显示本次开机的时间
总加工时间（6）	用于显示累积加工时间
总开机时间（7）	用于显示累积开机时间

4．放电加工窗口

用于选择所需加工的 NC 文件和 TEC 文件，设置加工选项、加工参数、显示加工状态和加工轨迹。单击放电加工任务键进入本窗口。

（1）控制页

1）“选择所需 NC 文件”　首先点击 NC 文件选项，然后在文件选择框中点击所需的 NC 文件。选择后文件路径和文件名显示在相应的位置，如图 2—11 所示。

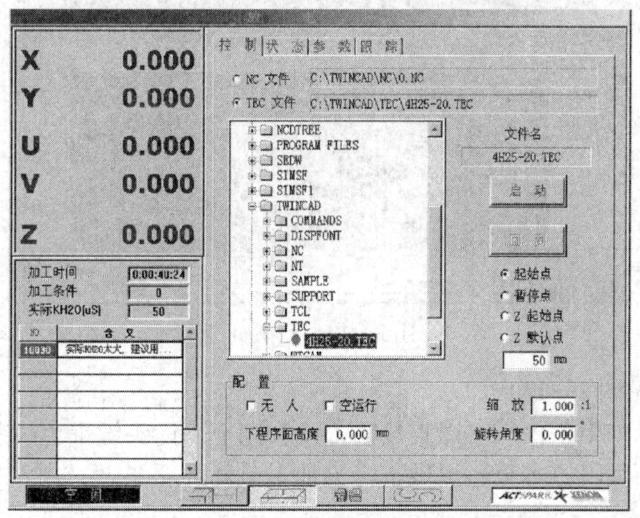

图 2—11　控制页

2）“选择所需 TEC 文件”首先点击 TEC 文件选项，然后在文件选择框中点击所需的 TEC 文件。选择后文件路径和文件名显示在相应的位置。

3）“配置”（见表 2—5）

表 2—5　　配置的功能

状　态	功能说明
无人	加工完成后系统自动关机
空运行	用于检测几何轨迹
下程序面高度	用于设置下程序面距工作台面的高度
缩放	在 NC 程序不变的情况下，可通过此项对工件进行缩放加工
旋转角度	在 NC 程序不变的情况下，可通过此项对工件进行旋转角度的加工

4）“启动/结束”　用于启动和人为结束加工。

5）“回到”　可以回到 X、Y、U、V 轴的加工起始点、暂停点（如断丝点）以及 Z 轴的加工起始点和加工默认点。

（2）状态页（见图 2—12）

此对话框显示当前加工状态中的间歇状态 TD（绿色曲线）、加工速度信息 VADV（红色曲线）、平均电流 IFS（粉红色曲线）、平均电压 UFS（黄色曲线）等相关信息。

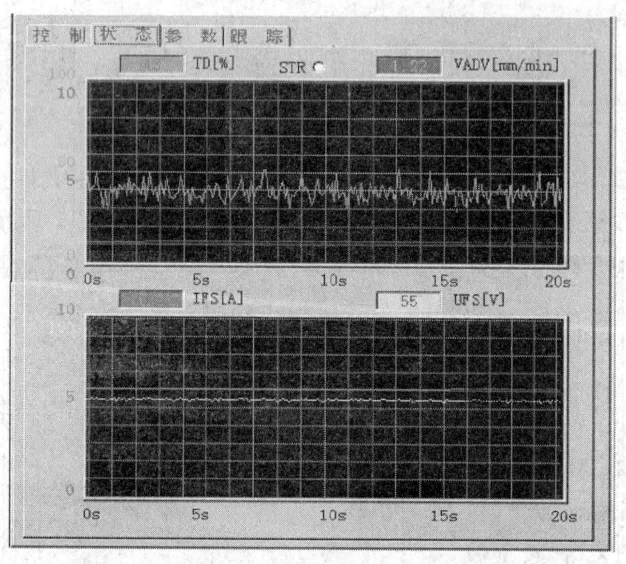

图 2—12　状态页

（3）参数页（见图 2—13）

用于编辑和显示加工条件。可以直接输入或利用上下箭头键来更改条件号或修改所需参数项的值。为了方便编辑，本页还提供了拷贝加工条件的功能。

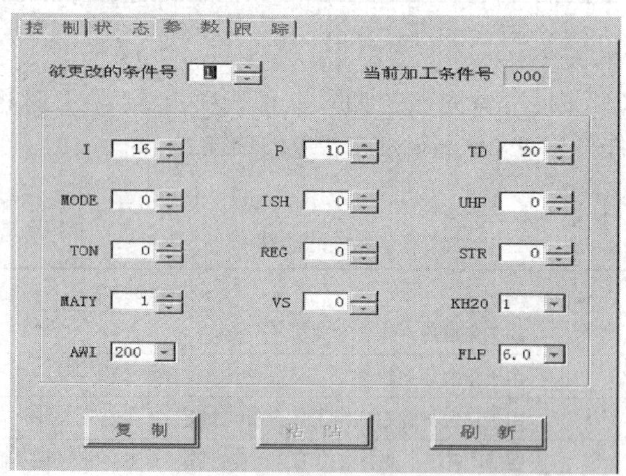

图 2—13　参数页

(4) 跟踪页(见图2—14)

实时跟踪当前加工轨迹。可用鼠标左键对图像进行平移、局部放大、整体缩放以及三维立体观察的操作，页面显示X-Y(绿色)和U-V(红色)平面轨迹、PRG(蓝色)编程轨迹，还显示当前加工次数的加工轨迹，1(黄色)、2(淡蓝色)、3(紫色)、4(橙色)。

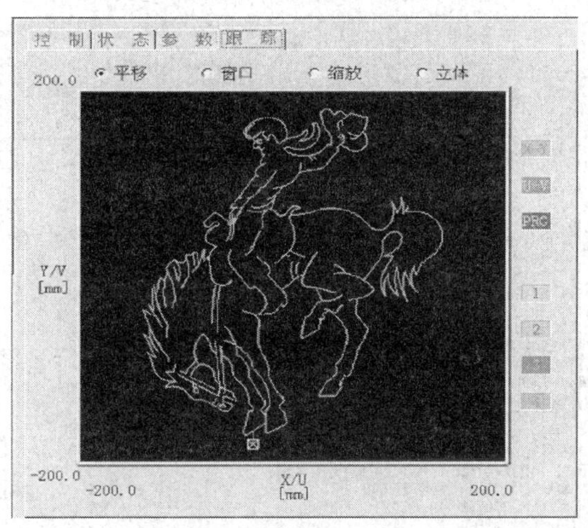

图2—14 跟踪页

5. 文件管理窗口

用于NC文件和目录的新建、拷贝、移动、删除、改名，NC文件的编辑，TEC文件的编辑，文件输入/输出，单击文件管理任务键进入本窗口，如图2—15所示。

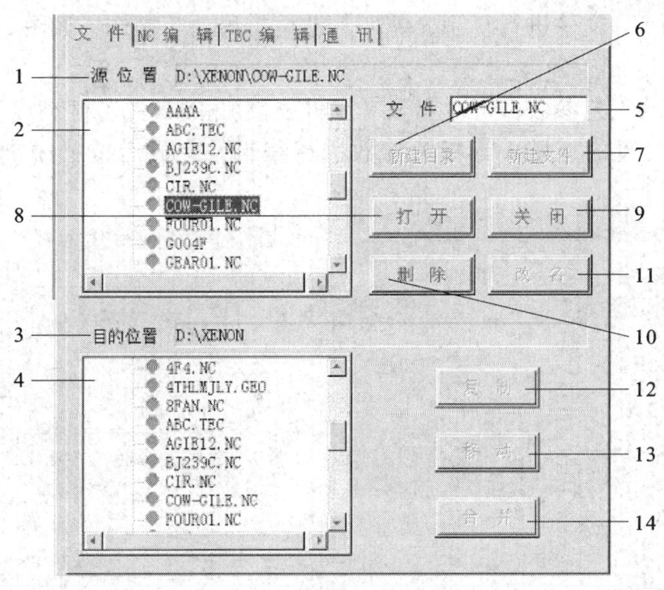

图2—15 文件管理窗口

1—源位置 2—选择框 3—目的位置 4—选择框 5—文件名 6—新建目录
7—新建文件 8—打开 9—关闭 10—删除 11—改名 12—复制 13—移动 14—合并

（1）文件页

文件页可进行创建新文件或新目录、打开或关闭现有的 NC 文件，以及对现有的 NC 文件进行删除、改名、复制、移动存储位置或将两个 NC 文件进行合并的操作，如图 2—16 所示。

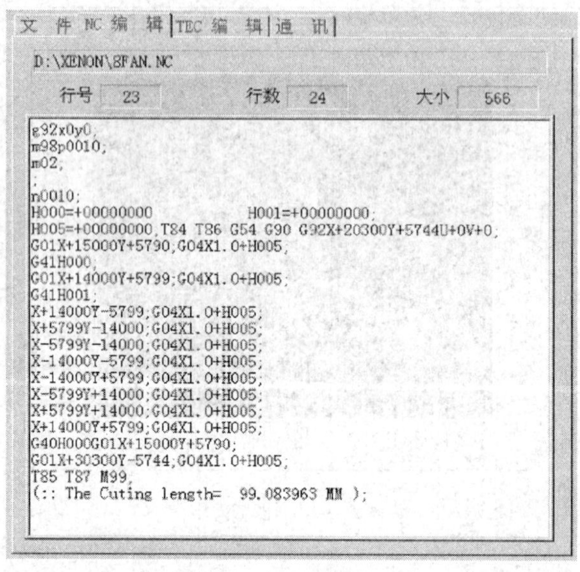

图 2—16　文件页

（2）NC 编辑页

NC 编辑页可对 NC 文件进行复制、剪切、粘贴、移动等操作，如图 2—17 所示。

（3）TEC 编辑页

编辑 TEC 文件的工艺参数，可对 WM（工件材料）、WH（工件高度）、WIRT（电极丝类型）、WIRD（电极丝的直径）等相关参数进行编辑，完成后按关闭键关闭文件并存盘，如图 2—18 所示。

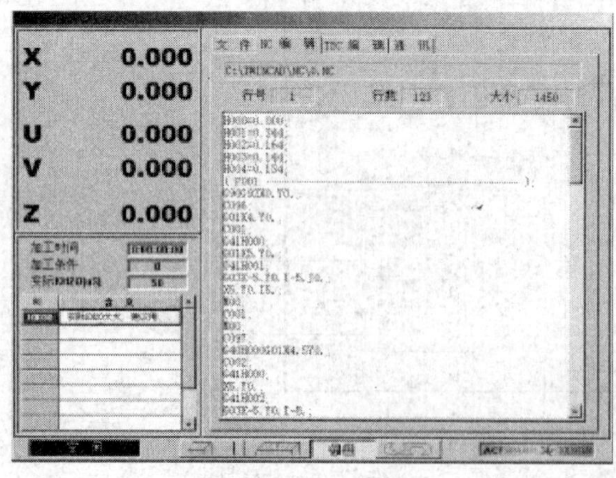

图 2—17　NC 编辑页

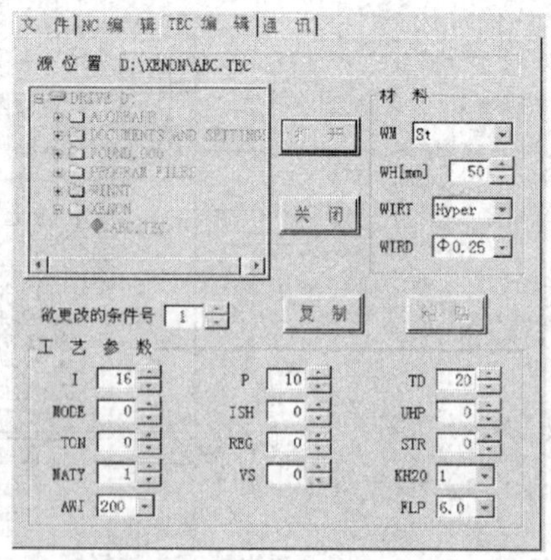

图 2—18　TEC 编辑页

（4）通讯页

在通讯协议框中设置串行口通信协议（起始位、数据位、停止位、奇偶校验、波特率）的相关参数，以及输入或输出的 NC 文件名和目的路径，如图 2—19 所示。

6. 图形检查窗口

实现对所选 NC 文件的图形检查，单击图形检查任务键进入本窗口，如图 2—20 所示。

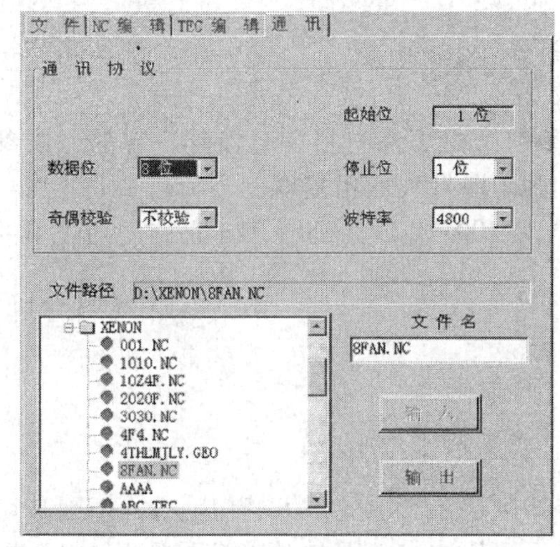

图 2—19 通讯页

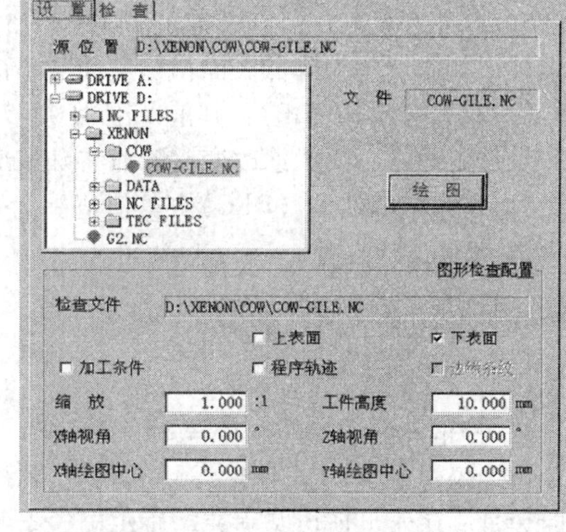

图 2—20 图形检查窗口

（1）设置页

设置页用于选择要检查的 NC 文件，设置各种图形检查选项。选定要检查的 NC 文件后，可检查上表面（UV）和下表面（XY）的平面轨迹，并在程序轨迹基础上加上补偿量。

（2）检查页

用鼠标键对图像进行局部放大、整体缩放和三维立体观察来检查图像设置的 XY（绿色）及 UV（红色）平面轨迹；检查 PRG（蓝色）编程轨迹和 POS（黄色）定位轨迹的相关信息。

第二节 慢速走丝电火花线切割加工工艺

熟悉机床的主要技术参数能加工出好的工件，同时也能够有效地保护机床安全，延长其使用寿命。

一、电柜参数

1. 加工模式（MODE）：0 表示主切，2 表示修切。
2. 加工电流（I）：其值的范围为 0～22，加工时该值取决于所选择的工艺和工件厚度。
3. 加工功率（P）：其值的范围为 0～34，该参数决定加工电流，继而影响切割速度；

其值越高加工速度越快，但同时出现断丝和形位误差的可能性越大。

4．空载脉冲百分率（TD）：其值范围为0～63，该参数值越低切割速度越快，但加工也越不稳定（断丝可能性增加）；在修切中，高TD值产生凹面，低TD值产生凸面。

5．恒定速度（VS）：其值范围为0～63，该参数影响加工时间，与REG8/9连用。参数VS值的变化影响切割面形状，高VS值产生凸面，低VS值产生凹面。

6．脉冲宽度（ON）：其值范围为0～15，该参数一旦选定通常不要中途改变，除非特殊情况，如修切中为降低表面粗糙度而减小该参数值。

7．空载电压（UHP）：其值范围为0～7，该参数是由工件材料和电极丝决定的，该参数一旦选定通常不要中途改变，除非特殊情况，如为了降低表面粗糙度。

8．伺服调节类型（REG）：其值范围为0～23和100～123。100～123是在对应的0～23上增加滤波器。

二、零件的装夹与找正

1．慢走丝线切割的装夹特点

虽然慢走丝线切割的加工作用力小，不像金属切削机床要承受很大的切削力，但因其切割时要冲高压水，所以装夹要稳定牢固。由于要进行高压冲水，因此对切缝周围的材料余量有要求，要有足够的材料余量以便装夹。由于线切割是一种贯通加工方法，工件装夹后被切割区域要悬空于工作台的有效切割区域，因此，一般采用悬臂支撑或桥式支撑方式装夹。悬臂支撑或桥式支撑方式装夹的方法见表2—6。

表2—6　常用的装夹方法

序　号	图　例	说　明
1	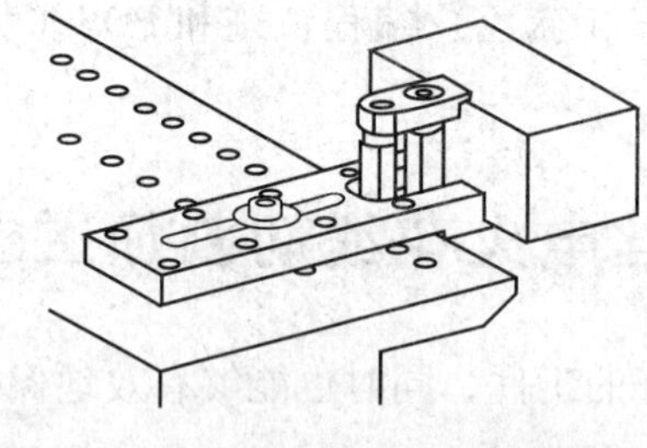	悬臂支撑方式
2	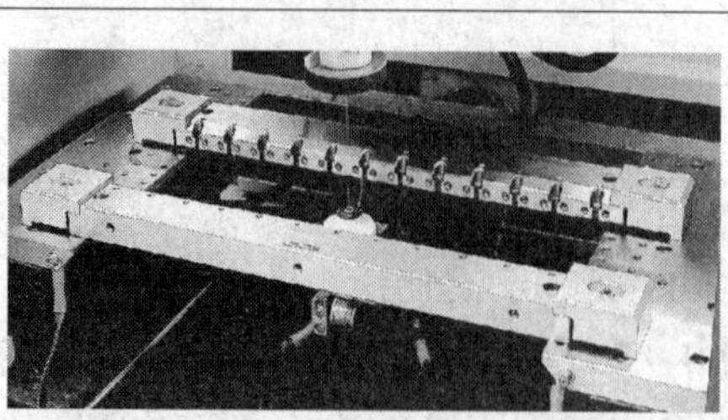	桥式支撑方式

2. 工件装夹与找正的一般要求

工件定位面要有良好的精度，一般以磨削加工过的面定位为好，棱边倒钝，孔口倒角。切入点要导电，尤其热处理件切入处要去积盐及氧化皮。热处理件要充分回火去应力，平磨件要充分退磁。工件装夹的位置应利于工件找正，应与机床的行程相适应，夹紧螺钉高度要合适，避免干涉到加工过程。对工件的夹紧力要均匀，不得使工件变形和翘起。批量生产时，最好采用专用夹具，以利于提高生产率。加工精度要求较高时，工件装夹后，必须用百分表或千分表找平行、垂直。工件装夹校正的方式见表2—7。

表2—7　　工件校正

步　骤	图　片	说　明
第一步	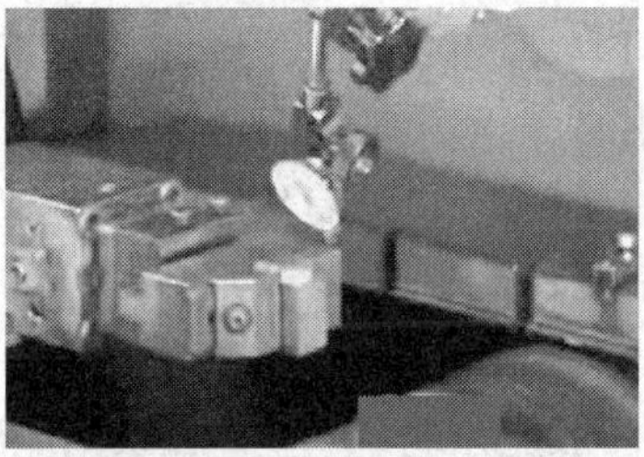	将千分表（或百分表）的磁性表座固定在机床主轴侧或床身某一适当位置，保证固定可靠，同时将表架摆放到能方便校正工件的位置
第二步	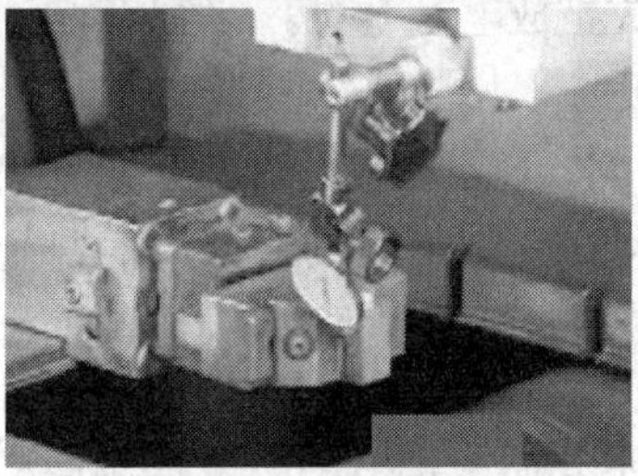	使用手控盒移动相应的轴，使千分表的测头与工件的基准面相接触，直到千分表的指针发生偏转即可
第三步		纵向或横向移动机床轴，观察千分表的读数变化，即反映出工件基准面与机床 X、Y 轴的平行度。使用铜棒敲击工件来调整平行度
第四步		工件被调整到正确的位置，满足精度要求为止

三、切割中的注意事项

1. 小余料的处理方法

小余料如果掉入下喷嘴，继续加工可能会损坏喷嘴和导丝嘴，因此，切割凹模时，小余料在切断前要进行固定，如用吸磁吸住，根据需要适当抬高 Z 轴；或在编程时保留 $S+0.03$ mm 不切，S 为丝径加双边的放电间隙，加一个暂停，当实际加工到此处后，移开下臂，在凹模下垫一支撑物，用铜棒小心的敲下脱落件，然后从暂停处继续加工。也可在快切断时，抬高上喷嘴，减少上喷嘴压力，让下喷嘴的高压水把余料冲出，暂停机床检查，确定余料被冲出。

2. 防锈方法

走丝用的工作液是蒸馏水，因此，对切割完成的零件，最好能抹上防锈油加以保护。当一块毛坯在工作台上装夹时间长，隔天使用时，下班前应用压缩空气吹干工件上的水。切割下来的零件先擦干工件上的水，然后喷上防锈油。如果有喷砂机，可喷砂处理表面。另外，现在还有一种防锈液，添加在水中，可抑制工件的锈蚀。

3. 断丝后的处理

断丝后，如果上下喷嘴都贴于工件表面，一般能原地穿上丝，如果不能原地穿上丝，则要把下臂移到空的地方去。加工前为了防止再断，可先把放电参数调小，等放电正常后改回正常参数。

4. 防水溅射的方法

慢走丝加工要用高压水，压力会很大，水可能雾化，如果上或下喷嘴不能贴在工件的表面，水溅射很大，这时要注意用塑料布挡水，以防止水溅射到人的身上或电柜上。另外，注意当水的流量较大时，要检查水的回流处是否畅通，以防水从下臂处溢出。

5. 空运行检查

对于与工件和夹具存在碰撞可能的零件，加工前从加工起点开始，抬高 Z 轴空走，到存在碰撞可能的地方暂停，落下 Z 轴，看是否干涉，如果下喷嘴存在碰撞可能则估算出工件的极限位置，用手控盒检查。

四、高低压冲水的应用

慢走丝切割对冲水条件要求很高，不像快走丝机床，只要有工作液流在工件的切割部位就能满足要求。慢走丝切割要用高压水把切缝内的废屑冲掉，保证切缝干净，否则加工效率会降低很多，如果放电参数调节不好还会很容易断丝。

慢走丝一般要进行多次切割，就冲水条件而言，由于第一次切割要去掉绝大部分的材料，所以第一次切割要用较强的放电参数，因此对第一次的冲水要求压力要高，第二次以后为修切，材料去除量很小，所以不用高压水，用低压水就能满足要求。

为了保证第一次切割时高压水能够有效地冲入切缝，上下喷嘴要贴于工件表面，而且喷嘴周围要有材料，当喷嘴沿着工件的边缘切割时，由于水未封住，大量的水会沿边缘泄漏，此时即使水的压力很大，高压水也不能有效地冲入切缝。所以，在慢走丝沿边缘切割或引入切割或喷嘴不能贴于工件表面的情况下，均应降低放电参数以防断丝。有效冲水时喷嘴距工件表面的距离应控制在 0.1 mm 左右。

签于慢走丝切割对高压冲水有很高的要求，因此切割前的坯料要尽量做成有利于冲水要求的形状。例如坯料做成板料，多个零件排料在一个板料上有利于相互借用余料装夹；不论凸凹模，尽量从小的穿丝孔开始切割；切割前的工艺不要排成先加工一下，留 1 ~ 2 mm 的余量再让慢走丝切割，这样很难让高压水有效地冲入切缝，如果要以留量的方式来切割，则留量要尽量小，切割时要让丝能露在外面切割。

对于加工表面不平的零件，如圆柱状的表面和台阶状的表面，则要降低放电参数中的能量，一般为电流和功率，降低幅值以不易断丝为准。另外，如果喷嘴是贴在工件表面上切割的，但路径上存在孔之类的型腔造成断续切割和边缘切割，当切割到此处时也要适当降低电流和功率以防断丝。

第三节　慢速走丝电火花线切割加工机床的维护保养

为使慢走丝电火花线切割机床能正常运转，保证加工精度，延长机床使用寿命，应严格按照表 2—8 所示保养周期进行定期保养。

表 2—8　慢走丝电火花线切割机床保养周期表

序号	内容	必要时	每周	每月	每季	每年
1	滤芯的更换	√				
2	离子交换树脂的更换	√				
3	检查和清洗驱动轮与导轮		√			
4	检查和清洗上、下导丝嘴、导向器		√			
5	检查和清洗吹丝管		√			
6	倒空储丝筒		√			
7	全程移动各轴		√			
8	清洗电柜空气过滤网		√			
9	导电块的清洗、重新安置			√		
10	清洗导电检测头				√	
11	润滑 *X*、*Y* 轴丝杠、导轨					√
12	换水并清洗水箱					√
13	清扫电柜					√
14	检查运丝、收丝和 *Z* 轴三处同步齿形带					√
15	润滑 *U*、*V*、*Z* 各轴丝杠、导轨		1 次/3 年			

注：保养周期时间按每天 8 小时，每周 5 天。

一、滤芯的更换

观察过滤筒压力表，正常使用范围应在 1.2 Bar 左右，如果接近 2.0 Bar 或节水箱溢流口的水流量过小就应考虑更换滤芯。更换方法是：关机确认循环泵已停止工作；逆时针方向拧开星形把手，除去筒盖。用手取出滤筒中上面的滤芯，用提把取出下面的滤芯。更换新的滤芯；抹少许油脂于筒盖中的大 O 形圈和小 O 形圈并盖上筒盖予以密封。此时，过滤器更换完毕，即可使用，见表 2—9。

表 2—9　滤芯的更换方法

序号	图　例	步　骤
1		关机确认循环泵已停止工作
2		逆时针方向拧开星形把手 1，除去筒盖
3		注意：当过滤筒中有压力时，不要打开
4		用手取出滤筒中上面的滤芯 5
5		用提把 6 取出下面滤芯
6		复原提把 6
7		装入新的滤芯
8		抹少许油脂于筒盖中的大“O”形圈 4 和小“O”形圈 2
9		盖上筒盖 3 予以密闭。此时，过滤器即可使用

二、离子交换树脂的更换

当去离子筒出口流量正常，而电导率值却长时间不降时，应该考虑补充或更换树脂。去离子树脂一般可使用一个月以上。图 2—21 所示为去离子树脂，更换步骤见表 2—10。

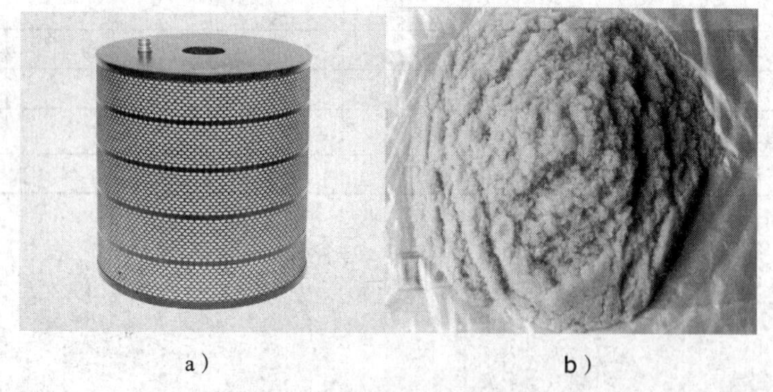

a）　b）

图 2—21　去离子筒和树脂

a）去离子筒　b）树脂

表 2—10　　离子交换树脂的更换步骤

序号	图　例	步　骤
1		关机
2		将进、出口的铜螺母 1 拧开
3		拧开活动紧固圈上的 M6 ×50 螺钉
4		将去离子筒从座上取下，倒掉失效的树脂并清洗，注意清洁进出口的滤网 2
5		倒入约 10 L 新树脂
6		按相反顺序安装完。在屏幕上将电导率 *K* 设置成需要的值

三、检查、清洗驱动轮与导轮

所有的丝驱动轮和导轮如图 2—22 所示。每切割 40 h 要清洗驱动轮和导轮一次，以保证它的清洁干净。检查导轮的表面凹槽磨损情况，检查导轮运转是否灵活，必要时需要重新更换。

图 2—22　运丝机构

1—压丝轮　2—驱动轮　3—上导轮　4—平衡轮　5—过渡轮　6—锁丝部件　7—下导轮

四、检查和清洗上下导丝嘴、导向器及红宝石棒

松开上尼龙盖帽、下尼龙盖帽（当除去上盖帽后，分流板和 O 形圈将掉入盖帽），用导丝嘴专用工具取出导丝嘴，并从导丝嘴上取出导电器。

拧松 3 个顶丝后，把红宝石棒取下，用汽油清洗后吹干或晾干，不要用布擦；将导向器及导丝嘴洗净（特别是清洗内部通道），用擦布将导电盒内壁擦干净。

安装导向器和导丝嘴及红宝石棒，再将清洗后的尼龙盖帽重新装上并拧紧。图 2—23 所示为上、下导丝嘴。

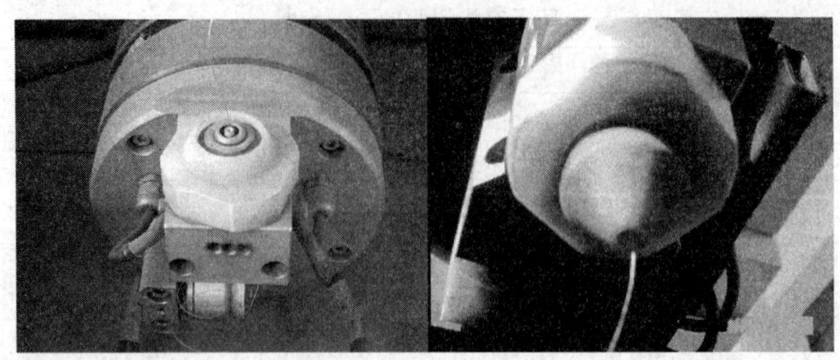

图 2—23　上、下导丝嘴

五、检查和清洗吹丝管

建议平时用气泵吹气送丝，以免电极丝粘带的铜屑末积聚在吹气管出口处。铜屑末一旦过多会影响穿丝的成功率，必要时将导管头取下用气泵吹净管内的铜屑末，方法见表 2—11。

表 2—11　　**检查和清洗吹丝管的步骤**

序号	图例	步骤
1		拧下 4 个螺钉 1
2		向左方移动固定板 2 使导管头 4 移开收丝轮
3		握紧有机玻璃管 3，慢慢旋拔出导管头 4
4		清洁有机玻璃管内铜屑，然后按相反顺序装好

六、倒空废丝筒

废丝堆积 2/3 筒深时需要将废丝筒倒空（触丝前必须关闭电源），如图 2—24 所示。

图 2—24 废丝筒

七、全程移动 X、Y、U、V、Z 各轴

每周要求以最大速度做一次全程移动，以确保整个行程上丝杠、导轨有足够的润滑和防锈。这种初级保养能确保丝杠、导轨精度的持久性。

八、清洗电柜过滤网

为了防止被循环泵吸附，应清洗过滤网罩，如图 2—25 所示。

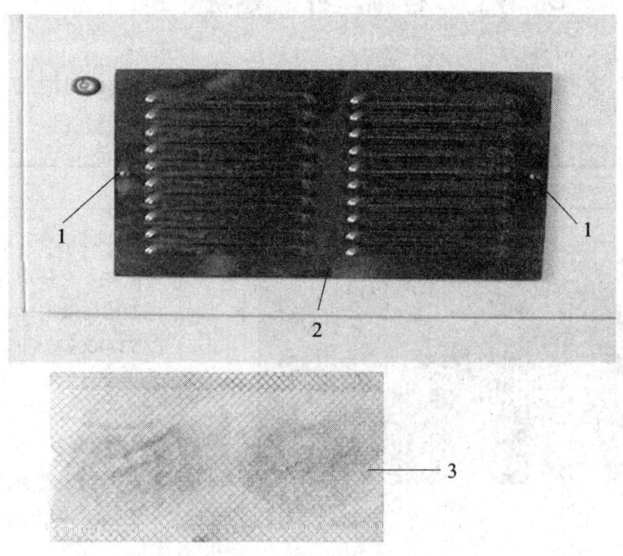

图 2—25 电柜过滤网

1—滚花螺钉 2—网栅 3—空气过滤网

每周至少清洗一次，按下述步骤进行：

1. 拧下进风板的两个 M6 滚花螺钉 1。
2. 取出网栅 2 内的空气过滤网 3。
3. 用吸尘器除灰尘或用中性清洗剂，在水温不超过 40℃的情况下清洗。

4．晒干后再把过滤网 3 装回。

5．过滤网最多清洗五次后必须更换。

九、导电块的拆洗和重新安装

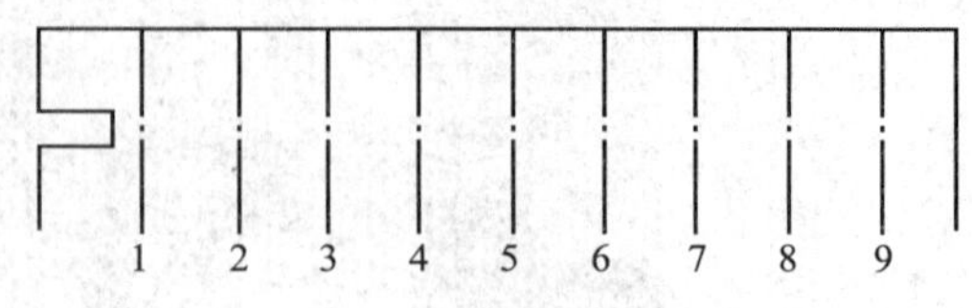

图 2—26　导电块安装

每切割 20～30 h 后应按照下述步骤维护：

1．确认电源已切断。

2．一个圆弧面上可有 9 个接触位置，如图 2—26 所示。可利用随机提供的深度尺测出导电块当前的位置，并记录。导电块可以转动，一个导电块至少可转动 4 次，所以至少有 36 个接触位置可供利用。

3．用内六角扳手，松开固定导电块的三个 M4 顶丝。

4．把导电块取出，用软刷子清洗导电块上的接触区。

5．检查导电块的磨损程度，如果凹槽深度超过电极丝的半径，则导电块应换一个接触位置。如果需要的话，利用深度尺来旋转导电块或移动一个新位置，用深度尺可以使导电块得到最充分的利用。

6．安装位置确定后，至少拧紧两个顶丝以确保导电块与导电盒有较好的接触。

十、润滑 X、Y、U、V、Z 各轴丝杠、导轨

每年应进行一次 X、Y、U、V、Z 各轴丝杠、导轨的润滑。润滑方式见表 2—12。

表 2—12　　**润滑 X、Y、U、V、Z 各轴丝杠、导轨**

名称	图　例	说　明
X 轴的润滑	1	只要将床身外罩正左下方贴有润滑标志的长盖拆下，移动 *X* 轴将窗口对准油嘴架，用注油枪向嘴内注射出厂时提供的锂基润滑脂 P/N374009705 即可
Y 轴的润滑		拆开液槽下方前皮老虎，找到左右两个滑块上的油嘴（右图为左侧滑块油嘴），同样地拆开后皮老虎，找到左右滑块和丝杠螺母上的油嘴，用注油枪注射即可
U 轴的润滑	1　2/3　4/5	拆下机床背后带玻璃窗的下盖板后，如图找到 *U* 轴 4 滑块和丝杠螺母共 5 处油嘴

续表

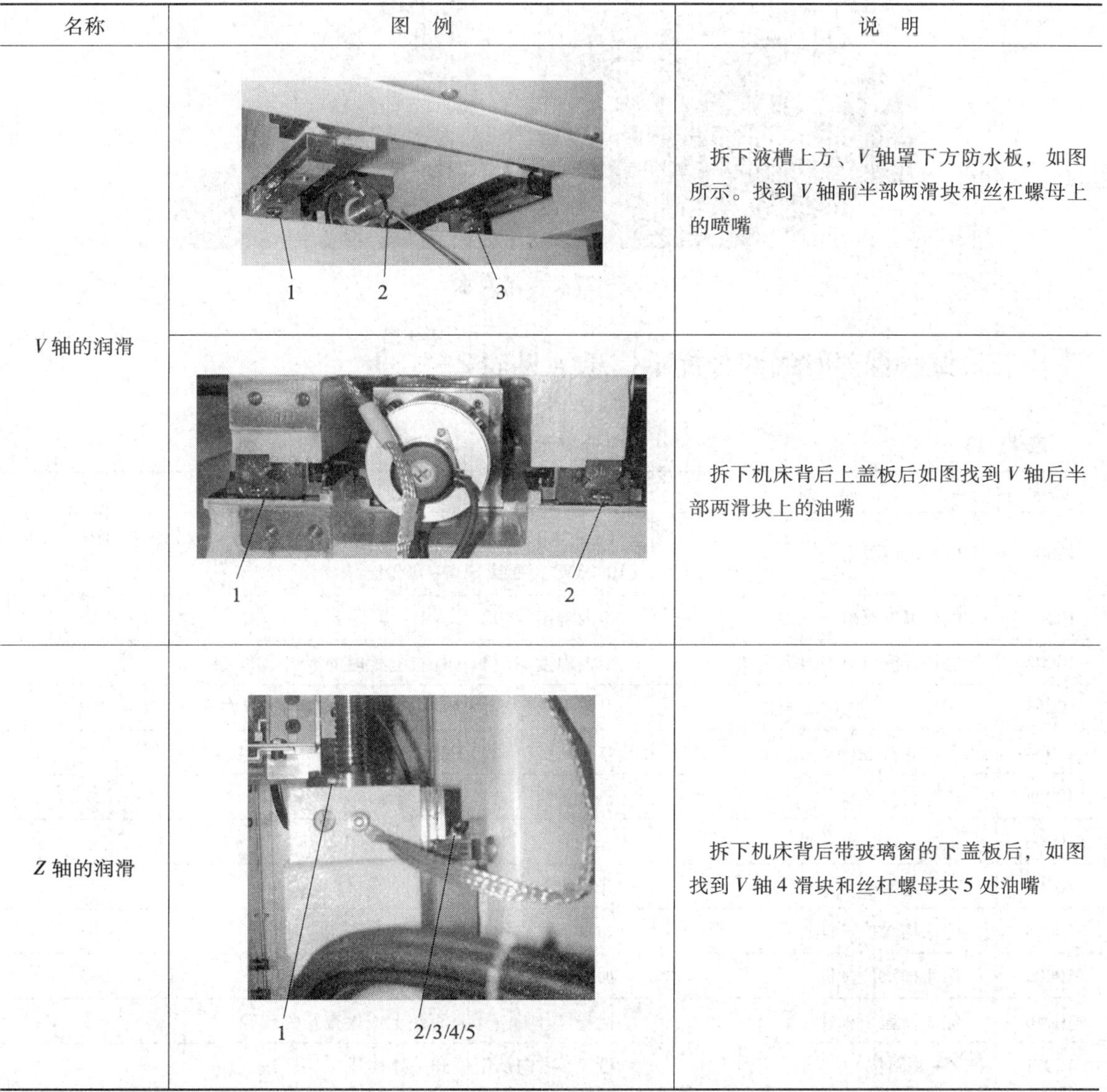

名称	图 例	说 明
V 轴的润滑	1 2 3	拆下液槽上方、V 轴罩下方防水板，如图所示。找到 V 轴前半部两滑块和丝杠螺母上的喷嘴
	1 2	拆下机床背后上盖板后如图找到 V 轴后半部两滑块上的油嘴
Z 轴的润滑	1 2/3/4/5	拆下机床背后带玻璃窗的下盖板后，如图找到 V 轴 4 滑块和丝杠螺母共 5 处油嘴

十一、换水并清洗水箱

1．把水箱中的水排空。将水箱贴有排污口标签的左后侧板打开，拉出过滤器出口的排水球阀。打开球阀，将水放至事先准备好的容器内。开动循环泵将污水箱的沉积物搅起来，并从过滤器排出。清出的污水需排入专门的废水处理系统，不宜排入下水道。

2．清洗水箱后，重新装入蒸馏水或纯净水。先将清水箱灌满水直到溢出到污水箱，继续向污水箱灌水直到水位高至离上口边沿 100 mm 左右，如图 2—27 所示。

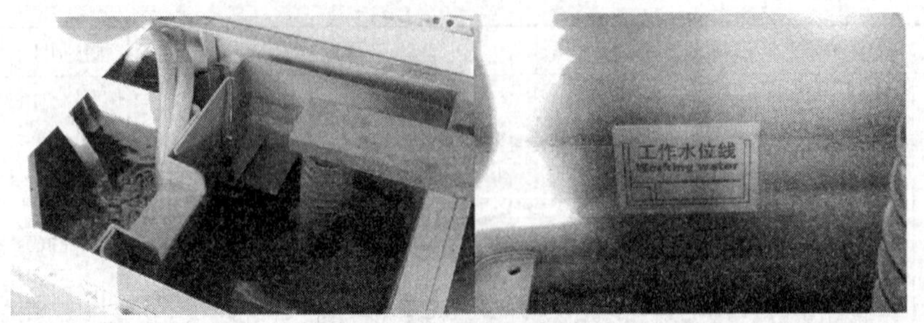

图 2—27　水箱换水

十二、维护保养时的部分提示信息（见表 2—13）

表 2—13　　部分提示信息

编号	信　息	措　施
10000	UoK 电源异常	GL1，GL2，GL3，GL4，检查 TP6 - TP5 （12V） 和 TP7 - TP5 （10.25V）；更换 SUS - B02 板
10001	电柜温度报警	柜内温度 > 30℃
10002	电柜温度过高，自动关机	柜内温度 > 52℃，检查电柜内的通风
10003	HPS 板上的 GOK2 异常	电压电流过载，请关机再开机，如果仍存在异常，请更换
10004	上次异常关机	非正常关机；加工之前回 Z、X、Y、U、V 机械原点
10005	上次正常关机	正常关机
10006	上次外网掉电关机	
10007	UPS 电池电压太低	开机给 UPS 充电
10008	清水槽水位过低	加水或检查循环泵
10009	污水槽水位过低	加水或检查循环泵
10010	储丝筒盖子未装上	检查储丝筒盖子是否装上或检查开关 SW2
10011	Z + 到限位	沿 Z - 方向从限位开关处移开
10012	Z - 到限位	沿 Z + 方向从限位开关处移开
10013	液槽门已打开	检查液槽门开关 SW1
10014	检测到 WI1	垂直找正信息
10015	检测到 WI2	垂直找正信息
10016	穿丝失败	运丝系统信息
10017	电导率大于设置值	检查导电探头和去离子树脂
10018	SBC - B15 诊断异常	重新开机；检查通信部分；更换 SBC - 15 板
10019	断丝或无丝	检查运丝系统，检查 R

第四节　恒锥度加工

按图 2—28 所示要求，切一圆孔，孔的中心距边的尺寸符合下图要求，材料为 Cr12。

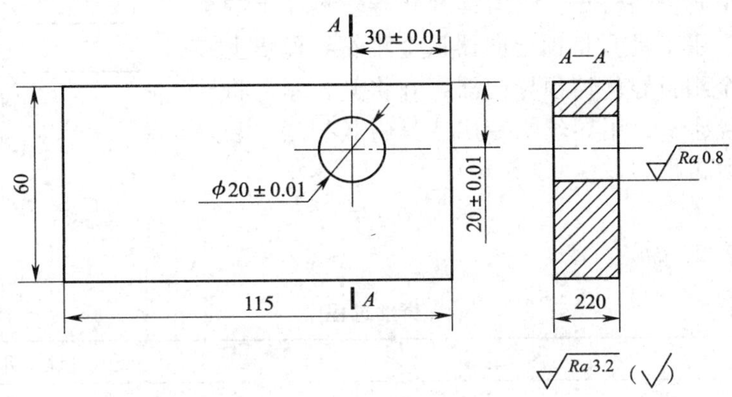

图 2—28　单孔零件图

完成本实例主要有加工前的准备、编程、工件加工、加工结束后的工作等步骤。

一、加工前的准备

1. 加工前需将废丝箱就位

加工前需将废丝箱就位，并扣上有机玻璃防护盖，此时已压入安全开关。

2. 开机

（1）在通电以前，检查紧急开关是否处在断开状态。

（2）将电柜主开关旋转到 ON 的位置。

（3）按下启动（绿色）开关，电柜开始通电，等几十秒钟，显示器出现正常画面后，启动结束。

3. 检查水箱

进行该项检查时，工作液槽必须是无液状态，清水箱内的介质液必须充满并为溢出状态，污水箱的液面必须在箱口以下 100 ~ 200 mm 处，正常工作时注意水位线保持在规定的位置，适时补水以保证运行正常。

4. 回机械原点

若上次掉电记忆失败，开机后必须执行回机床原点的动作，使机床校正一致，建议每次开机后执行回机床原点动作。

5. 换丝

根据工艺数据选择丝材料和丝直径。当丝被穿上时，在丝卷处将丝剪断。用运丝按钮使丝从下导丝嘴出来，沿着下导轮进入废丝箱。从丝卷轴上，松开丝卷套并从丝卷移走丝卷筒。把需要的丝卷筒固定到丝卷轴上，用手拧紧丝卷套。

6. 更换上、下导丝嘴

根据所选用丝直径的大小，选择相应的导丝嘴，并确定机床处于手动或断电状态。工具如图 2—29 所示。用工具 A 将导丝嘴座上的尼龙盖帽松开。用工具 B 将导丝嘴座上的金刚石导丝嘴卸开。用工具 C 将预导向器从金刚石导丝嘴上卸下来。组装新的金刚石导丝嘴预导向器，并将其拧紧。将导丝嘴安装在导丝嘴座上，用导丝嘴专用工具将其拧紧。装好喷嘴并装上下尼龙盖帽。

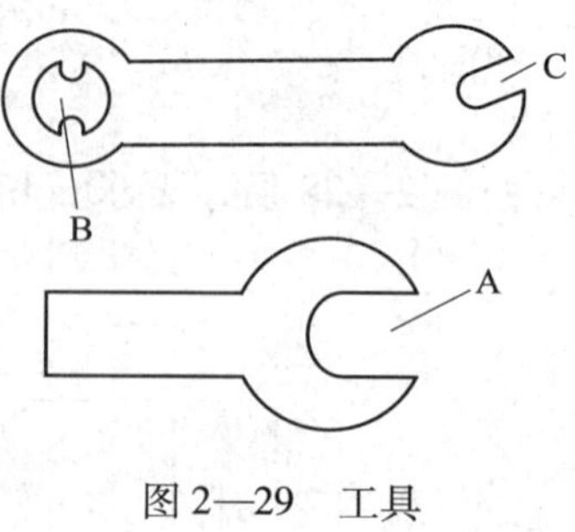

图 2—29　工具

7. 穿丝

穿丝过程见表 2—14。

表 2—14　　穿丝过程

步骤	图　片	说　明
1	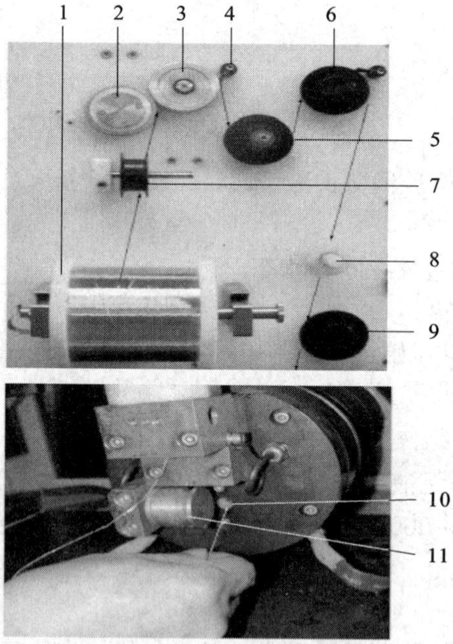	将电极丝从丝卷 1 抽出
2		穿过过渡轮 7 的后半部
3		从压丝轮 2 下方盘入
4		经过驱动轮 3 的上半圈
5		绕过平衡轮 5 的下半圈
6		绕过导轮 6 的下半圈
7		经过锁丝部件 8 左半边，将丝锁住
8		经过导轮 9 的左半边
9		拉开挡水罩的前半部
10		穿入上、下导丝嘴
11		按手控盒上的穿丝钮，将丝吸入至收丝轮掉入废丝箱
12		随丝渐渐地吸入，将丝放入导轮的 V 形槽 11 中，检查各轮运转是否正常

8．紧固工件

紧固工件的过程见表 2—15。

表 2—15　紧固工件过程

步骤	名称	图　片	说明
1	检查工件	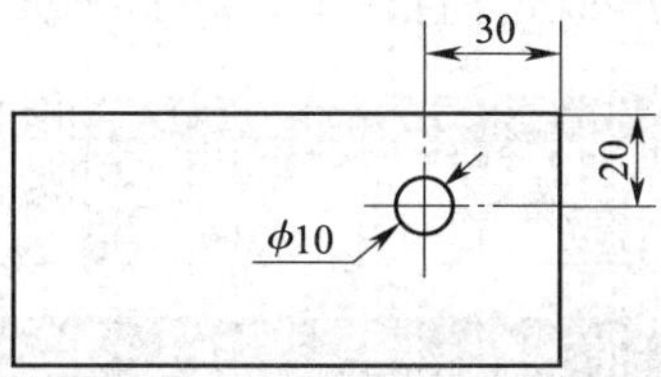 30 20 ϕ10	检查的目的是保证所要加工的工件上下表面的平面度和平行度
2	夹紧工件	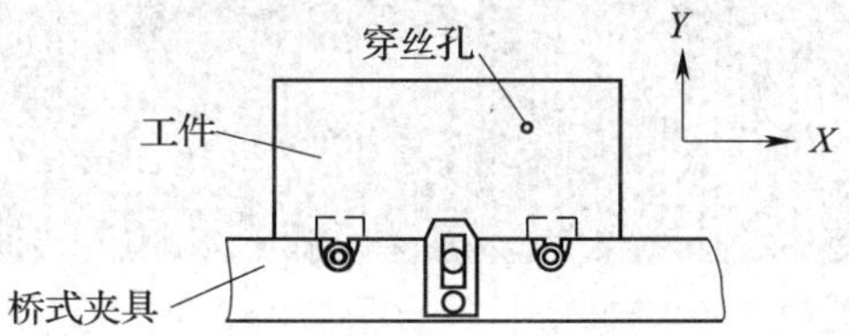 穿丝孔 Y 工件 X 桥式夹具	夹紧工件时应保证在加工期间工件、夹具与上下导丝嘴之间不发生碰撞
3	找正工件	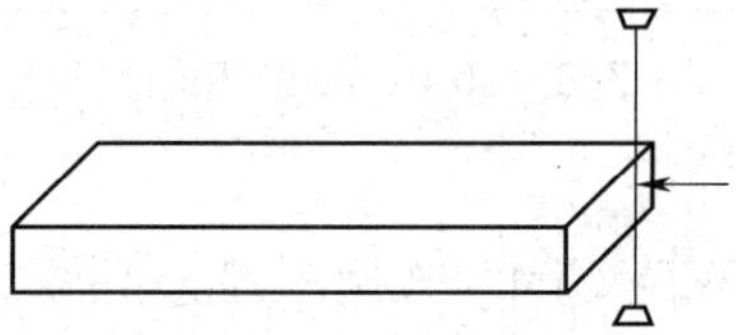	用磁性表检查工件安装在工作台中的位置是否在允许误差范围内
4	Z 轴定位至工件高度	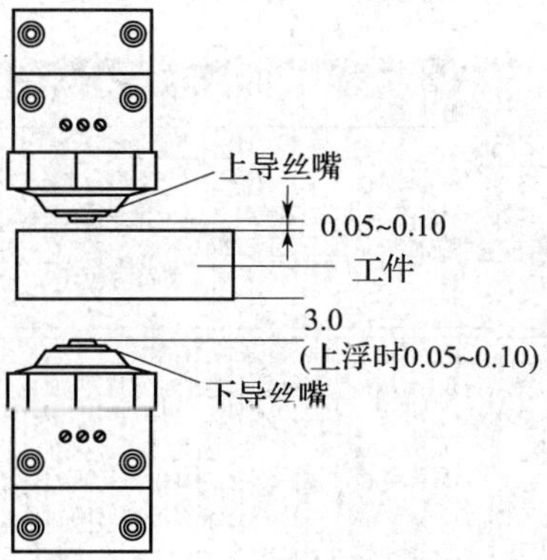 上导丝嘴 0.05~0.10 工件 3.0 (上浮时0.05~0.10) 下导丝嘴	加工前要调整好 Z 轴的工作高度，注意不要碰撞

9．检查电极线

电源通电时，导丝嘴和从卷丝筒到废丝箱的整个运丝系统中都有高压。为防止损坏电源或加工工具，在加工之前必须做好线的连接。

二、编程

1. CAD 绘图

（1）进入 TwinCAD，如图 2—30 所示。

（2）按照图样尺寸在 TwinCAD 内进行直径 10 mm 的圆形的绘制。

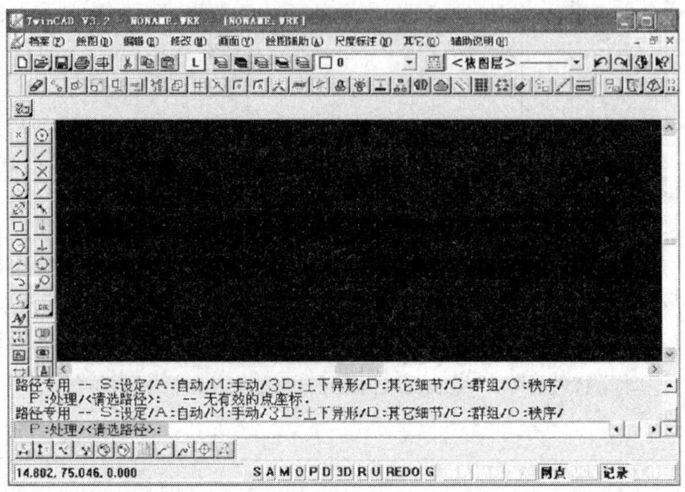

图 2—30　CAD 绘图

2. 程序转化

（1）选择 TCAM 钮或输入“WTVCAM”按回车键。

（2）选择软件界面下端的 S 钮，进入参数设定栏，如图 2—31 所示。在此栏内“路径型态”选项选“冲块”，然后按确定键。

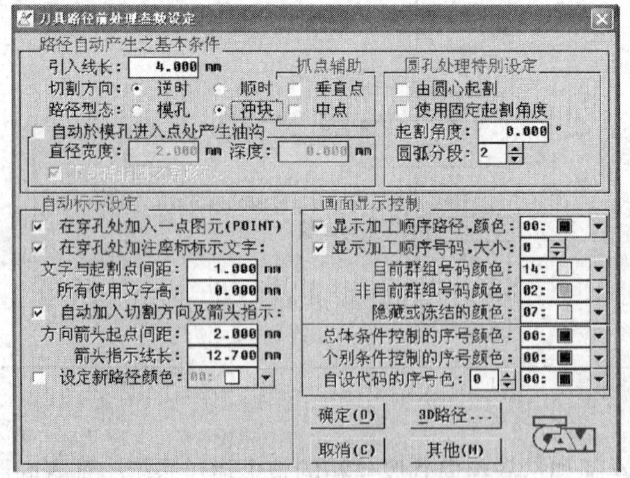

图 2—31　参数设定

(3) 路径设置

1) 选择软件界面下端的 M 钮，进行手动路径设置（根据零件形状和有利于减小变形的位置确定）。

2) 输入起割点位置：（－10，0），如图 2—32 所示。

3) 输入切入点：选择垂点钮，并指定切入边。

4) 指定切割方向：逆时针切割。

(4) 选择软件界面下端的 P 钮。

(5) 按回车键两次，出现“请输入 NC 程式输出档名”窗口。

1) 输入文件名。

2) 点保存钮，如图 2—33 所示。

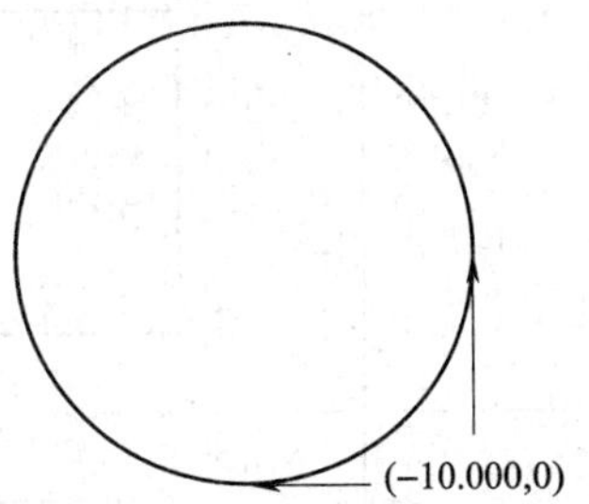

图 2—32 设置起割点位置

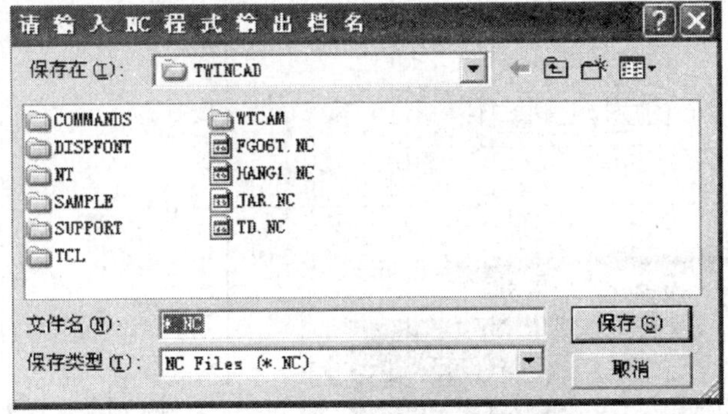

图 2—33 “请输入 NC 程式输出档名”窗口

三、工件加工

工件加工的主要操作见表 2—16。

表 2—16 **工件加工的步骤**

步骤	名称	图 片	说 明
1	编制工艺文件		在文件管理屏编制工艺文件

续表

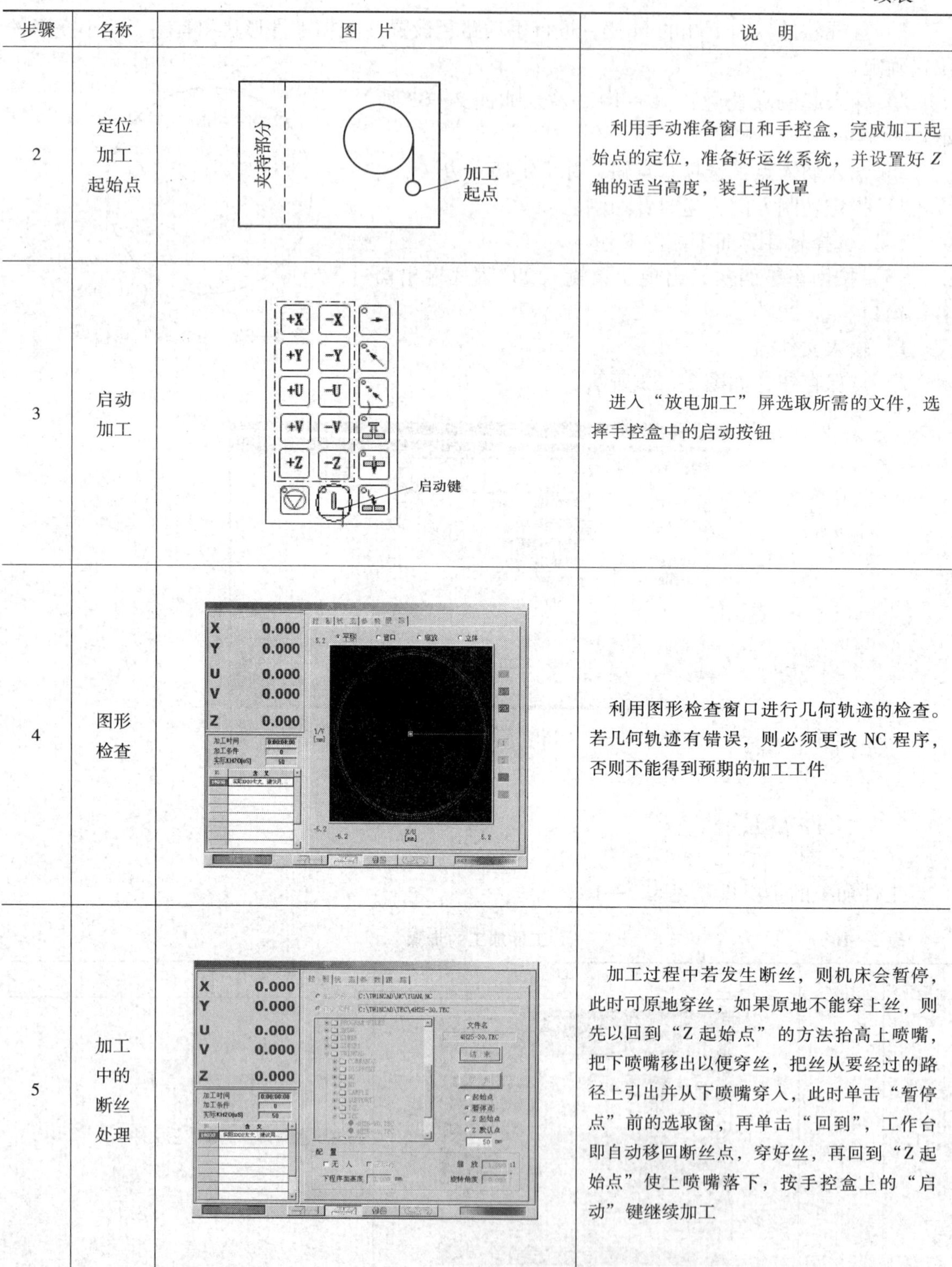

步骤	名称	图 片	说 明
2	定位加工起始点	夹持部分 加工起点	利用手动准备窗口和手控盒，完成加工起始点的定位，准备好运丝系统，并设置好 Z 轴的适当高度，装上挡水罩
3	启动加工	+X −X +Y −Y +U −U +V −V +Z −Z 启动键	进入“放电加工”屏选取所需的文件，选择手控盒中的启动按钮
4	图形检查	X 0.000 Y 0.000 U 0.000 V 0.000 Z 0.000	利用图形检查窗口进行几何轨迹的检查。若几何轨迹有错误，则必须更改 NC 程序，否则不能得到预期的加工工件
5	加工中的断丝处理	X 0.000 Y 0.000 U 0.000 V 0.000 Z 0.000	加工过程中若发生断丝，则机床会暂停，此时可原地穿丝，如果原地不能穿上丝，则先以回到“Z 起始点”的方法抬高上喷嘴，把下喷嘴移出以便穿丝，把丝从要经过的路径上引出并从下喷嘴穿入，此时单击“暂停点”前的选取窗，再单击“回到”，工作台即自动移回断丝点，穿好丝，再回到“Z 起始点”使上喷嘴落下，按手控盒上的“启动”键继续加工

四、加工结束后的工作

加工结束以后的工作步骤见表 2—17。

表 2—17　　加工结束以后的工作步骤

步骤	名称	图片	说明
1	清洗工作区		工作液槽不能用洗涤剂清洗，只能用电解质液清洗
2	清洗夹具		用擦布擦干或压缩空气吹干，用多用途喷雾器喷油防止腐蚀
3	清扫废丝箱		当废丝箱装满 3/4 容积或者要执行一个长的加工任务时，废丝箱必须要倒空

第五节　变锥度加工

一、慢走丝线切割锥度零件的方法

1. 尺寸平面

切割带锥度的零件时，由于不同高度处截面上的尺寸大小不一样，但总有一个高度截面上的尺寸要符合图纸要求，这就是尺寸平面，也叫程序面，我们编程时就是以此面上的尺寸为准来绘图。图 2—34 所示程序面 H 带锥度的零件切割完后为了能保证编程面尺寸，则要给计算机一个高度参数，即程序面距工件底面的高度，如图 2—34a 所示的高度 H。如果 H 为零，则保证的是工件下表面的尺寸，如果 H 等于工件厚度，则保证的是工件上表面的尺寸。此高度如果设置不准确，切出的直口与锥面交接处会出现高低不平的现象，如图2—34b所示。

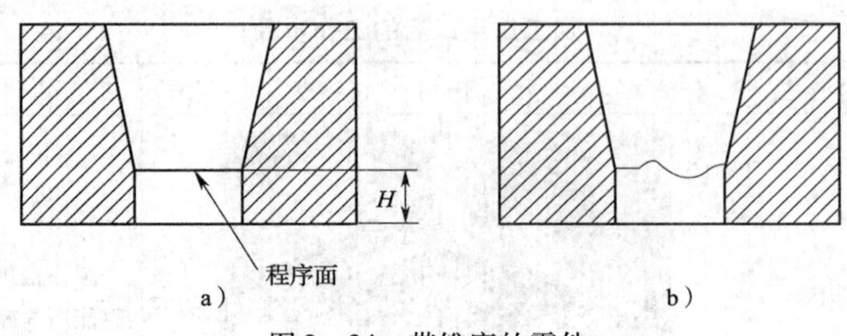

图 2—34　带锥度的零件

2. 尺寸误差的调整

如果锥度零件切割完后，程序面上的尺寸偏大或偏小，则要人为调整高度参数 H 值。例如图 2—35 所示的情况，切一个凸模，锥度上小下大，保证底面的尺寸，实际切割的零件底面尺寸偏大。处理方法如下述：

可把程序面高度设定低一点，此时计算机认定的高度就降低了，保证的尺寸面就比实际位置低一点，按其上小下大的关系，在零件底面的实际位置形成的尺寸就会小一点，如图 2—35 左图所示的情况。要把程序面的高度设定低一点，可通过把 h 值减小一点，H 值增大一点的方法实现。具体增大、减小多少按下式计算：$\Delta h = \Delta X/\tan A$，其中 ΔX 为直径方向尺寸误差的一半，$\tan A$ 为所切锥度的正切值。

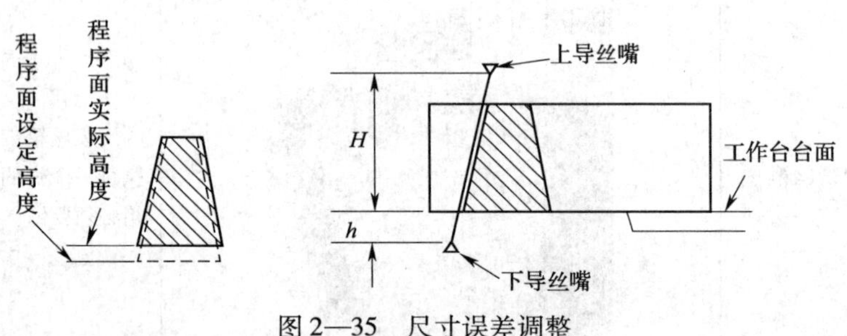

图 2—35　尺寸误差调整

不同机床高度参数的调整方法也不同，有的机床在程序中用高度参数指定，有的机床在特定的屏幕下调整。XENON 是在配置页通过调整上、下导丝嘴距台面的高度参数实现的。

二、实例操作

图 2—36 所示为变锥度加工零件图，其材料为 45 钢。该零件的外形尺寸长为 60 mm，宽为 60 mm。材料为 Cr12，电极丝为 Brass 0. 25 mm。工件厚度为 30 mm，锥度为 2°，被电火花线切割加工的表面粗糙度 Ra 为 1. 6 μm。零件其余表面粗糙度 Ra 均为 6. 3 μm。

在前一节中已经详细地介绍了在慢走丝线切割机床上加工零件的步骤。在本节中主要介绍本实例的程序编制过程，其他具体机床操作和前一节类似，这里不再赘述。

1. CAD 绘图

（1）进入 TwinCAD。

（2）按照图样尺寸在 TwinCAD 内进行图形绘制，使图形的几何中心处在坐标原点处，如图 2—37 所示。

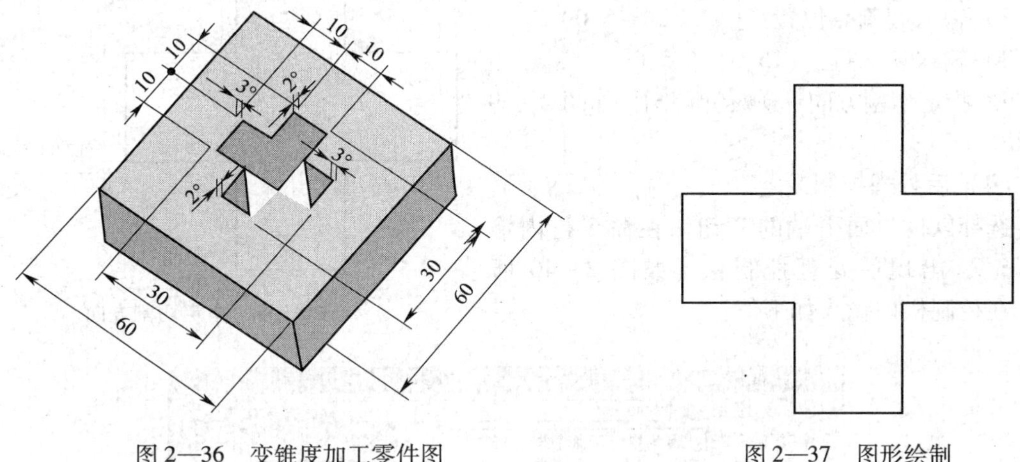

图 2—36　变锥度加工零件图　　　　图 2—37　图形绘制

（3）图形绘制完成后进行串接，要求图形串接成一条复线。

2. 程序转化

（1）选 TCAM 钮或输入“WTVCAM”按回车键。

（2）参数设定

选择软件界面下端的 S 钮，进入参数设定栏（见图 2—31），在此栏内“路径型态”选项选“冲块”，然后按参数设定栏中的“其他”按钮，出现一个小窗口，如图 2—38 所示。

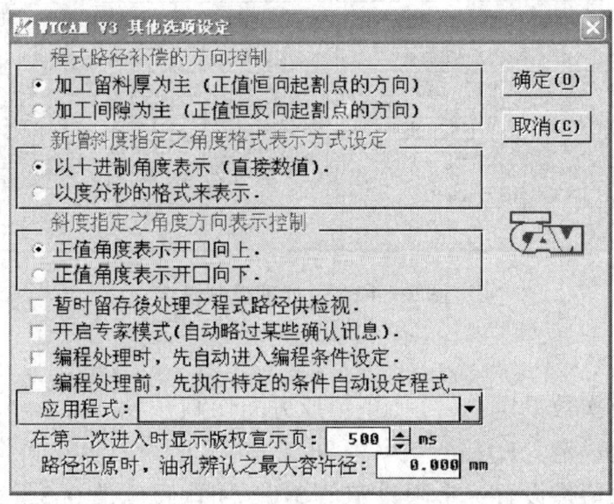

图 2—38　参数设定

在图2—38所示窗口“斜度指定之角度方向表示控制”选择项选择“正值角度表示开口向上”类型。按两次“确定”按钮进入下一步。

（3）路径设置

1）选择软件界面下端的M钮，进行手动路径设置（根据零件形状和有利于减小变形的位置确定）。

2）输入起割点位置：（17.0，－5.0）。

3）输入切入点：（15.0，－5.0）。

4）指定切割方向：逆时针切割，如图2—39所示。

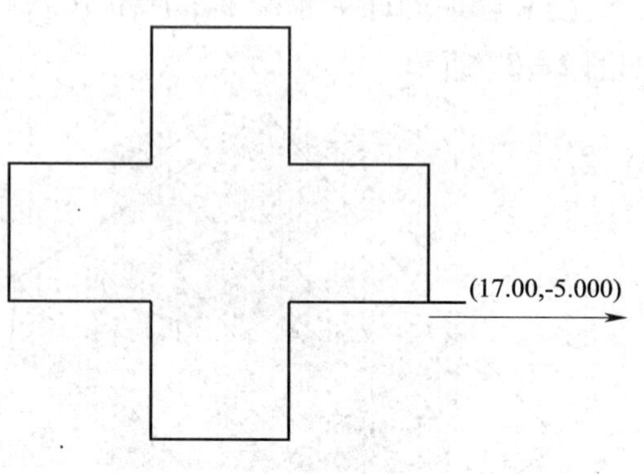

图2—39　指定切割方向

（4）后处理控制设定

选择软件界面下端的P钮，在命令行内输入“S”，出现后处理控制栏，如图2—40所示，在控制栏内输入如下值：

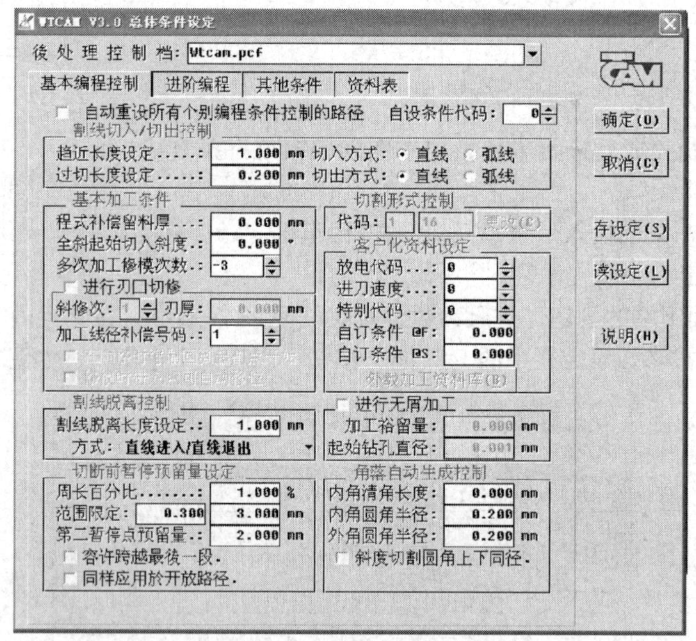

图2—40　后处理控制设定

1）趋近长度设定：1.0。

2）多次加工修模次数设定：－3（正、反方向切割）。

3）割线脱离长度设定：1.0。

4）切断前暂停预留量设置：上限设定值3.0，下限设定值0.3，选定后按确定钮。

5）在以下窗口中的“资料表”栏中，输入四次切补偿值，如图2—41所示。

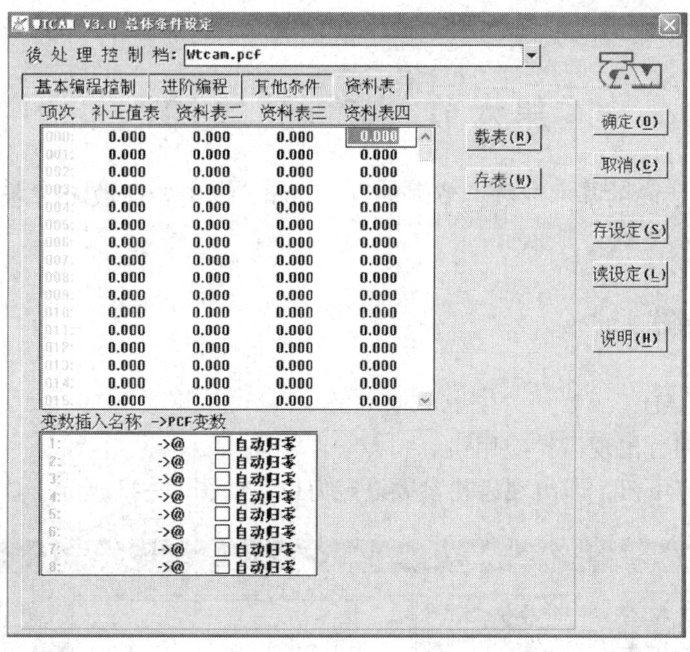

图 2—41 资料表

注：补偿量的选择应根据工件材料、工件厚度和电极丝直径从慢走丝相关工艺参数表中查得四次切割的实际补偿值。上述操作完成后，选择“确定”按钮。

（5）按回车键两次，出现“请输入 NC 程式输出档名”窗口，做如下操作：

1）输入文件名。

2）点保存钮，如图 2—33 所示。

（6）在软件界面下端选择 P 钮，然后在命令行内选择 E 钮进行编辑，确定文件名后按确定钮即显示产生的加工程序，如图 2—42 所示。

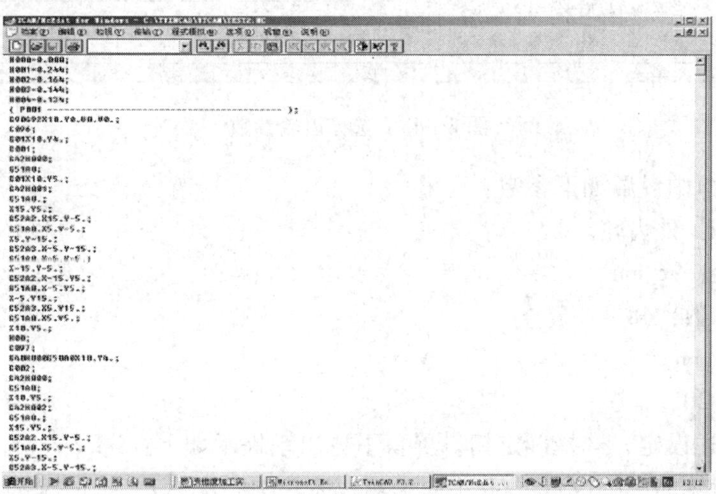

图 2—42 加工程序

（7）将程序存入硬盘或可移动磁盘。

第六节　齿 轮 加 工

本实例要加工齿轮的基本参数：节圆直径 96 mm，全齿轮齿数 48，模数 2 mm，压力角 20°。材料为 Cr12MoV 钢。

一、CAD 绘图

1．进入 TwinCAD。

2．按 TCAM 钮，出现齿轮应用钮。

3．选择齿轮应用钮，即出现齿轮参数设定窗口，如图 2—43 所示。

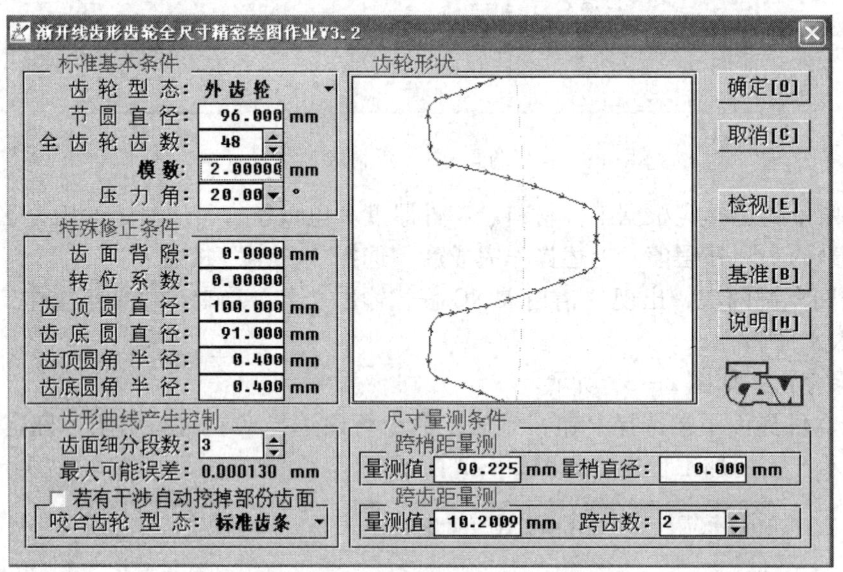

图 2—43　选择齿轮参数

（1）在此窗口中设置如下参数：

1）齿轮型态：外齿轮。

2）节圆直径：96 mm。

3）全齿轮齿数：48。

4）模数：2 mm。

5）压力角：20°。

（2）完成上述设定，选择确定钮。屏幕下方出现提示如下：

1）请指定齿轮的中心位置：（0，0）（输入齿轮中心坐标），按回车键。

2）输入齿轮起始角度：默认值为 0，按回车键。

3）输入所需齿数：默认值为48（设置齿数），按回车键显示出设定的齿轮图形，如图2—44所示。

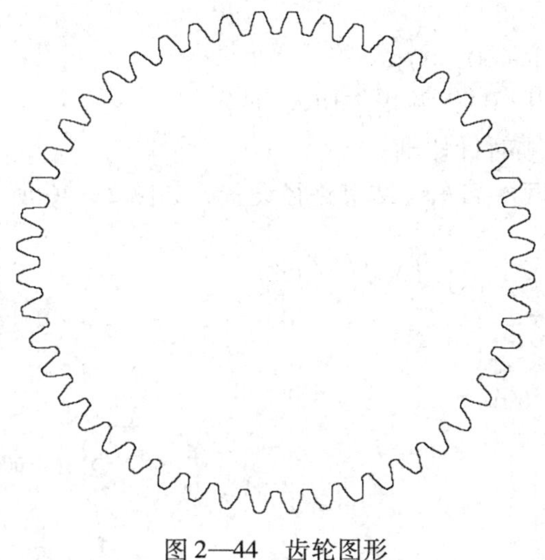

图2—44 齿轮图形

二、程序转化

1．选TCAM钮或输入“WTVCAM”按回车键。

2．参数设定

选择软体界面下方的S钮，进入参数设定栏，如图2—45所示。在“路径型态”选项中选择“冲块”，然后按“确定”钮。

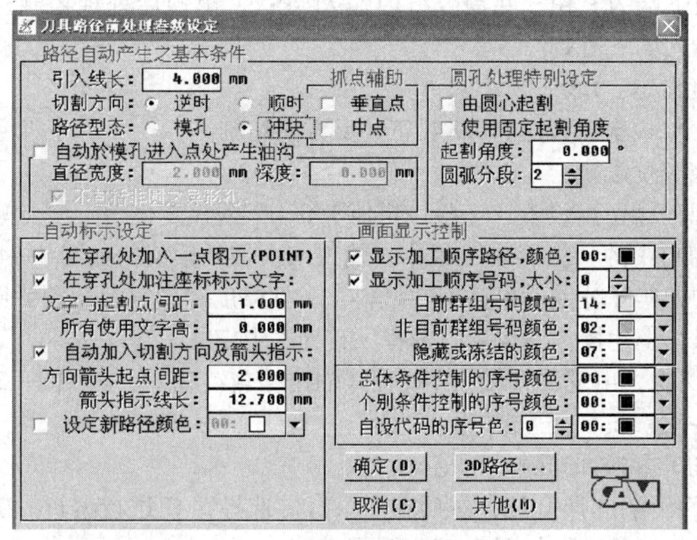

图2—45 参数设定

3. 路径设置

选择软件界面下方的 M 钮，进行手动路径设置（根据零件形状和有利于减少变形的位置确定）。

（1）输入起割点位置：（60，0）。

（2）输入切入点：（60，0），并指定切入边。

（3）指示切割方向：顺时针切割。

上述操作完成后，按两次回车键结束路径设置，如图 2—46 所示。

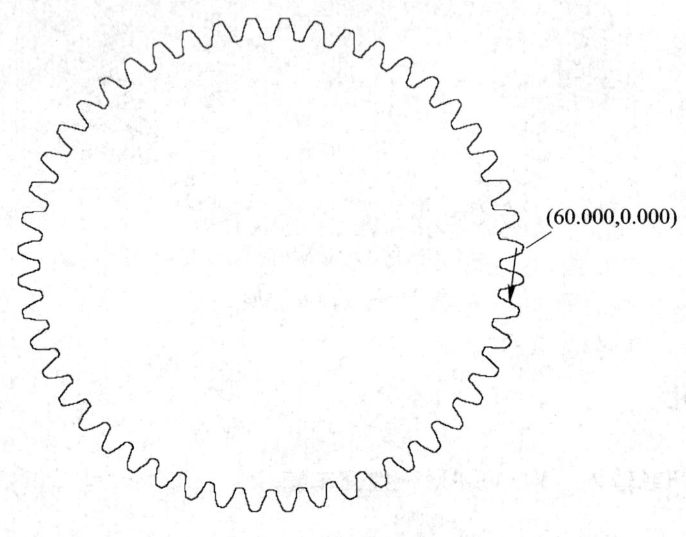

图 2—46　路径设置

4. 后处理控制设定

选择软件界面下端的 P 钮，在命令行内输入“S”，出现后处理控制栏，如图 2—40 所示，在控制栏内输入如下值：

（1）趋近长度设定：1.0。

（2）多次加工修模次数设定：-3（正、反方向切割）。

（3）割线脱离长度设定：1.0。

（4）切断前暂停预留量设置：上限设定值 150，下限设定值 50，选定后按确定钮。

（5）在以下窗口中的“资料表”栏中，输入四次切补偿值，如图 2—47 所示。

注：四次切割的实际补偿值根据工件材料、工件厚度和丝直径从相关慢走丝工艺参数中的相应的表中查得。上述操作完成后，选择“确定”按钮。

5. 按回车键两次，出现“请输入 NC 程式输出档名”窗口，如图 2—33 所示。

（1）输入文件名。

（2）点保存钮，并按回车键。

6. 在软件界面下端选择 P 钮，然后在命令行内选择 E 钮进行编辑。确定文件名后按确定钮即显示产生的加工程序，如图 2—48 所示。

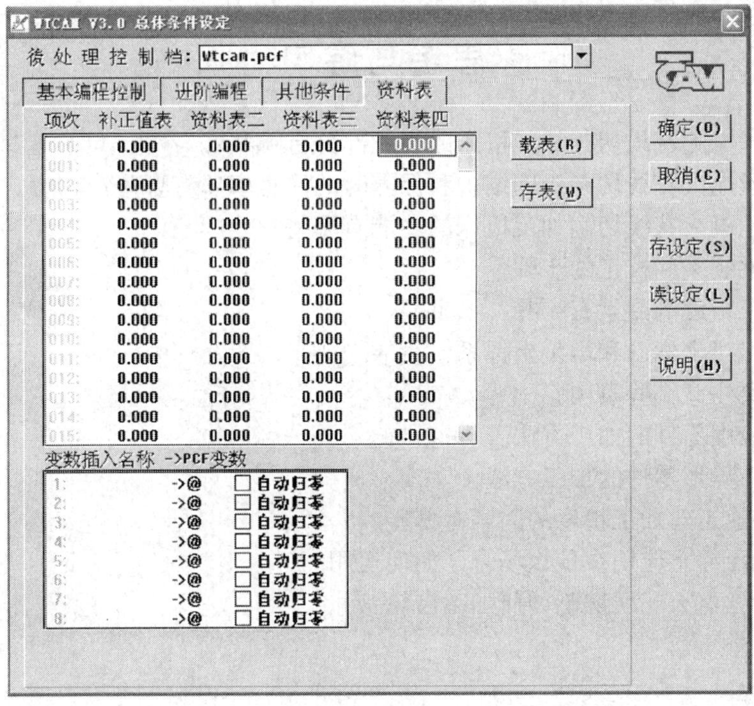

图 2—47 资料表

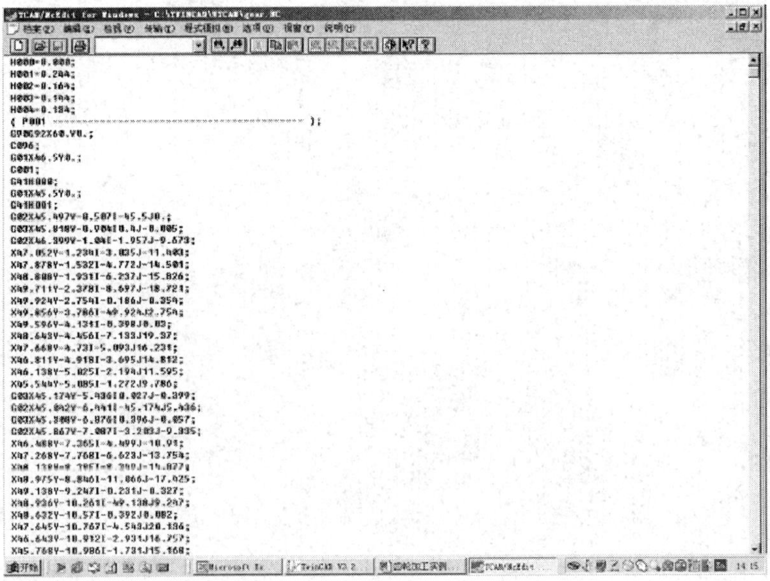

```
H000=0.000;
H001=0.244;
H002=0.164;
H003=0.194;
H004=0.184;
( P001 ------------------------------------------ );
G90G92X60.Y0.;
C096;
G01X46.5Y0.;
C001;
G41H000;
G01X45.5Y0.;
G41H001;
G02X45.497Y-0.507I-45.5J0.;
G03X45.848Y-0.984I0.4J-0.005;
G02X46.399Y-1.04I-1.957J-9.673;
X47.052Y-1.238I-3.035J-11.403;
X47.878Y-1.532I-4.772J-14.501;
X48.808Y-1.931I-6.237J-15.826;
X49.711Y-2.378I-8.697J-18.721;
X49.924Y-2.754I-0.186J-0.354;
X49.856Y-3.786I-49.924J2.754;
X49.596Y-4.131I-0.398J0.03;
X48.643Y-4.456I-7.133J19.37;
X47.668Y-4.73I-5.093J16.231;
X46.811Y-4.918I-3.695J14.812;
X46.138Y-5.025I-2.194J11.595;
X45.544Y-5.085I-1.272J9.786;
G03X45.174Y-5.436I0.027J-0.399;
G02X45.042Y-6.441I-45.174J5.436;
G03X45.388Y-6.876I0.396J-0.057;
G02X45.867Y-7.007I-3.203J-9.935;
X46.488Y-7.365I-4.499J-10.91;
X47.268Y-7.768I-6.623J-13.754;
X48.138Y-8.195I-8.349J-14.877;
X48.975Y-8.846I-11.066J-17.425;
X49.138Y-9.247I-0.231J-0.327;
X48.936Y-10.261I-49.138J9.247;
X48.632Y-10.57I-0.392J0.082;
X47.645Y-10.767I-4.543J20.136;
X46.643Y-10.912I-2.931J16.757;
X45.768Y-10.986I-1.731J15.168;
```

图 2—48 生成加工程序

7. 将程序存入硬盘或可移动磁盘。

思考与练习

1．慢速走丝电火花线切割加工机床的组成部分有哪些？
2．慢速走丝电火花线切割机床维护和保养时的注意事项有哪些？
3．慢速走丝电火花线切割加工机床的功能有哪些？
4．简述工件装夹和校正的步骤。
5．影响加工精度的因素有哪些？
6．什么是绝对坐标系和增量坐标系？
7．切割中要注意哪些事项？
8．简述变锥度零件的加工方法。
9．简述上下异形零件的加工方法。
10．影响慢速走丝加工精度的因素有哪些？
11．高、低压冲水应用在什么场合，如何运用？
12．慢速走丝电火花线切割如何加工齿轮？

第三章

电火花成型加工

第一节　电火花成型加工机床

要正确运用电火花成型加工机床，就必须熟悉电火花成型加工机床的各个组成部分及其功用，如此才能顺利地完成生产任务。

一、电火花成型加工机床的组成部分

数控电火花成型机床主要由机床主体、脉冲电源、数控系统及工作液系统四大部分组成，如图 3—1 所示。

1．机床主体

机床主体由床身、立柱、主轴头、工作液槽、坐标工作台等组成。其中，主轴头是关键部件，它装有电极夹具，用于装夹和调整电极位置。主轴头是自动进给调节系统的执行机构，对加工精度有最直接的影响。床身、立柱、坐标工作台具有支撑定位和便于操作的作用，如图 3—2 所示。

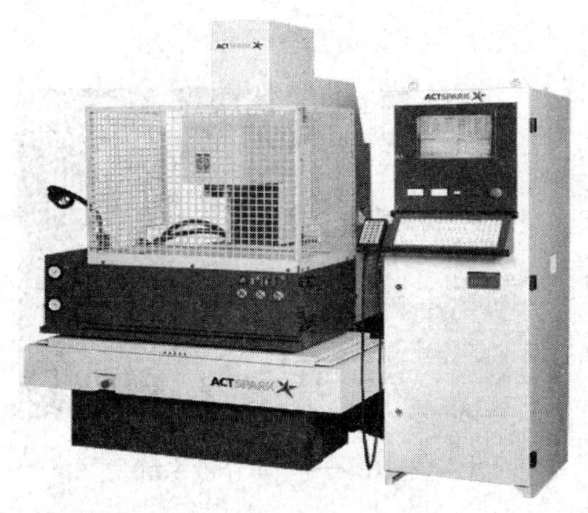

图 3—1　数控电火花成型机床

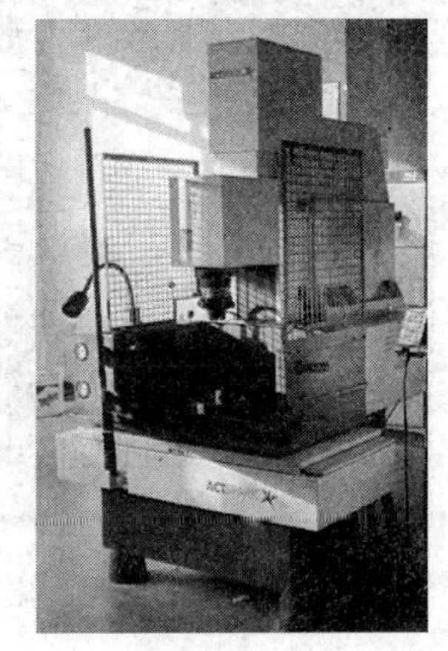

图 3—2　机床主体

2．脉冲电源

脉冲电源将直流或交流电转换为高频率的脉冲电源，也就是把普通 220 V 或 380 V、50 Hz 的交流电转变成频率较高的脉冲电源，提供电火花加工所需要的放电能量。它的性能

对电火花加工生产率、工件表面粗糙度和尺寸精度、电极损耗等工艺指标有很大影响。脉冲电源应满足的要求如下：

（1）有足够的输出功率，满足生产线加工速度的要求。

（2）尽可能小的电极损耗，这是保证成型精度的重要条件之一。

（3）加工表面粗糙度应满足使用要求。

（4）脉冲参数应能方便地进行调整，以适应各种材料、各种加工要求。

（5）电源性能稳定、可靠，价格合理，维修方便。

3．数控系统

数控系统是运动和放电加工的控制部分，如图 3—3 所示。在电火花加工时，由于火花放电的作用，工件不断被蚀除，电极被损耗，当火花间隙变大时，加工便因此而停止。为了使加工过程连续，电极必须间歇式地及时进给，以保持最佳放电间隙。这一基本任务就是由机床的数控系统控制主轴完成的。

4．工作液系统

工作液系统是由储液箱、液泵、过滤器及工作液分配器等部分组成，如图 3—4 所示。工作液系统可进行冲、抽、喷液及过滤工作。电火花成型机床目前广泛采用的工作液是煤油，因为它的表面张力小，绝缘性能和渗透性能好；但其缺点是散发出呛人的油烟，故在大功率粗加工时，常采用燃点较高的机油或变压器油。

图 3—3　数控系统

图 3—4　工作液系统

二、电火花成型机床的功能

1．主机操作手柄功能

手控盒如图 3—5 所示，功能见表 3—1。

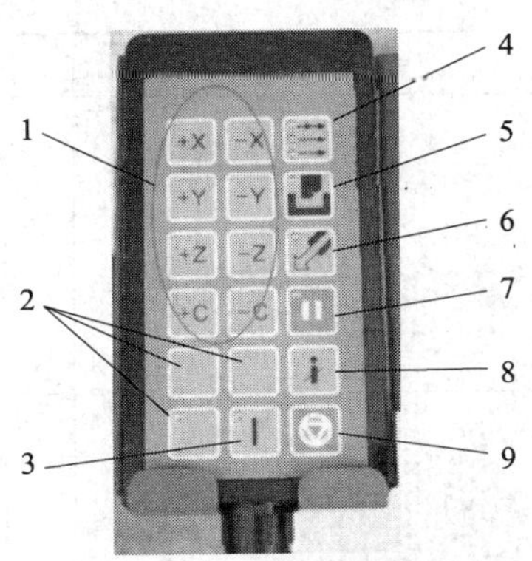

图 3—5　手控盒

表 3—1　　**手控盒功能**

序号	说　明
1	轴移动键，人站在机床的正面，轴的方向与正常的工作坐标系方向相同
2	暂无用
3	恢复键，加工暂停后要接着加工，按此键
4	速度选择键，按一次转换一次，有指示灯显示
5	忽略接触感知键，当电极与工件接触后，要移开电极时，先按此键
6	油泵开关按键
7	暂停键
8	确认键，有红条显示的提示信息时，按此键解除
9	停止键，退出当前正在执行的动作，如加工或找正

2. 自动定位功能

电火花加工机床都具有自动定位、找正功能，如找外中心、找内中心、找角、找边等。在定位前，根据实际情况设定适当的参数，机床就能够自动定位于工件的中心或者接触边、角位置。表 3—2 以北京阿奇夏米尔电火花加工机床为例来说明典型电火花成型机床的准备界面提供的定位、找正功能。

表 3—2　　**电火花加工机床的界面功能符号**

序号	图片	功能
1		移动

续表

序号	图片	功能
2	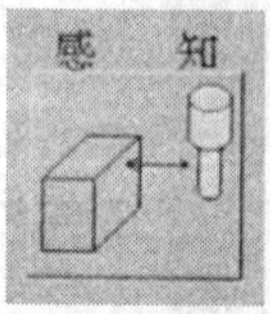	找边
3		找内中心
4	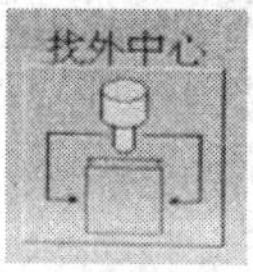	找外中心
5	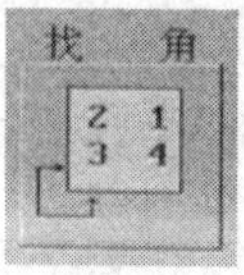	找角
6	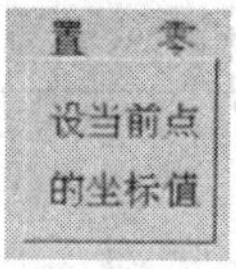	置零

3. 自动编程功能

数控电火花机床配有丰富的自动编程功能，提高了加工效率，保持稳定的加工状态，功能见表3—3。

表3—3　　自动编程功能

序号	名称	功　能
1	间距位置的设定	通过输入加工间距及孔个数，自动计算所有加工位置
2	工件复制功能	将一个工件的程序加以复制，提高多孔加工的编程效率
3	锥度电极处理	输入零件的锥度值，自动按由弱到强的放电参数将加工高度分段处理
4	定时加工	指定某一个加工条件段需要加工的时间

4．各屏幕操作功能

电火花成型机床的系统控制同任何数控系统一样，是分菜单来控制的，一个主菜单就是一个主屏幕。表 3—4 以北京阿奇夏米尔电火花成型机床为例来说明电火花成型机床的屏幕操作功能。

表 3—4　　电火花成型机床屏幕操作功能

名称	图示	说明
“准备”屏	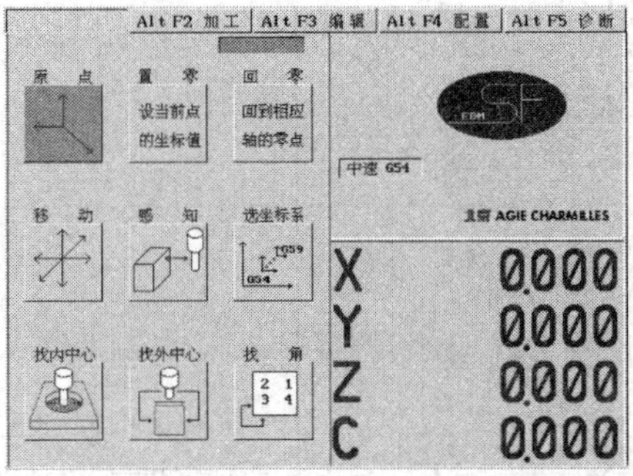	机床启动成功后的初始屏幕即为“准备”屏幕，如左图所示。按 ALT 和 F1 键选取，此屏幕主要实现零件的装夹和找正功能，有 9 个子功能
“加工”屏	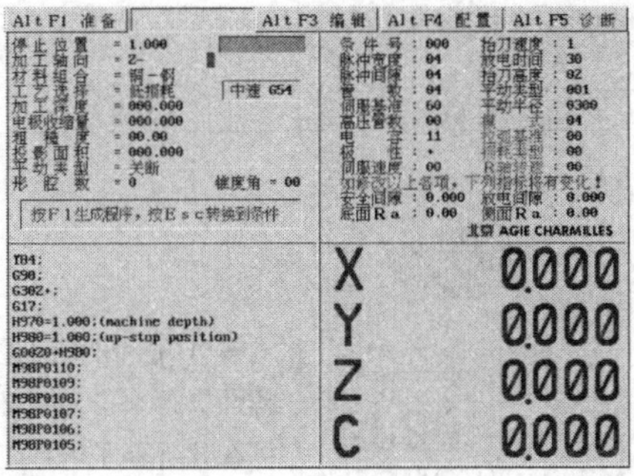	按 ALT 和 F2 键即进入“加工”屏幕。此屏幕主要完成零件的实际加工，自动编程也在这个屏幕下完成
“编辑”屏	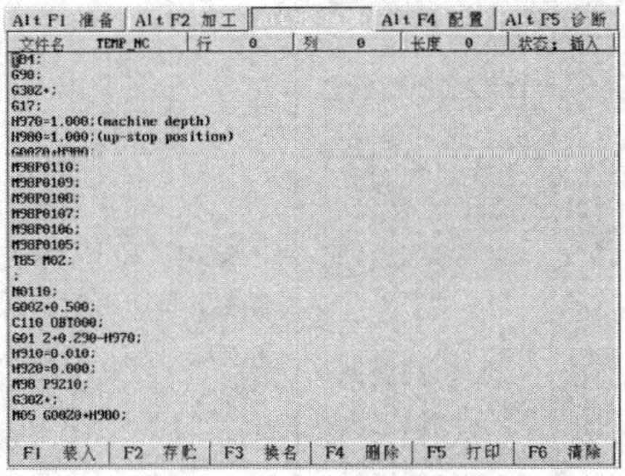	按 ALT 和 F3 键即进入“编辑”屏。此屏幕进行手工编程或程序修改及程序文件的管理

续表

名称	图示	说明
“配置”屏	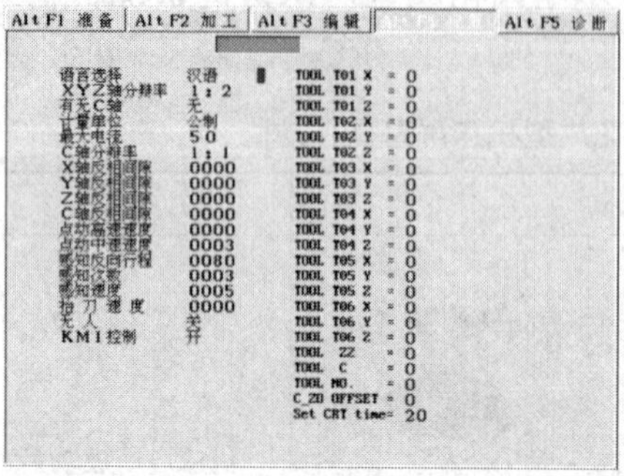	按 ALT 和 F4 键进入“配置”屏。此屏幕为用户了解性屏幕，主要由制造厂家使用
“诊断”屏	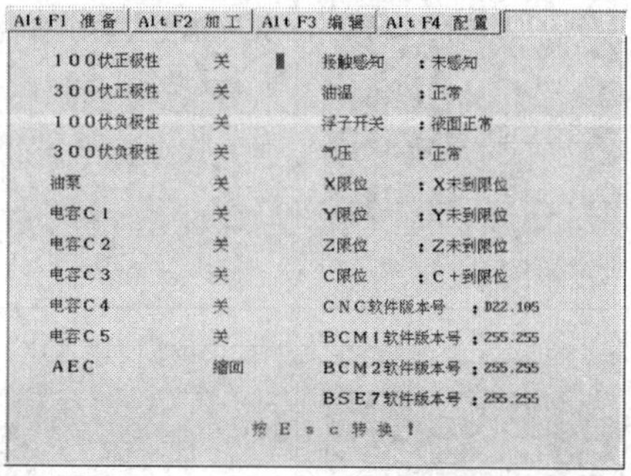	按 ALT 和 F5 键进入“诊断”屏。它是用户了解性屏幕，对机床的故障诊断有一定的帮助
“机床坐标”屏	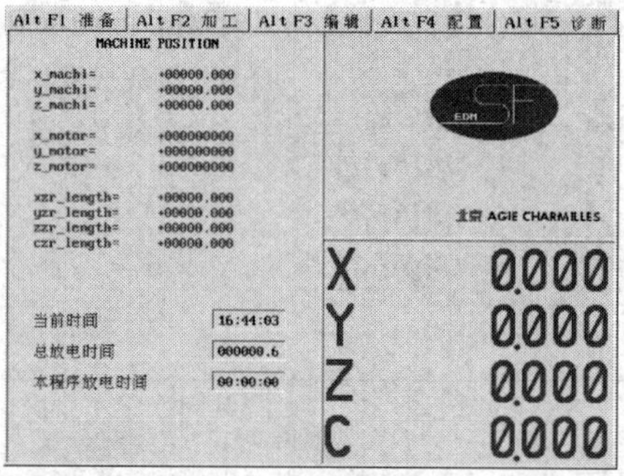	按 ALT 和 F6 键进入此屏幕。它是用户了解性屏幕，可用机床坐标记忆加工起点，也可在此屏幕了解加工时间
“螺补”屏	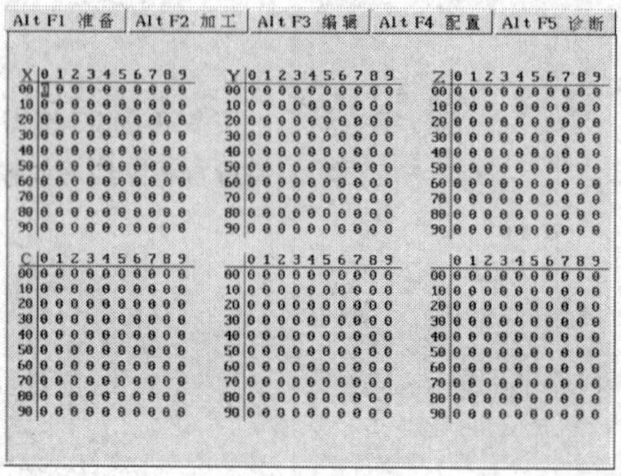	按 ALT 和 F7 键进入此屏幕。它是用户了解性屏幕，可对滚珠丝杠的定位误差进行微量补偿，用户轻易不要修改

续表

名称	图示	说明
“变量”屏	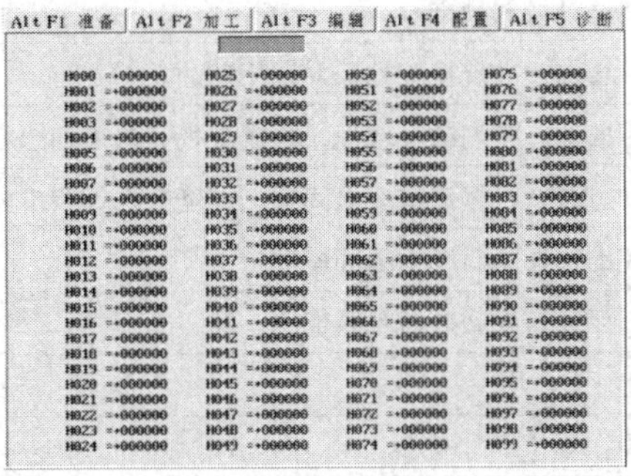 Alt F1 准备 | Alt F2 加工 | Alt F3 编辑 | Alt F4 配置 | Alt F5 诊断 H000 =+000000 H025 =+000000 H050 =+000000 H075 =+000000 H001 =+000000 H026 =+000000 H051 =+000000 H076 =+000000 H002 =+000000 H027 =+000000 H052 =+000000 H077 =+000000 H003 =+000000 H028 =+000000 H053 =+000000 H078 =+000000 H004 =+000000 H029 =+000000 H054 =+000000 H079 =+000000 H005 =+000000 H030 =+000000 H055 =+000000 H080 =+000000 H006 =+000000 H031 =+000000 H056 =+000000 H081 =+000000 H007 =+000000 H032 =+000000 H057 =+000000 H082 =+000000 H008 =+000000 H033 =+000000 H058 =+000000 H083 =+000000 H009 =+000000 H034 =+000000 H059 =+000000 H084 =+000000 H010 =+000000 H035 =+000000 H060 =+000000 H085 =+000000 H011 =+000000 H036 =+000000 H061 =+000000 H086 =+000000 H012 =+000000 H037 =+000000 H062 =+000000 H087 =+000000 H013 =+000000 H038 =+000000 H063 =+000000 H088 =+000000 H014 =+000000 H039 =+000000 H064 =+000000 H089 =+000000 H015 =+000000 H040 =+000000 H065 =+000000 H090 =+000000 H016 =+000000 H041 =+000000 H066 =+000000 H091 =+000000 H017 =+000000 H042 =+000000 H067 =+000000 H092 =+000000 H018 =+000000 H043 =+000000 H068 =+000000 H093 =+000000 H019 =+000000 H044 =+000000 H069 =+000000 H094 =+000000 H020 =+000000 H045 =+000000 H070 =+000000 H095 =+000000 H021 =+000000 H046 =+000000 H071 =+000000 H096 =+000000 H022 =+000000 H047 =+000000 H072 =+000000 H097 =+000000 H023 =+000000 H048 =+000000 H073 =+000000 H098 =+000000 H024 =+000000 H049 =+000000 H074 =+000000 H099 =+000000	按 ALT 和 F8 键进入此屏幕。显示编程时所用到的变量数值。它是用户观察性屏幕

第二节　电火花成型加工工艺

加工之前需要根据机床提供的加工参数选择合理的加工工艺，才能加工出好的工件，同时，熟悉机床的主要技术参数也能够保证机床安全，延长其使用寿命。

一、加工参数

1．加工速度

对于电火花成型机来说，加工速度是指在单位时间内，工件被蚀除的体积或重量。一般用体积表示。若在时间 t 内，工件被蚀除的体积为 V，则加工速度 V_w 为

$$V_w = V/t \ (mm^3/min)$$

在规定表面粗糙度（如 $Ra2.5\ \mu m$）、相对电极损耗（如1%）时的最大加工速度，是衡量电加工机床工艺性能的重要指标。一般情况下，机床生产厂给出的最大加工速度，是用最大加工电流，在最佳加工状态下才能达到的。因此，在实际加工时，由于被加工工件尺寸与形状的千变万化，加工条件、排屑条件等与理想状态相差甚远，即使在粗加工时，加工速度也往往大大低于机床的最高加工速度。例如某数控电火花加工机床给出的最大加工速度为 800 mm^3/min，但实际加工中远远达不到。

2．电参数的配置

在电火花成型加工中，它主要是指经合理选配后的电脉冲参数和电加工用量。冲模电火花加工工艺中，根据工件的要求和电极与工件的材料等因素，确定合理的加工规准，并在加工中正确、及时地转换（见表3—5）。

表 3—5　　不同冲模加工的规准选择要点

冲模的表现形式和要求	规准选择要点
间隙大	加工刃口可选择较强规准，或采用平动电极法
间隙小	加工刃口部分只能选择较弱规准
斜度大	不采用阶梯电极，增加规准转换级差，并采用冲油
斜度小	用阶梯电极，采用抽油。粗规准可较强，精规准视刃口表面粗糙度而定
半刃口	粗、中、精逐规准过渡，根据刃口要求间隙、斜度来选择规准的强弱
全刃口	采用阶梯电极，规准选择同斜度小的冲模加工
小型孔槽	采用较弱规准，以保证精度和表面粗糙度
形状复杂	规准选择相应弱些
余量大	规准选择尽量强些
钢打钢	选择脉冲宽度不大、峰值电流高、脉冲间隔较大的规准加工

二、电极

1. 电极的结构形式

(1) 按构成分类

从电极的构成情况看，有整体式电极和镶拼式电极两种，见表 3—6。

表 3—6　　电极按构成分类

分类	图片	说明
整体式		整个电极用一块材料加工而成
镶拼式		对形状复杂的电极整体，加工有困难时，常将其分成几块，分别加工后再镶拼成整体

(2) 按形状分类

从电极的形状来看，有 2D 电极和 3D 电极两种，见表 3—7。

表 3—7　　电极按形状分类

分类	图片	说明
2D 电极		电极成形部分是贯通形状，是简单的二维实体。一般用传统铣、车或电火花线切割加工等方法来完成此类电极的制造
3D 电极		电极成形部分有非贯通部分，是复杂的三维实体，此类电极的制作必须采用数控机床多轴联动的加工方法才能完成

2．电极材料的选择

任何导电材料都可以作为电极，但电极材料对于电火花成型加工的稳定性、加工速度和工件质量等都有很大的影响，所以应选择导电性能良好、损耗小、造型容易、加工过程稳定、效率高、机械加工性能好和价格便宜的材料作为电极材料。电火花成型加工常用的电极材料有紫铜、黄铜、铸铁、钢、石墨等。表 3—8 列出了常用电极材料的性能、特点及应用范围。

表 3—8　　常用电极材料的性能、特点及应用范围

电极材料	图片	电火花加工性能说明	适用范围
紫铜		加工性能优异，适用晶体管电源加工，电极损耗较小	穿孔加工 型腔加工
石墨		加工性能优异，但不适用于精加工，也不适用于硬质合金加工，电极损耗小	大型型腔模具

续表

电极材料	图片	电火花加工性能说明	适用范围
钢		加工稳定性较差，电极损耗一般	冲模加工
铝		加工稳定性好，加工速度快，适用于大电流，高效率加工，电极损耗大	穿孔加工 大型型腔
铸铁		在加工过程中易于起弧，加工速度不如铜电极高	大型型腔 冲模加工

3. 电极的装夹与校正

数控电火花加工是将电极安装在机床主轴上进行加工，由人工完成电极装夹的操作。

(1) 电极的装夹

由于在实际加工中电极的形状不同，电火花加工要求也不一样，因此使用的电极夹具也不相同。下面介绍几种常用的电极夹具（见表3—9）。

表3—9　　常用的电极夹具

名称	图片	说明
钻夹头		适用于圆柄电极的装夹，通常在钻夹头上开设冲液孔，在加工时可使工作液均匀地沿圆电极淋下，达到较好的排屑效果

续表

名称	图片	说明
U形夹头		适用于方形电极和片状电极，通过拧紧夹头上的螺钉来夹紧电极
电极柄夹头		适用于尺寸较大的圆电极、方形电极，以及几何形状复杂而且在电极一端可以钻孔套螺纹固定的电极

（2）电极的校正

数控电火花加工应通过校正电极，使电极轴线与主轴轴线一致，保证电极与工件垂直，保证电极的横截面基准与机床 *X*、*Y* 轴平行。

常见的电极校正方法见表 3—10。

表 3—10　　常用的电极校正方法

名称	图片	说明
千分表校正	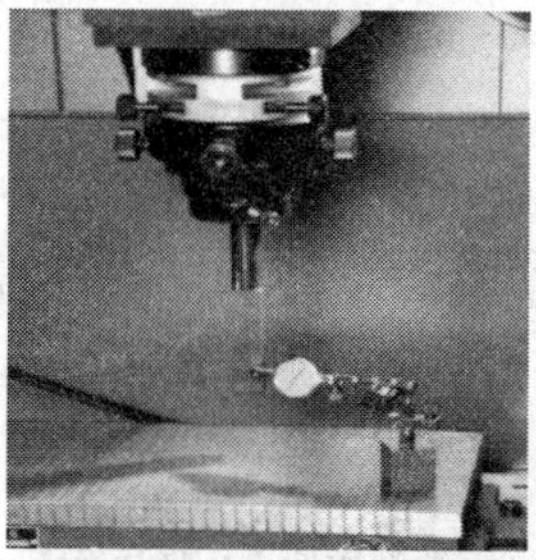	前面介绍了使用千分表校正工件的方法，校正电极的方法也一样
火花校正		当电极端面为平面时，可用弱电规准在工件平面上放电打印，根据工件平面上放电火花分布情况来校正电极，直到调节至四周均匀地出现放电火花为止

续表

名称	图片	说明
直角尺校正		采用直角尺可校正侧面较长、直壁面类电极的垂直度。校正时，使直角尺的刀口靠近电极侧壁基准，通过观察它们之间上下间隙的大小来调节电极夹头

4. 电极损耗

在电火花加工中，电极损耗直接影响仿形精度，特别是对于型腔加工，电极损耗这一工艺指标较加工速度更为重要。电极损耗分为绝对损耗和相对损耗。在电火花成型加工中，电极的部位不同，其损耗速度也不相同。一般尖角的损耗比钝角快，角的损耗比棱快，棱的损耗比面快，而端面的损耗比侧面快，端面的侧缘损耗比端面的中心部位快。电极损耗的影响因素见表3—11。

表3—11　　电极损耗的影响因素

序号	名称	说　明
1	加工极性对电极损耗的影响	中、粗加工，正极性损耗小；精加工，负极性损耗小
2	脉冲宽度对电极损耗的影响	在峰值电流一定的情况下，脉宽越大损耗越小，体现在两个方面，极性效应和“覆盖效应”
3	峰值电流对电极损耗的影响	峰值电流、脉宽越大则表面粗糙度越大，且影响较为明显
4	电流密度对电极损耗的影响	电流密度是影响损耗的最主要因素，经验认为，在兼顾效率和损耗的情况下，电流密度的取值为：铜—钢小于4 A/cm^2、石墨—钢小于3.4 A/cm^2
5	冲抽油对电极损耗的影响	冲抽油越大损耗越大，这是由于冲抽油会破坏“覆盖效应”，但对石墨电极加工钢件影响不大。一般只要能保证加工稳定，冲抽油压力小些好
6	脉冲间隙对电极损耗的影响	脉间越大损耗就越大，这是由于“覆盖效应”的影响所致
7	电极材料对电极损耗的影响	其影响由小到大的排列顺序如下：银钨合金 < 铜钨合金 < 石墨（粗规准）< 紫铜 < 钢 < 铸铁 < 黄铜 < 铝
8	工件材料对电极损耗的影响	高熔点合金损耗 > 低熔点合金损耗
9	放电间隙对电极损耗的影响	精加工时适当增大放电间隙可降低电极损耗
10	电极形状对电极损耗的影响	角部 > 棱边 > 面。因此，有清角要求的零件需采用换电极加工

5. 电极尺寸的确定

（1）放电间隙（2GAP）

表3—12中放电参数表上的“放电间隙”指的是电极的双边放电间隙。

（2）安全间隙（M）

安全间隙可以用公式：$M = 2GAP + 2R_{max} +$ 余量，进行计算。公式中所涉及的参数含义如图3—6所示。

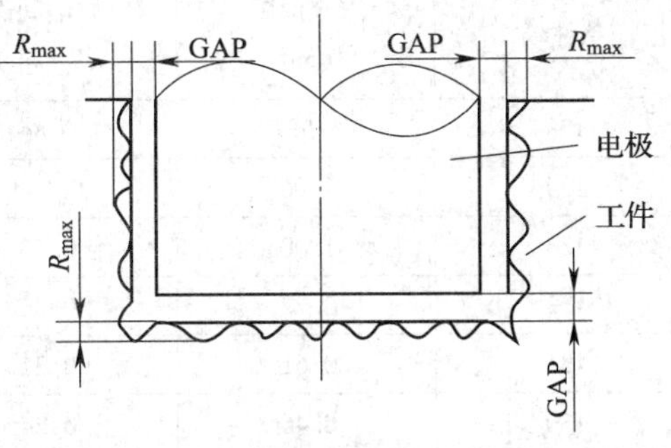

图3—6　电极尺寸确定

安全间隙一般作电极收缩量使用时也叫尺寸差，参数表上的“安全间隙”是根据大量实验总结出来的一个工艺数据，由于它是在放电间隙的基础上加了一点后续加工的材料余量，符合制作电极时确定电极收缩量的要求，所以它是制作电极时确定电极收缩量的一个依据。例如，选表3—12中C109作为第一个加工参数，则C109对应的安全间隙0.4就是电极收缩量的依据。

（3）R_{max}：表面粗糙度参数，表面轮廓不平度的最大值。经验认为 R_{max} 近似等于 $4Ra$。

表3—12　放电参数表

条件号	安全间隙（M）	放电间隙（2 Gap）	R_{max}（μm）	材料余量（双边）	类型
155	1.6	0.81	76	0.638	高效率
154	1.22	0.59	68.8	0.492	
153	0.97	0.457	56.8	0.399	
152	0.71	0.35	48.8	0.262	
151	0.61	0.3	36.8	0.236	
150	0.43	0.22	32	0.146	
149	0.346	0.19	24.8	0.106	
148	0.29	0.145	21.6	0.102	
147	0.23	0.122	19.2	0.070	
146	0.18	0.08	14.8	0.070	
145	0.15	0.07	10.4	0.059	
144	0.13	0.065	8.4	0.048	
143	0.11	0.06	6.4	0.037	
142	0.09	0.055	5.6	0.024	
141	0.046	0.04	4.8		

续表

条件号	安全间隙（M）	放电间隙（2 Gap）	R_{max}（μm）	材料余量（双边）	类型
135	1.581	0.84	72	0.597	标准值
134	1.06	0.544	66.8	0.382	
133	1.00	0.53	60.8	0.348	
132	0.72	0.36	48	0.264	
131	0.61	0.31	40.8	0.218	
130	0.46	0.24	39.2	0.142	
129	0.38	0.22	29.6	0.101	
128	0.28	0.165	23.2	0.068	
127	0.22	0.11	14.0	0.082	
126	0.14	0.06	10.4	0.060	
125	0.12	0.055	7.6	0.050	
124	0.10	0.05	6.4	0.037	
123	0.07	0.045	5.6	0.014	
121	0.045	0.04	4.8		
115	1.65	0.89	66.8	0.626	低损耗
114	1.55	0.83	61.6	0.597	
113	1.22	0.60	56	0.508	
112	0.83	0.47	48.4	0.263	
111	0.70	0.37	34	0.262	
110	0.58	0.32	31.6	0.197	
109	0.40	0.25	27.2	0.096	
108	0.28	0.19	20	0.05	
107	0.19	0.15	15.2	0.009 6	
106	0.12	0.070	10.4	0.029	
105	0.11	0.065	7.6	0.029 8	
104	0.08	0.05	6	0.018	
103	0.06	0.045	4	0.007	
101	0.04	0.025	2.8	0.009	
100	0	0.005			

注：条件代码由 3 位数构成，其后两位与管数有关，前两位与工艺选择有关。

例如：C111 后两位表示本条件采用 11 个功率管，前两位表示本条件采用铜打钢标准型参数。

三、工件的装夹与校正

电火花成型加工将工件安装于工作台，必须正确装夹工件，并对工件进行校正。

1．工件的装夹方法

由于工件的形状、大小各异，所以电火花加工工件的装夹方法有很多种。通常用磁盘来装夹工件，为了适应各种不同工件的加工需求，还可使用其他专用工具来进行装夹。下面介绍在实际加工中常用的工件装夹方法（见表3—13）。

表3—13 常用的工件装夹方法

装夹方法	图片	说明
用永磁吸盘装夹工件		永磁吸盘的磁力是通过吸盘内六角孔中插入的扳手来控制的。当扳手处于 OFF 侧时，吸盘表面无磁力，这时可以将工件放置于吸盘台面，然后将扳手旋转至 ON 侧，工件就被吸盘吸紧了
平口钳装夹工件		对于一些因安装面积较小，用永磁吸盘安装不牢固的工件，或一些特殊形状的工件，可考虑使用平口钳来进行装夹

2．工件的校正方法

工件装夹完成后，要对其进行校正。工件校正就是使工件的工艺基准与机床 X、Y 轴的轴线平行，以保证工件的坐标系方向与机床的坐标系方向一致。在实际加工中，使用校表来校正工件是应用最广泛的校正方法。

校表的结构由指示表和磁性表座组成，如图3—7所示。指示表有千分表和百分表两种，百分表的测量或示值精度为 0.01 mm，千分表的测量或示值精度为 0.001 mm，可根据加工精度要求来选择适用的校表。数控电火花成型加工属于精密加工范畴，一般使用千分表来校正工件。磁性表座用来连接指示表和固定端，其连接部分可以灵活摆成各种样式，使用非常方便。著名的校表制造商有日本的三丰公司，其产品精度可靠，被很多企业采用。

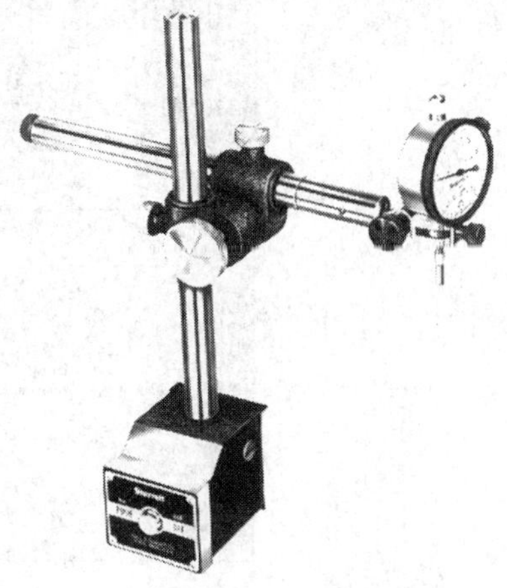

图3—7 校表的组成

四、电火花成型加工模式

电火花成型加工主要有手动和自动两种加工模式。

1．手动加工模式

在加工屏按下 F9 键即进入手动加工屏。此屏幕不用编程就可以进行简单的加工，只要按图 3—8 所示分别输入加工轴向、加工深度、加工条件号等参数即可加工。例如钻一个通孔或打断丝锥和打断钻头等。

Alt F1 准备
Alt F3 编辑
Alt F4 配置
Alt F5 诊断
停止位置 = 1.000
加工轴向 = Z-
材料组合 = 铜－钢
工艺选择 = 低损耗
中速 G54
加工深度 = 000.000
电极收缩量 = 000.000
粗糙度 = 00.00
投影面积 = 000.000
平动类型 = 关断
形腔数 = 0
锥度角 = 00
按F1生成程序，按Esc转换到条件
条件号 : 000
脉冲宽度 : 00
脉冲间隙 : 00
管数 : 00
伺服基准 : 00
高压管数 : 00
电容 : 00
极性 : +
伺服速度 : 00
抬刀速度 : 1
放电时间 : 30
抬刀高度 : 02
平动类型 : 000
平动半径 : 0000
模式 : 00
拉弧基准 : 00
损耗类型 : 00
R轴转速 : 00
如修改以上各项，下列指标将有变化！
安全间隙 : 0.000
放电间隙 : 0.000
底面Ra : 0.00
侧面Ra : 0.00
北京 AGIE CHARMILLES
T84; 000;
G90;
G17;
G00X30.
G00Y0.000;
加工轴向 = Z-
加工深度 = 10.000
加工条件号 = 109
开始加工 当前点
X 0.000
Y 0.000
Z 0.000
C 0.000

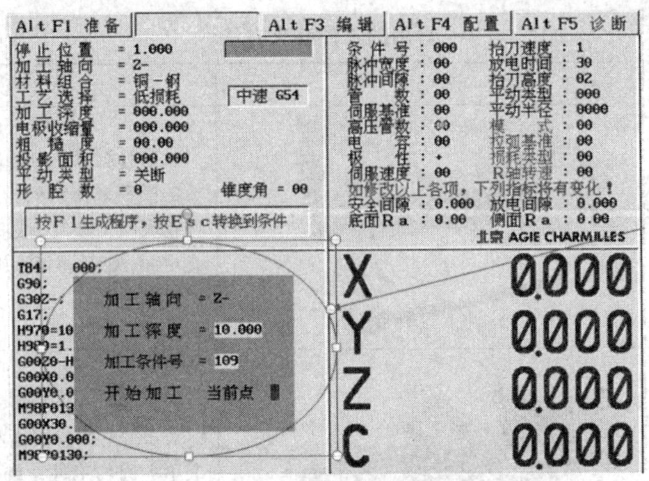

图 3—8　手动加工模式

2．自动加工模式

自动生成一个程序或装入一个已存在硬盘或可移动磁盘上的程序，屏幕切换至加工屏，如图 3—9 所示。按 F8 或把光标移到 T84 上，按回车键即可执行。

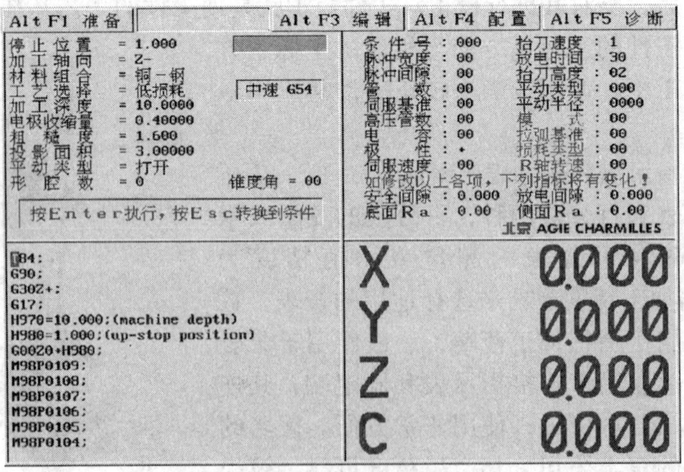

Alt F1 准备
Alt F3 编辑
Alt F4 配置
Alt F5 诊断
停止位置 = 1.000
加工轴向 = Z-
材料组合 = 铜－钢
工艺选择 = 低损耗
中速 G54
加工深度 = 10.0000
电极收缩量 = 0.40000
粗糙度 = 1.600
投影面积 = 3.00000
平动类型 = 打开
形腔数 = 0
锥度角 = 00
按Enter执行，按Esc转换到条件
条件号 : 000
脉冲宽度 : 00
脉冲间隙 : 00
管数 : 00
伺服基准 : 00
高压管数 : 00
电容 : 00
极性 : +
伺服速度 : 00
抬刀速度 : 1
放电时间 : 30
抬刀高度 : 02
平动类型 : 000
平动半径 : 0000
模式 : 00
拉弧基准 : 00
损耗类型 : 00
R轴转速 : 00
如修改以上各项，下列指标将有变化！
安全间隙 : 0.000
放电间隙 : 0.000
底面Ra : 0.00
侧面Ra : 0.00
北京 AGIE CHARMILLES
T84;
G90;
G30Z+;
G17;
H970=10.000;(machine depth)
H980=1.000;(up-stop position)
G00Z0+H980;
M98P0109;
M98P0108;
M98P0107;
M98P0106;
M98P0105;
M98P0104;
X 0.000
Y 0.000
Z 0.000
C 0.000

图 3—9　加工屏

五、加工中的异常现象及防止措施

加工中的异常现象是指拉弧、积炭等排屑不良引起的现象。防止措施见表3—14。

表3—14 加工中的异常现象及防止措施

发生情况	电极：工件	原因	措施
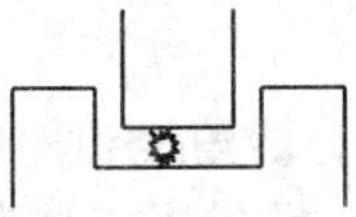 发生在底部	铜：钢	• 加工电流太大 • 抬刀设定错误 • 脉间太短	• 降低峰值电流 • 提高抬刀频率 • 延长脉间
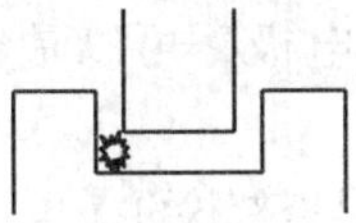 发生在角部	铜：钢	• 加工小面积时电流太大 • 抬刀设定错误	• 降低峰值电流 • 提高抬刀频率
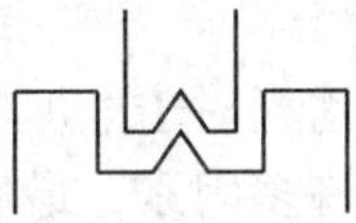 发生在电极的凹进部分	铜：钢	• 伺服电压太低 • 抬刀设定错误 • 冲油处理错误	• 增加间隙电压 • 增加抬刀高度 • 加大冲油压力
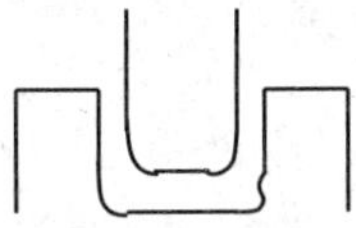 槽口的角部	石墨：钢	• 加工电流太大 • 抬刀设定错误 • 脉间太短	• 降低峰值电流 • 提高抬刀频率 • 延长脉间
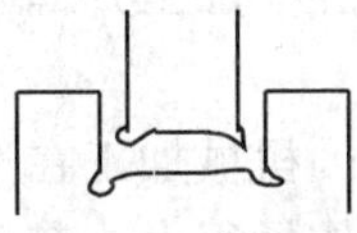 在角部出现了隆起物	石墨：钢	• 脉宽太大 • 脉间太短	• 降低峰值电流 • 延长脉间
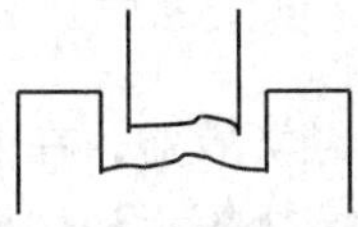 电极异常损耗	铜钨合金：硬质合金	• 脉间太短 • 伺服电压太低 • 抬刀设定错误	• 延长脉间 • 增加间隙电压 • 提高抬刀频率

六、模具加工中的电火花成型加工工艺

一般模具的加工工艺基本方法是切削加工、热处理、电加工、线切割、冷挤、钳制、钳装、校模等。下面重点阐述模具电火花加工工艺规程的编制。

1. 型腔模电火花加工的一般工艺规程

应分别编制上、下模及电极的机械加工工艺和型腔模的电火花加工工艺。型腔模的材料有9Mn2V、T10、T10A、3Cr2W8等。

(1) 上模和下模的制造工艺：刨形，各放0.5~1 mm，外形余量根据型腔复杂程度而定。电火花加工的型腔，一般比原型腔打深0.3~0.5 mm，留出磨量，以便磨床磨去因钳工修整打光而产生的上口塌角。以电加工型腔为基准，车、钻、镗、铣各型孔、型面。钳工整修对形。热处理，淬硬46~53HRC。钳工装配，校模压样品。

(2) 电极制造工艺

石墨在加工前应在油里浸透好，以便在机械加工时，石墨屑不易飞扬，清角线和棱角线不易剥落。石墨和紫铜电极采用一般的机械加工（车、铣、刨、磨等），最后钳工修整成型。紫铜电极还可采用线切割加工。一般对于形状比较简单的型腔，多采用单电极成型工艺，即采用一个电极，借助平动扩大间隙，达到修光型腔的目的。所谓单电极，可以是整块电极，也可以是镶拼电极，这由电极加工工艺而定。

对于大中型及型腔复杂的模具，可以采用多电极加工，各个电极可以是整块的，也可以是镶拼的，视具体情况而定。

(3) 电火花成型加工型腔模（上模或下模）

一般先加工对形，再以电加工后的型腔为准，加工外形或其他型孔，这样对于电加工操作者来说，找准定位还是比较方便的。但也不是一概如此，有些模具涉及许多因素，最后一道工序是电加工也不少见（外形及其他各型孔尺寸已完成），这就对电加工定位、装夹、加工等有更高的要求。

2. 型腔模加工改进方案

近年来，在脉冲电源、机床设备、工艺方法等方面有了很多进展。

(1) 采用中精加工低损耗电源

由于中精加工低损耗电源的开发取得了显著成绩，从而为高精度的型腔模加工开辟了新途径。

众所周知，以往的型腔模加工，是在机械加工后由钳工修整总装。但因机械加工在型腔四周、清角处、型腔中侧部、台阶和圆角等处的余量较多，所以钳工的工作量很大。若采用低损耗电源加工，只需用一只紫铜电极"光一光"（即用一个按一定比例稍缩小的电极，在要加工的型腔上进行电蚀加工），就能达到预期目的。

使用低损耗电源还可以把型腔的整体加工改为型腔的局部加工。考虑到经济效益，在能够采用机械加工的地方尽量用机械加工，对复杂型腔，四周清角、底部圆弧及窄槽等无法用机械加工的地方，则采用局部加工。此外也可采用整体加工和局部加工相结合的方法，即先用石墨电板加工出大致的形状，然后再用紫铜电极进行局部加工。上述方法均可取得很好的效果。

(2) 选择不同的电极材料

把整体加工分解为局部加工。过去型腔模电加工绝大多数采用石墨电极，极少采用紫铜电极。这是因为过去型腔模电火花加工绝大多数采用整体加工方式，而且那时虽然也有晶体管和可控硅脉冲电源，但是电极损耗较大，尤其在精规准时，损耗可达25%~30%，不适宜采用局部加工。而且大块石墨容易找到，容易制作，并且分量轻，可磨削，易加工，因而被大量采用。对于铜电极，由于大块紫铜难找，磨削困难，再加上电极损耗后，钳工修整困难，因此大大限制了紫铜电极的使用。

随着低损耗电源的问世，型腔电加工工艺也随之由整体加工逐渐转为局部加工，不再需要大块电极，因此，紫铜电极应运而生。局部加工的电极虽然几何形状较复杂，尺寸精度要求高，但不需要很大，因此，可以采用紫铜作为局部加工的电极。

（3）电火花线切割和电火花成型加工配套应用

中精加工低损耗电源输出功率较小，生产率略低，加工模具的双面间隙为 0.1 ~ 0.25 mm。目前还是采用平动方法扩大间隙来达到修光型腔的目的，但是平动方法也有它的不足之处，其仿形精度会受到一定影响，四周会产生圆角，底部产生平台，因此平动量不宜太大，一般为 0.1 ~ 0.3 mm，因而电极的缩放量确定为 0.1 ~ 0.3 mm。根据型腔模具设计原则，电极尺寸的缩放按几何方法计算，因此，在电极设计时只要在技术要求上写明电极的缩放量即可。

目前，国内的电火花线切割机床都有间隙补偿装置，电火花线切割机床可利用间隙补偿装置自行切割电极。如果采取电火花线切割与电火花成型加工配合应用，可简化电极设计，保证电极质量，提高工效，缩短制造周期。

在电火花成型加工型腔模具工艺中，除了采用低损耗电源扩大电火花成型加工应用范围，以及电火花线切割与电火花成型加工的配合应用外，还有许多方法可以提高型腔模的精度，采用 X、Y、Z、U、C 五轴数控联动（X 水平方向，Y 水平方向，Z 垂直方向，主轴转动 U，主轴分度运动 C），采用自动交换电极的电火花加工中心，只要事先调整好电极并编好相应的程序，便能自动加工复杂模具。

第三节　电火花成型加工机床的维护保养

电火花成型机床的维护保养主要是保证经常用工作液清洗工作槽以及该部位的所有部件，将被污染的工作液用冲液管冲洗干净后再用干软布擦干这一区域。经常擦净工作液槽门的密封圈、夹具和附件。保证油箱中有足够的工作液，如图 3—10 所示。除此之外还应该做好定期检查与更换、定期润滑等。

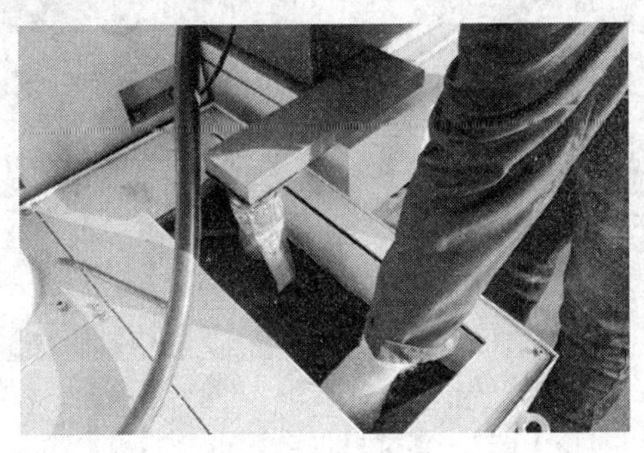

图 3—10　油箱

一、定期检查与更换

1. 保持回流槽干净，检查回油管是否堵塞、电柜后面的上下百叶窗是否打开、浮子开关工作是否正常，如图3—11所示。

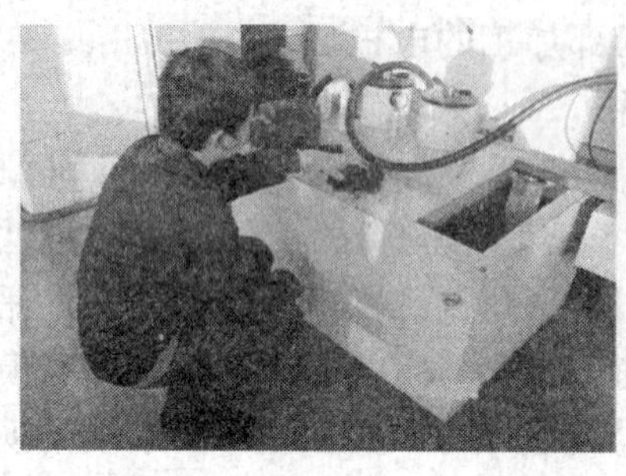

a）

b）

图3—11 定期检查与更换

a）油箱检查 b）浮子开关检查

2. 定期检查安全保护装置，即机器的“急停开关”、“操作停止开关”等，如图3—12所示。

a）

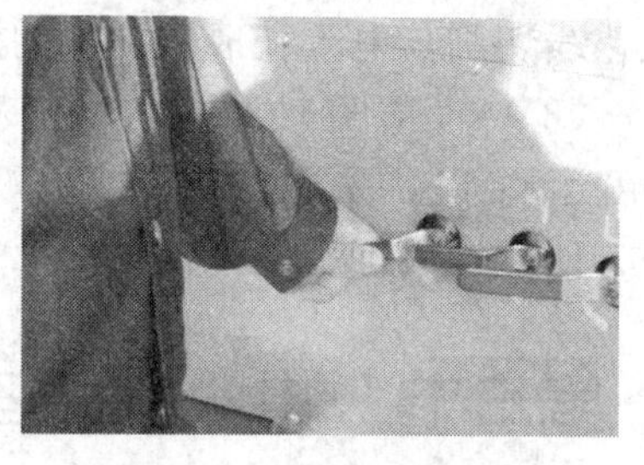

b）

图3—12 定期检查安全保护装置

a）工作台锁紧装置 b）油路开关检查

3. 定期清除脉冲电源柜上的灰尘，如图3—13所示。

a）

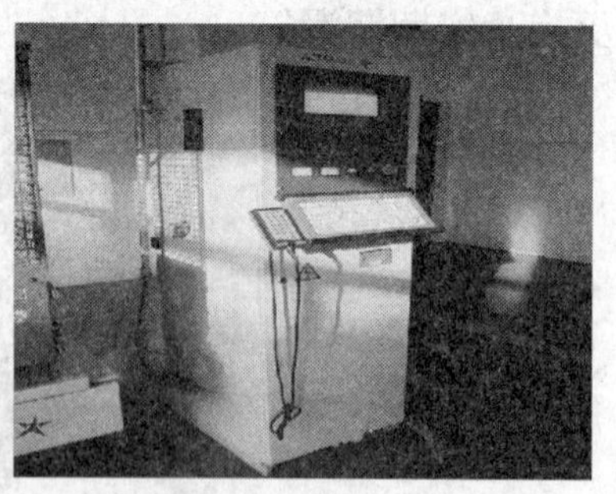

b）

图3—13 清除脉冲电源柜上的灰尘

a）电源柜散热片 b）电源柜

二、定期润滑

按机器说明书所规定的润滑部位及润滑要求，定期注入规定的润滑油或润滑脂，以保证机器机构运转灵活。图 3—14 所示为润滑部位。

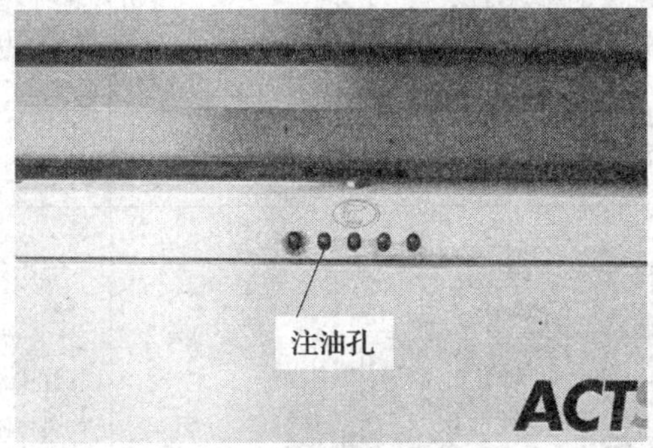

图 3—14　润滑部位

三、维护和保养时的注意事项（见表 3—15）

表 3—15　　维护和保养时的注意事项

序号	图片	维护和保养时的注意事项
1		机床的零部件不允许随意拆卸，以免影响机床的精度
2	工作液槽禁止水渗入	工作液槽和油箱中不允许进水，以免影响加工和导致机件生锈

续表

序号	图片	维护和保养时的注意事项
3	直动导轨	直线滚动导轨和滚珠丝杠内不允许掉入脏物及灰尘
4		注意保护工作台面，防止工具或其他物件砸伤工作台面

第四节　单孔的电火花成型加工

加工图 3—15 所示直径为 15 mm，深度为 5 mm，材料为 45 钢的零件。要求电火花成型加工表面粗糙度为 $Ra1.6$ μm。

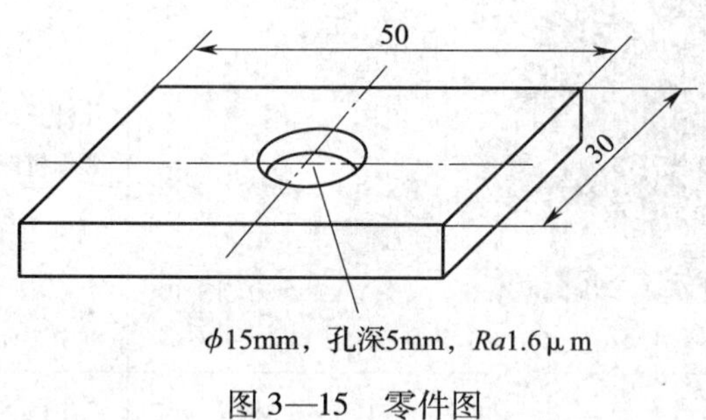

图 3—15　零件图

一、电极制造

1. 电极材料的选择：紫铜。

2. 电极尺寸：按铜电极加工钢件，本例加工电极截面面积为 1.77 cm^2，选 C109 加工条件，查表 3—12 得到，电极收缩量为 0.4 mm，电极长度约为（20 ± 2）mm。

3. 电极加工方法：采用电火花线切割加工或采用车削加工。

二、电极的装夹与校正

电极装夹与校正的目的是把电极牢固地装夹在主轴的电极夹具上，并使电极轴线与主轴进给轴线一致，保证电极与工件的垂直和相对位置，图 3—16 所示为电极的装夹。

1．电极的装夹

将电极与夹具的安装面清洗或擦拭干净，保证接触良好。此电极为小型电极，采用带柄的螺纹紧固，故采用一只螺钉紧固。正确的方法应使螺纹的后部带有基准平面，加大与电极的接触面积，并加一弹簧垫圈防止松动。也可将电极和夹具制造成一体，直接装夹在机床主轴上。

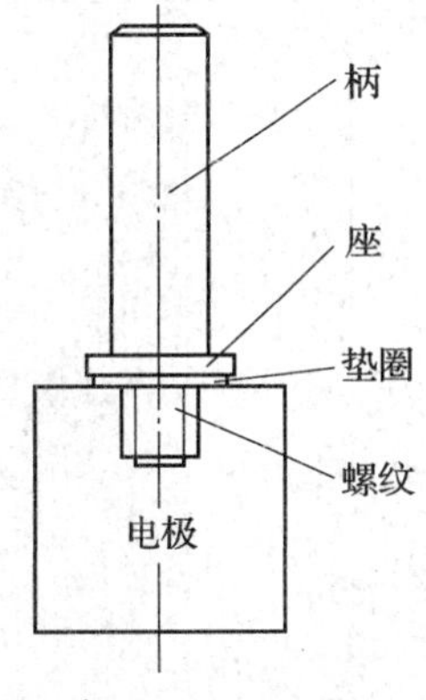

图 3—16　电极的装夹

2．电极校正

首先将百分表固定在机床上，百分表的测头接触在电极上，使机床 Z 轴上下移动，此时要按下“忽略接触感知”键，将电极的垂直度调整到满足零件加工要求的位置，然后再校正电极 X 方向（或 Y 方向）的位置，其方法是让工作台沿 X 方向（或 Y 方向）移动，直至满足零件的加工要求。

三、工件的装夹与校正

用磁力吸盘直接将工件固定在电火花机床上，将 X、Y 方向坐标原点定在工件的中心，利用机床接触感知的功能，将 Z 方向坐标的原点定在工件的上表面上。

四、孔加工

此实例按照手动加工方式进行加工，具体操作步骤见表 3—16。

表 3—16　　手动加工方式进行孔加工的操作步骤

步骤	图片	说明
1		开机

续表

步骤	图片	说明
2	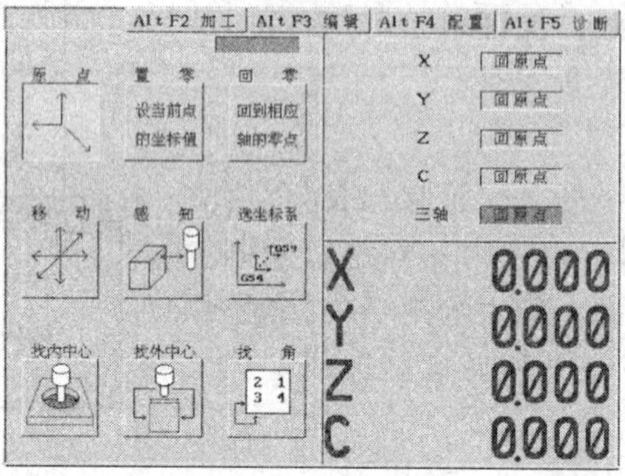	按 F1 键后在“三轴”处按回车键
3	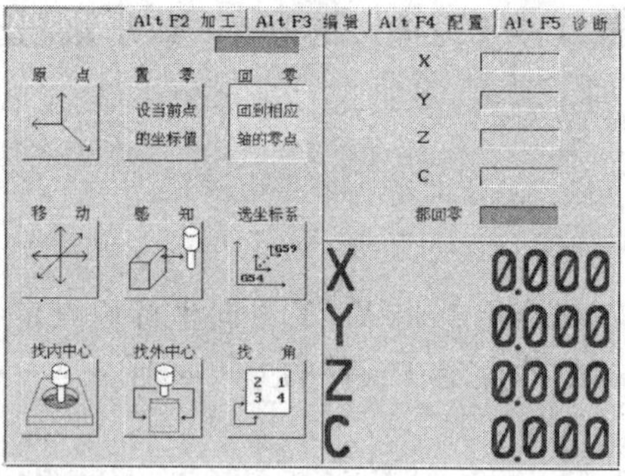	按 F3 键后选一种方式按回车键
4	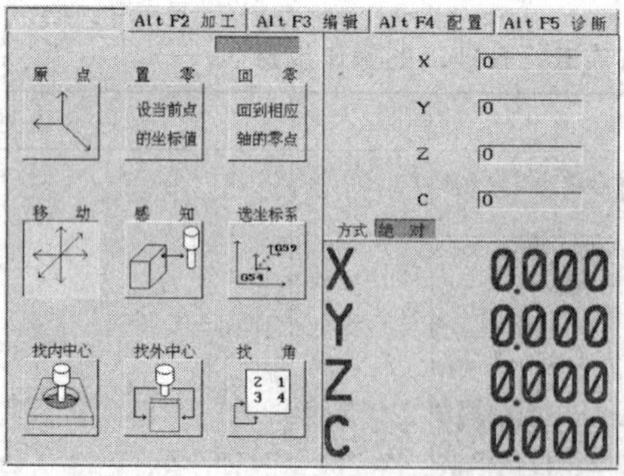	按 F4 键或屏幕放在任一子功能上
5		工件、电极找正

续表

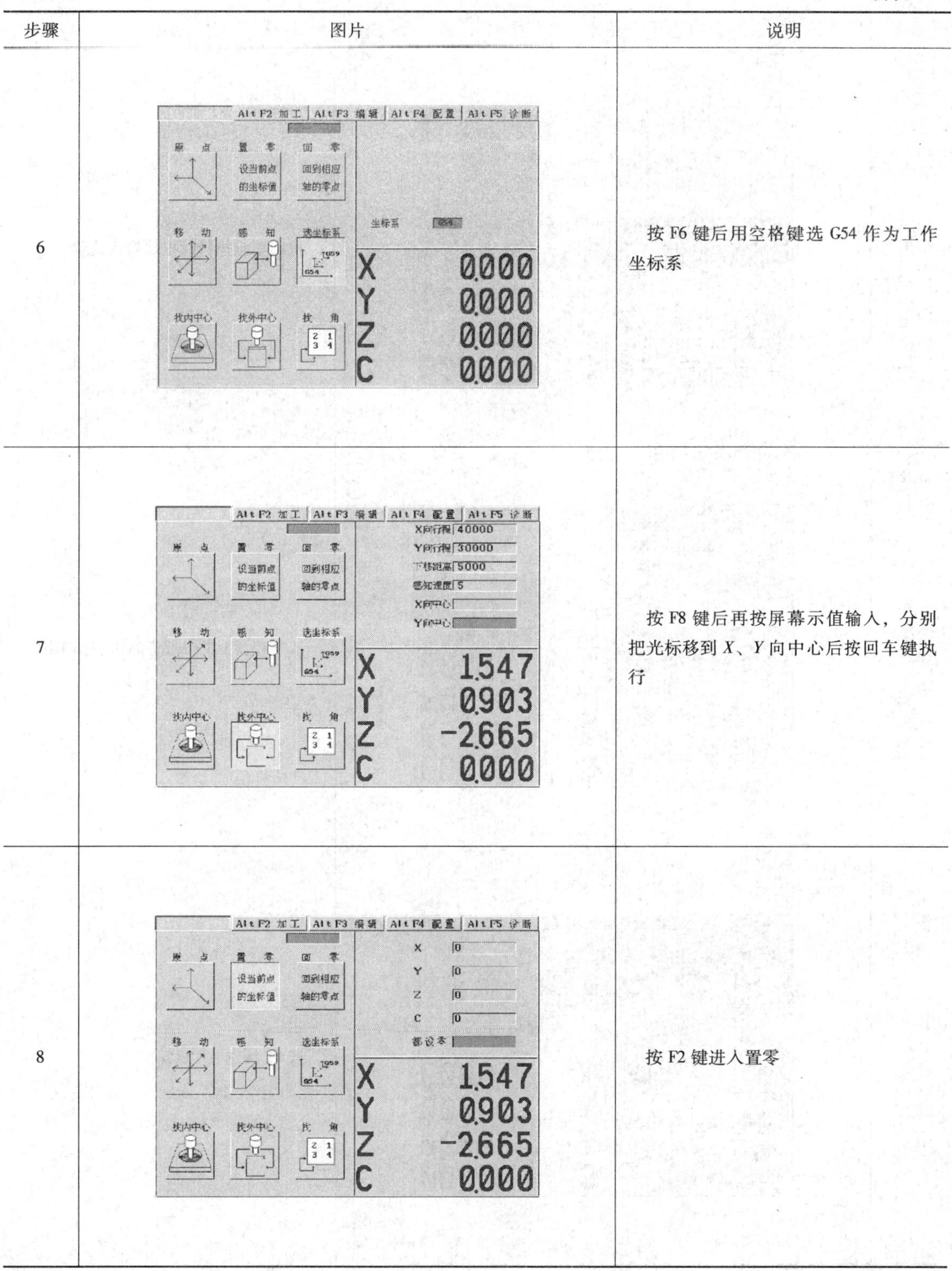

步骤	图片	说明
6		按 F6 键后用空格键选 G54 作为工作坐标系
7		按 F8 键后再按屏幕示值输入，分别把光标移到 X、Y 向中心后按回车键执行
8		按 F2 键进入置零

续表

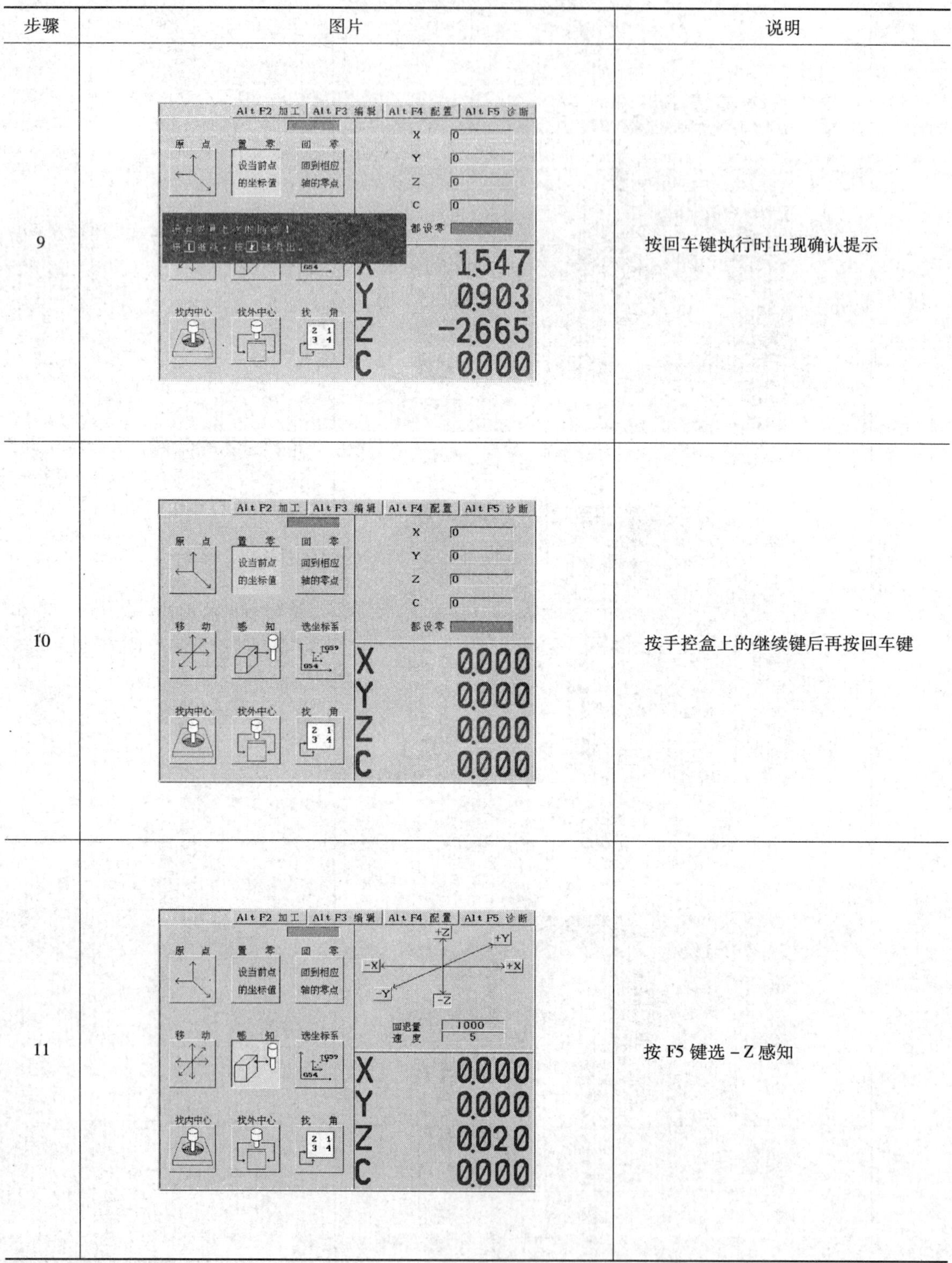

步骤	图片	说明
9		按回车键执行时出现确认提示
10		按手控盒上的继续键后再按回车键
11		按 F5 键选 - Z 感知

续表

步骤	图片	说明
12	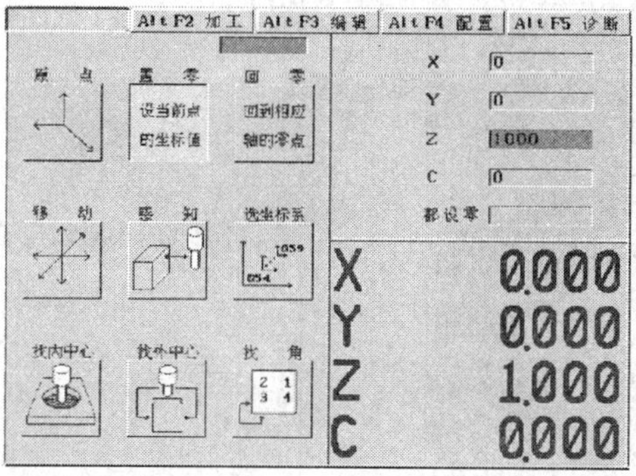	按 F2 键后光标到 Z 输入 1 mm，按两次回车键
13	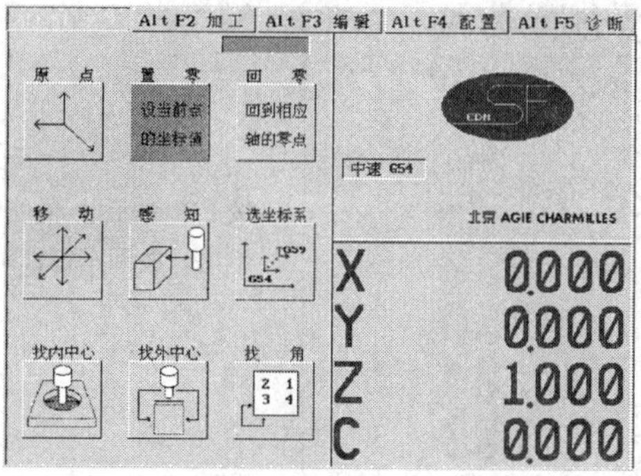	按 F10 键退出子功能
14	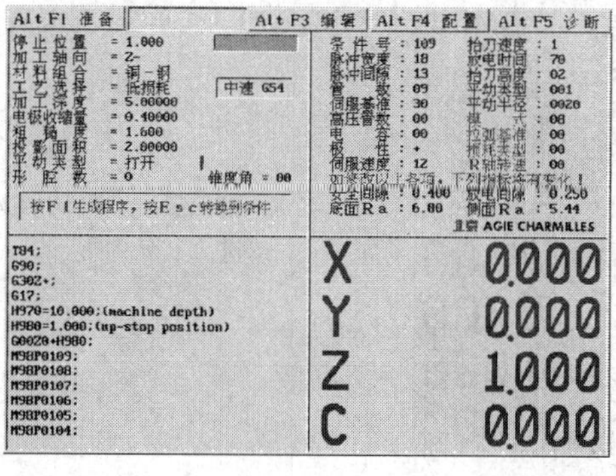	按 ALT + F2 键进入加工屏，按屏幕示值输入后再按 F1 键

续表

步骤	图片	说明
15	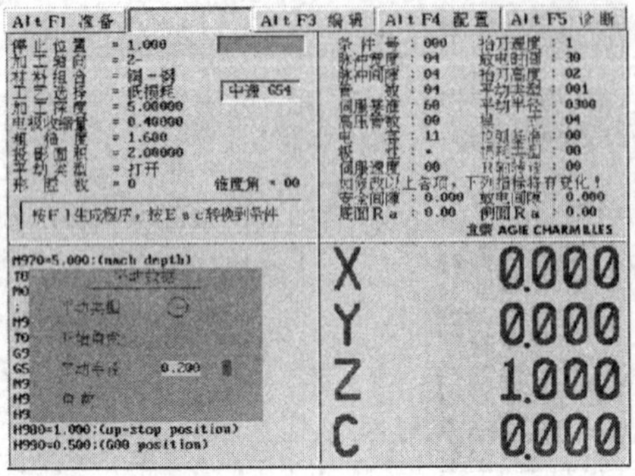	在出现的小对话框中输入平动数据
16	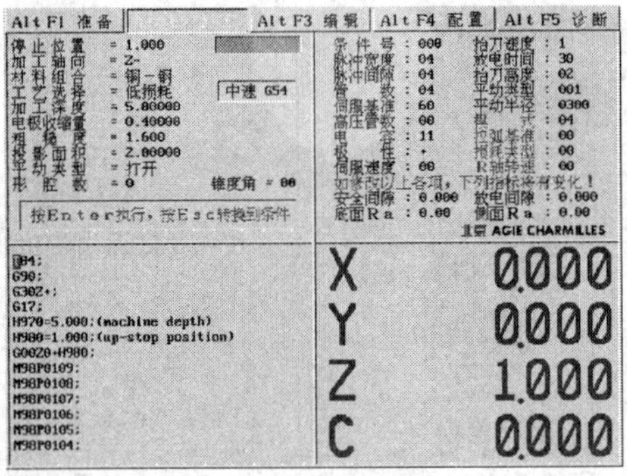	按 F10 键后生成程序，按 F8 键让程序弹出，按回车键即可加工
17	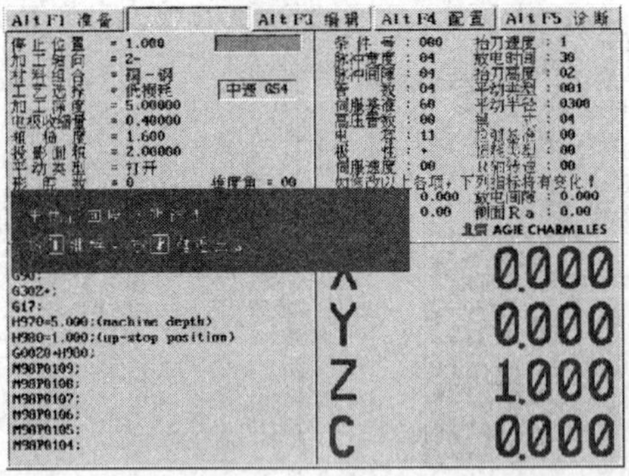	出现提示，确认后按下手控盒上的继续键，开始加工

续表

步骤	图片	说明
18	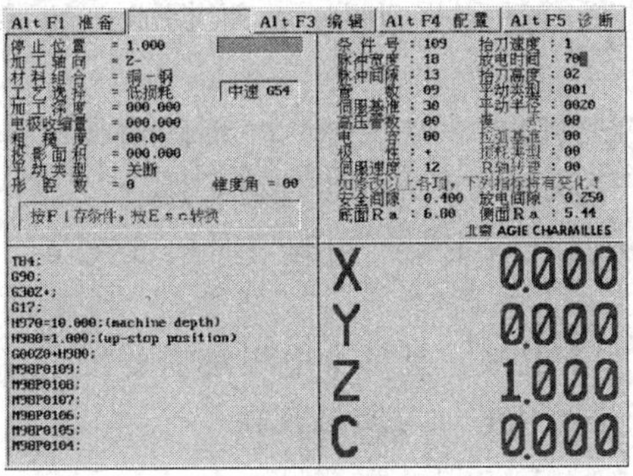	加工过程中需要修改放电参数，按“ESC”键，光标跳到参数区，修改后再按“ESC”修改生效
19		加工中掉电或关机后接着加工时，先回原点，再回零，然后在加工屏把光标放在程序开头按回车键从头开始执行。已加工的程序会空走过去

第五节　多孔的电火花加工

图 3—17 所示为多孔零件图，其材料为 45 钢。该零件的主要尺寸长为 40 mm，宽为 40 mm，高度为 20 mm。需要电火花加工该零件的 4 个六方孔，其尺寸长为（10±0.03）mm，宽为（8.66±0.03）mm，深为（10±0.03）mm。被电火花加工的表面粗糙度为 *Ra*3.2 μm，零件其余表面粗糙度均为 *Ra*6.3 μm。

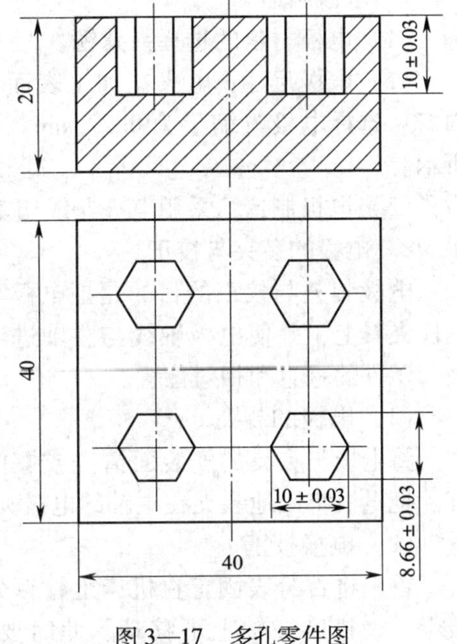

图 3—17　多孔零件图

一、工艺分析

1. 加工工艺路线

由图 3—17 零件图可知这是多孔加工。多孔加工有两种方法：一种是采用组合电极对这几个孔同时加工，这种方法加工效率高，缺点是要做的电极多，且电极组合质量的好坏直接影响加工质量的好坏；另一种方法是用单电极对各孔依次加工，这种加工方法的优点是电极制造简单，缺点是加工时间长，且最后一个孔的加工质量较第一个孔差。若加工质量要求较高，可采用两个电极，第一个电极粗加工，第二个电极精加工，可满足加工要求。当然，孔的数量太多，可做三个电极，分为粗加工、半精加工、精加工。也可分为第一个电极加工哪几个孔，第二个电极加工哪几个孔，将多孔加工变为单孔或少孔加工。为了提高侧壁的表面质量，需选择合适的平动方式。根据本例的特点，可选择以下加工工艺路线：

（1）采用伺服圆形平动。这种加工方法简单，缺点是六角形的角将不是尖角（圆角半径的大小取决于平动半径的大小），对于形状要求不高的零件可采用。

（2）在程序中设置一个角一个角地去打（规定要打角的角度），这种加工方法效率相对低。

（3）多电极加工。这种方法需要做多个电极，且每个电极都需要校正（有自动换电极功能的机床不需要校正），较麻烦。优点是各孔的加工质量较高。

2. 电火花成型加工模式的选择

本例采用单电极伺服圆形平动加工方法，在“编辑”屏内自行编制加工程序，再利用自动加工方式进行加工。

3. 加工注意点

程序编好后，为了确认是否有错，可空加工一遍，方法是把 *Z* 轴抬高 50 mm，再把 G54、G55、G56 的 *Z* 坐标清零，执行程序，确定无误后再把 *Z* 轴向下移动 50 mm，重新把这三个坐标系 *Z* 坐标清零。

二、加工前准备

1. 电极制造

（1）电极材料的选择：紫铜。

（2）电极尺寸：电火花加工表面粗糙度为 *Ra*3.2 μm，按表 3—12 中标准值加工条件 C127，选择电极收缩量为 0.22 mm，电极尺寸如图 3—18 所示。

（3）电极制造：采用电火花线切割加工。

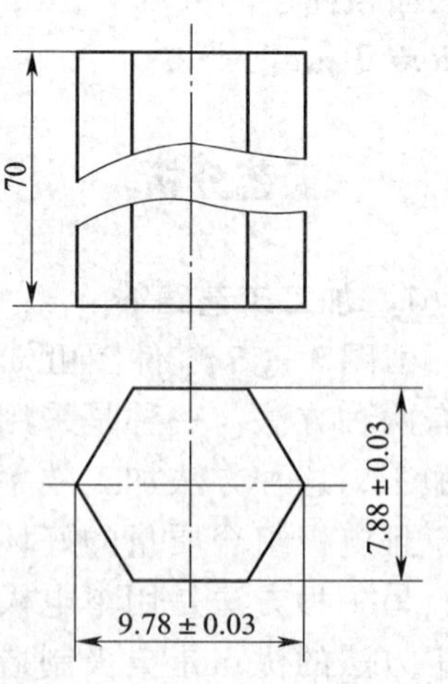

图 3—18　电极尺寸图

2. 电极的装夹与校正

电极装夹与校正的目的是把电极牢固地装夹在主轴的电极夹具上，并使电极轴线与主轴进给轴线一致，保证电极与工件的垂直和相对位置。

（1）电极的装夹

将电极与夹具的安装面清洗或擦拭干净，保证接触良好。把电极牢固地装夹在主轴的电极夹具上。

（2）电极校正

首先将百分表固定在机床上，百分表的测头接触在电极上，使机床 *Z* 轴上下移动，此时要按下“忽略接触感知”键，将电极的垂直度调整到满足零件加工要求的位置，然后再校正电极 X 方向（或 Y 方向）的位置，其方法是让工作台沿 X 方向（或 Y 方向）移动，直至满足零件的加工要求。

3. 工件的装夹与校正

用磁力吸盘直接将工件固定在电火花机床上。首先将百分表固定在机床的主轴上，让机床 X 轴左右移动（或 Y 轴前后移动），此时按下“忽略接触感知”键，将工件的位置调整到满足零件加工要求为止。然后装上电极调整其垂直度（此时要按下“忽略接触感知”键）及 X 方向的平行度（此电极 Y 方向不能调整），调整方法同前一例，直到满足零件加工要求为止。由于电极 X 方向的尺寸较小，用百分表校正可能不够灵敏，可改用千分表校正。

利用机床找工件角点的功能，将 X、Y 方向坐标原点定在工件的中心，利用机床接触感知的功能，将 Z 方向坐标的原点定在工件的上表面上。到此机床调整完毕，编好程序即可加工。

4. 电火花加工工艺数据

停止位置为 1 mm，加工轴向为 Z 轴负方向，材料组合为铜 - 钢，工艺选择为标准值，加工深度为 10 mm，电极收缩量为 0.4 μm，表面粗糙度为 Ra2 μm，投影面积为 0.65 cm^2，平动方式为打开（选择二维矢量伺服平动，平动半径为 0.2 mm），型腔数为 4。各型腔坐标：$X_1 = 12.5$ mm，$Y_1 = 12.5$ mm；

$X_2 = 12.5$ mm，$Y_2 = 27.5$ mm；

$X_3 = 27.5$ mm，$Y_3 = 27.5$ mm；

$X_4 = 27.5$ mm，$Y_4 = 12.5$ mm。

三、编程

通过前面的工艺分析可知，图 3—17 零件的加工需要手工编制加工程序。尽管电火花成型机床也是使用通用 ISO 代码 G 指令编程，但其指令的使用与其他机床仍有不同之处。

1. 电火花成型加工常用指令

G 指令是数控电火花加工编程中最主要的指令。它是设置机床工作方式或控制系统工作方式的一种命令。表 3—17 所示为北京阿奇夏米尔电火花成型加工机床常用的 G 指令。

（1）模态指令。它又称为续效指令，一经程序段中指定，便一直有效，直到后面出现同组另一指令或被其他指令所取代。编写程序时，与上段相同的模态指令可以省略不写。不同组模态指令编在同一程序段内不影响其续效，如 G01、G91 等。

（2）非模态指令。它又称为非续效指令，其功能仅在出现的程序段有效，如 G80、G92 等。

表 3—17　　电火花成型加工机床常用的 G 指令

G 指令	功能简介
G00	电极以预先设定的快速移动速度，从当前位置快速移动到程序段指定的目标点
G01	电极从当前点进行直线插补到达指定的目标点上
G02	电极在指定平面内进行顺时针方向圆弧插补加工
G03	电极在指定平面内进行逆时针方向圆弧插补加工
G04	执行完该指令的上一段程序之后，暂停一指定的时间段，再执行下一个程序段
G05	*X* 轴镜像，按指令方向的相反方向运动指定的距离
G06	*Y* 轴镜像，按指令方向的相反方向运动指定的距离
G07	*Z* 轴镜像，按指令方向的相反方向运动指定的距离
G08	指定其指令后的 *X* 轴指令值与 *Y* 轴指令值交换
G09	取消程序指定的镜像、交换模态
G11	跳过段首有“/”的程序段，不去执行该段程序
G12	忽略段首有“/”的符号，照常执行程序段
G15	使 *C* 轴返回机械零点，对 G54 ~ G59 坐标中的 *U* 值置零
G17	指定 *OXY* 平面
G18	指定 *OXZ* 平面
G19	指定 *OYZ* 平面
G20	指定程序中尺寸值的单位为英制
G21	指定程序中尺寸值的单位为公制
G30	指定加工中电极的抬刀方式为按照指定方向进行
G31	指定加工中电极的抬刀方式为按照加工路径反方向抬刀
G32	指定加工中电极的抬刀方式为伺服轴回平动中心点后抬刀
G40	取消电极补偿模式
G41	电极中心轨迹在编程轨迹上向左进行一个偏移
G42	电极中心轨迹在编程轨迹上向右进行一个偏移
G53	在固化的子程序中，进入子程序坐标系
G54	机床提供的工作坐标系 1
G55	机床提供的工作坐标系 2
G56	机床提供的工作坐标系 3
G57	机床提供的工作坐标系 4
G58	机床提供的工作坐标系 5
G59	机床提供的工作坐标系 6
G80	使指定轴沿指定方向前进，直到电极与工件接触为止

续表

G 指令	功能简介
G81	使机床指定轴回到极限位置
G82	使电极移动到指定轴当前坐标的 1/2 处
G83	把指定轴的当前坐标值读到指定的 H 寄存器中
G84	为 G85 定义一个 H 寄存器的起始地址
G85	把当前坐标值读到由 G84 指定了起始地址的 H 寄存器中，同时 H 寄存器地址加 1
G86	在加工中指定时间来控制加工过程
G90	绝对坐标，所有点的坐标值均以坐标系的零点为参考点
G91	增量坐标，当前点的坐标值是以上一点为参考点得出的
G92	把当前点的坐标值设置成所需要的值

2．加工程序的编制及其各指令含义（见表 3—18）

表 3—18　　加工程序及其各指令含义

序号	程序内容	说明
1	T84；	启动电解液泵
2	G90；	绝对坐标指令
3	G30 Z+；	按指定 Z 轴方向抬刀
4	G17；	XOY 平面
5	H970 = 10.000；	H970 = 10.00 mm
6	H980 = 1.000；	H980 = 1.00 mm
7	G00 Z0 + H980；	快速移动到 $Z = 1$ mm 处
8	G00 X12.500；	快速移到 $X = 12.5$ mm 处
9	M98 P0127；	调用 127 号子程序
10	M05 G00 Z0 + H980；	忽略接触感知，快速移动到 $Z = 1$ mm 处
11	G00 X12.5；	快速移到 $X = 12.5$ mm 处
12	G00 Y27.500；	快速移到 $Y = 27.5$ mm 处
13	M98 P0127；	调用 127 号子程序
14	M05 G00 Z0 + H980；	忽略接触感知，快速移动到 $Z = 1$ mm 处
15	G00 X27.500；	快速移到 $X = 27.5$ mm 处
16	G00 Y27.500；	快速移到 $Y = 27.5$ mm 处
17	M98 P0127；	调用 127 号子程序
18	M05 G00 Z0 + H980；	忽略接触感知，快速移动到 $Z = 1$ mm 处
19	G00 X27.500；	快速移到 $X = 27.5$ mm 处
20	G00 Y12.500；	快速移到 $Y = 12.5$ mm 处
21	M98 P0127；	调用 127 号子程序

续表

序号	程序内容	说明
22	M05 G00 Z0 + H980；	忽略接触感知，快速移动到 $Z = 1$ mm 处
23	G00 X12. 500；	快速移到 $X = 12.5$ mm 处
24	G00 Y12. 500；	快速移到 $Y = 12.5$ mm 处
25	M98 P0126；	调用 126 号子程序
26	M05 G00 Z0 + H980；	忽略接触感知，快速移动到 $Z = 1$ mm 处
27	G00 X12. 500；	快速移到 $X = 12.5$ mm 处
28	G00 Y27. 500；	快速移到 $Y = 27.5$ mm 处
29	M98 P0126；	调用 126 号子程序
30	M05 G00 Z0 + H980；	忽略接触感知，快速移动到 $Z = 1$ mm 处
31	G00 X27. 500；	快速移到 $X = 27.5$ mm 处
32	G00 Y27. 500；	快速移到 $Y = 27.5$ mm 处
33	M98 P0126；	调用 126 号子程序
34	M05 G00 Z0 + H980；	忽略接触感知，快速移动到 $Z = 1$ mm 处
35	G00 X27. 500	快速移到 $X = 27.5$ mm 处
36	G00 Y12. 500；	快速移到 $Y = 12.5$ mm 处
37	M98 P0126；	调用 126 号子程序
38	M05 G00 Z0 + H980；	忽略接触感知，快速移动到 $Z = 1$ mm 处
39	G00 X12. 500；	快速移到 $X = 12.5$ mm 处
40	G00 Y12. 500；	快速移到 $Y = 12.5$ mm 处
41	M98 P0125；	调用 125 号子程序
42	M05 G00 Z0 + H980；	忽略接触感知，快速移动到 $Z = 1$ mm 处
43	G00 X12. 500；	快速移到 $X = 12.5$ mm 处
44	G00 Y27. 500；	快速移到 $Y = 27.5$ mm 处
45	M98 P0125；	调用 125 号子程序
46	M05 G00 Z0 + H980；	忽略接触感知，快速移动到 $Z = 1$ mm 处
47	G00 X27. 500；	快速移到 $X = 27.5$ mm 处
48	G00 Y27. 500；	快速移到 $Y = 27.5$ mm 处
49	M98 P0125；	调用 125 号子程序
50	M05 G00 Z0 + H980；	忽略接触感知，快速移动到 $Z = 1$ mm 处
51	G00 X27. 500；	快速移到 $X = 27.5$ mm 处
52	G00 Y12. 500；	快速移到 $Y = 12.5$ mm 处
53	M98 P0125；	调用 125 号子程序
54	M05 G00 Z0 + H980；	忽略接触感知，快速移动到 $Z = 1$ mm 处
55	T85 M02；	关闭电解液泵，程序结束

续表

序号	程序内容	说明
56	N0127；	127 号子程序
57	G00 Z+0.500；	快速移动到 $Z=0.5$ mm 处
58	C127 OBT000；	关闭自由平动，按 127 号条件加工
59	G01 Z+0.110 - H970；	加工到 $Z=-9.89$ mm 处
60	H910=0.090；	H910=0.09 mm
61	H920=0.000；	H920=0.000 mm
62	M98 P9210；	调用 9210 号子程序
63	G30 Z+；	按指定 Z 轴正方向抬刀
64	M99；	子程序结束
65	；	
66	N0126；	126 号子程序
67	C126 OBT000；	关闭自由平动，按 126 号条件加工
68	G01 Z+0.070 - H970；	加工到 $Z=-9.93$ mm 处
69	H910=0.144；	H910=0.144 mm
70	H920=0.000；	H920=0.000 mm
71	M98 P9210；	调用 9210 号子程序
72	G30 Z+；	按指定 Z 轴正方向抬刀
73	M99；	子程序结束
74	N0125；	125 号子程序
75	C125 OBT000；	关闭自由平动，按 125 号条件加工
76	G01 Z+0.027 - H970；	加工到 $Z=-9.973$ mm 处
77	H910=0.172；	H910=0.172 mm
78	H920=0.000；	H920=0.000 mm
79	M98 P9210；	调用 9210 号子程序
80	G30 Z+；	按指定 Z 轴正方向抬刀
81	M99；	子程序结束

四、加工

这里主要说明程序装入和执行的步骤，其他具体步骤在之前都有介绍，不再赘述。

1．程序的装入

（1）在编辑屏下按 F1 键出现如图 3—19 所示的提示屏幕，确认从哪种磁盘内调入程序。

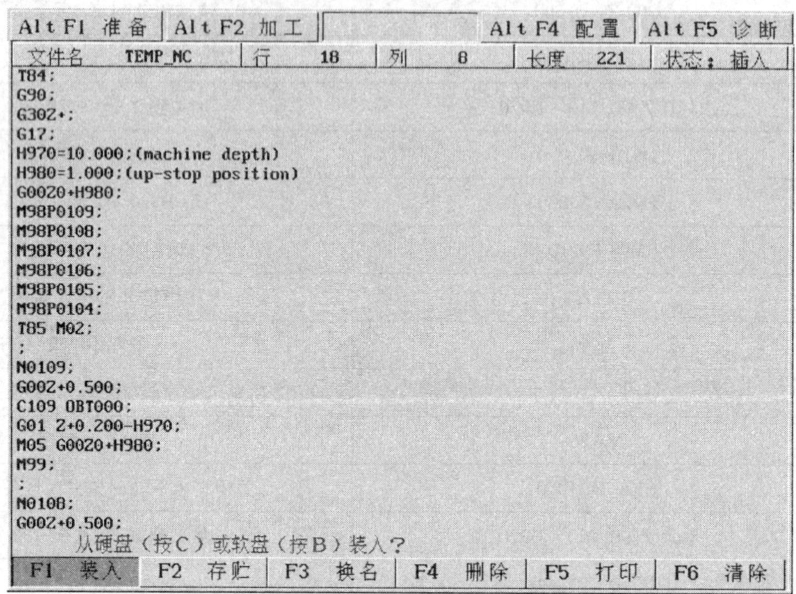

图 3—19　编辑屏

（2）按 C 后出现如图 3—20 所示屏幕，用箭头键选中要装入的程序。按下回车键后，程序即装入内存。

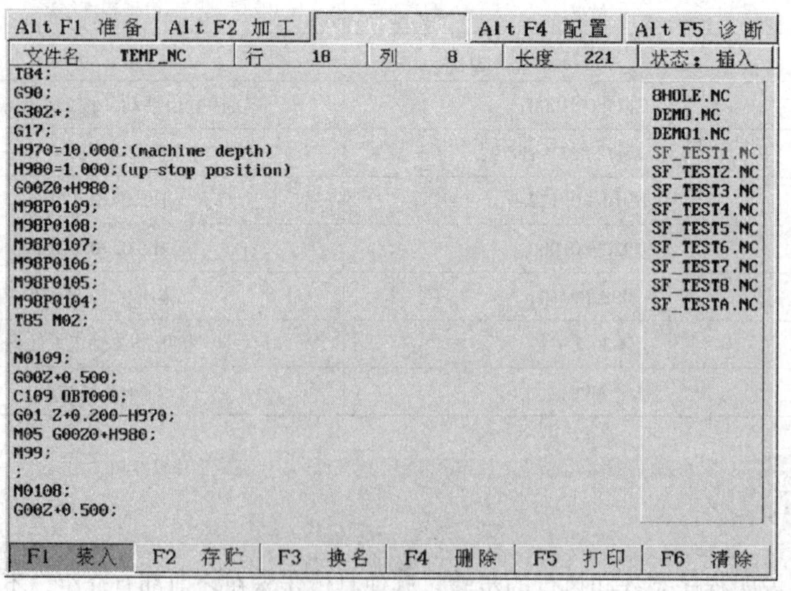

图 3—20　程序选择

2．执行程序

执行前会出现如图 3—21 所示的警示，让用户确认机床是否回过原点，按手控盒上的相应键可正常加工。

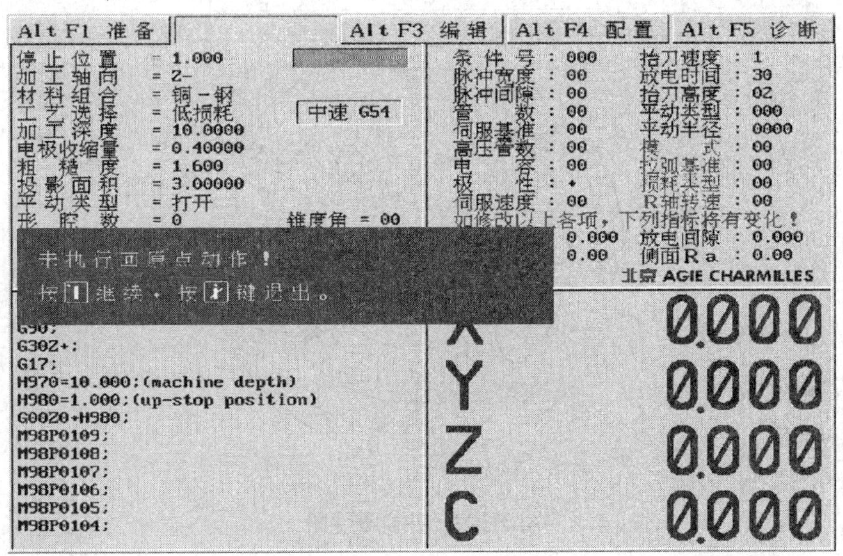

图 3—21　警示框

第六节　冲模的加工

图 3—22 所示为多孔零件图，其材料为 Cr12MoV 钢。该零件的主要尺寸：直径为 ϕ145 mm，高度为（20 ± 0.1）mm，内孔直径为 ϕ（70 ± 0.05）mm，2 × ϕ8 mm 孔和 6 × M10 螺纹孔的中心圆直径为 ϕ130 mm；需要电火花加工该零件的尺寸小端 *R* 为 3 mm；大端 *R* 为 5 mm 均布 16 槽；*R*3 mm 至 *R*5 mm 的中心距为 6 mm；均布 16 槽的最大外圆直径为 ϕ108 mm，被电火花加工的表面粗糙度为 *Ra*1.6 μm，零件上表面的表面粗糙度为 *Ra*0.8 μm，内孔的表面粗糙度为 *Ra*3.2 μm，零件其余表面粗糙度均为 *Ra*6.3 μm。

一、工艺分析

由图 3—22 可知，要电火花成型加工凹模的孔，这也是一个多孔加工。加工这种形式的零件其加工方法有两种：

1．做多个电极组合成一体，对各孔同时加工。

2．只做一个电极，对各孔依次加工，或做两个电极分别进行粗、精加工。这种加工方法需要做一个能分度的夹具。

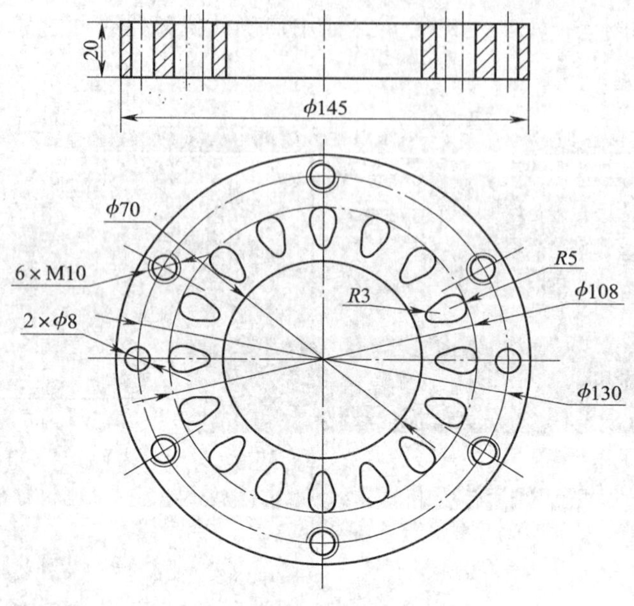

图 3—22　冲模零件图

由于图 3—22 的零件是一个凹模，在使用中还需要凸模，凸、凹模之间需要保证一定的间隙，所以采用凸模直接加工凹模的方法，通过选择合适的电规准，能使凸、凹模之间得到最佳间隙。加工完成后，需要切除凸模损耗部分并截取适当的长度作为凸模。下面介绍选用多个电极组合成一体加工该冲模零件的过程。

二、加工前准备

1. 电极制造

（1）电极材料的选择：紫铜。

（2）电极尺寸：电极尺寸小端为 R（3 ±0.05）mm，大端为 R（5 ±0.05）mm，两端中心距为 6 mm，电极长度为（45 ±2）mm。

（3）电极制造：电极的组合形式见图 3—23。电极组合质量的好坏直接影响加工质量的好坏，因此，对组合电极的装配质量应提出较高的技术要求。

2. 电极的装夹与校正

在电火花加工前首先还是校正问题。对于图 3—23 所示的组合电极，只需要校正垂直关系。校正方法是将百分表固定在机床上，表的测头接触在电极上，使机床 Z 轴上下移动，此时要按下“忽略接触感知”键，将电极的垂直度调整到满足零件加工要求为止，如图 3—24 所示。

3. 工件的装夹与校正

工件的校正方法及步骤如下：

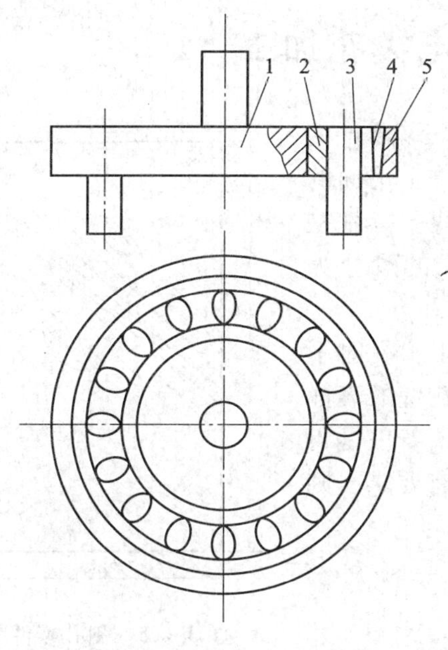

图 3—23　组合电极

1—本体　2—拼块　3—电极

4—斜销　5—外圈

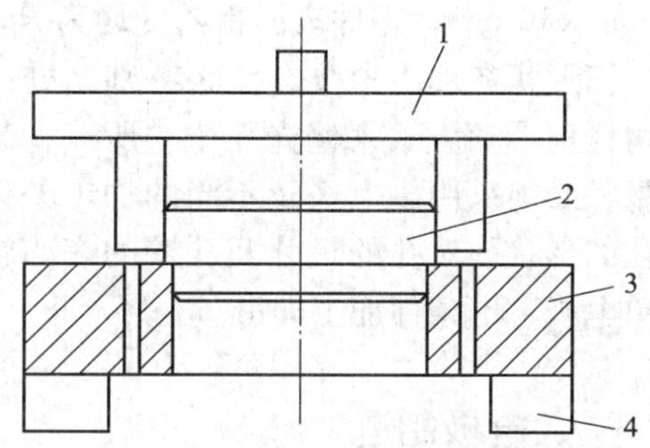

图 3—24　组合电极的校正

1—组合电极　2—校正块　3—工件　4—垫块

（1）先将校正块插入工件中（见图 3—24，工件上表面粗糙度为 *Ra*0. 8 μm 的表面在下，工件下面要有高度一致的垫块若干，既可以方便电解液流动，也可以防止电极打到电磁吸盘）。

（2）取下校正块。

（3）在电极底部涂上颜料，让电极接触工件，看电极的轮廓线与工件上的 ϕ8 mm 孔重叠是否均匀，否则转动工件直至调整合适为止。

（4）重复第一步，检验执行了第三步后工件的中心是否发生变化。

工件装夹是用磁力吸盘直接将工件固定在电火花机床上，将 *X*、*Y* 方向坐标原点定在工件的中心，利用机床接触感知的功能，将 *Z* 方向坐标的原点定在工件的上表面上。

4. 电火花加工工艺数据

停止位置为 1. 00 mm，加工轴向为 *Z* 轴负方向，材料组合为铜 - 钢，工艺选择为低损耗，加工深度为 20. 20 mm，电极收缩量为 0. 5 mm，表面粗糙度为 *Ra*1. 6 μm，投影面积为 0. 2 cm^2，平动方式为关闭。

三、零件加工

此处采用多个电极组合成一体同时加工 16 个孔，所以其加工过程等同于单孔的加工，具体程序编制及加工流程可参照单孔的加工，不再赘述。

第七节　斜孔的电火花加工

图 3—25 所示为斜孔零件图，其材料为 45 钢。该零件的主要尺寸：直径为 ϕ80 mm，高度为 140 mm。零件上平面的边距离斜方孔的中心线为 28 mm，斜方孔的中心线与零件左边的夹角为 40°，需要电火花加工该零件斜方孔的尺寸为 10 mm × 10 mm；零件表面粗糙度均为 *Ra*3. 2 μm。

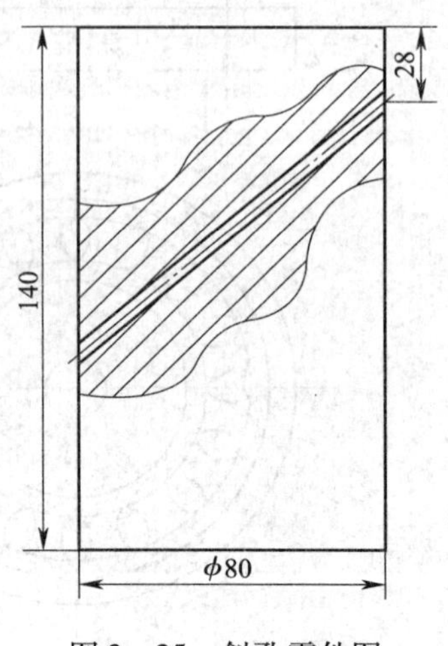

图 3—25　斜孔零件图

该形状在加工中没有什么特别之处，只是加工斜孔时不能用任何平动方式来修光孔壁。所以，为了提高孔壁的表面质量，必须采用多电极及不同的加工条件来加工，若仅是得到孔的形状，对孔的尺寸及孔壁的表面粗糙度没有要求，则用单电极、单条件加工即可。

一、电极制造

1．电极材料的选择：紫铜。

2．电极尺寸：由加工要求的表面粗糙度、截面投影面积等，按标准值加工条件 C127 选表 3—12 参数，得到电极收缩量为 0. 22 mm，电极截面形状及尺寸如图 3—26 所示。

3．电极制造：采用电火花线切割加工。

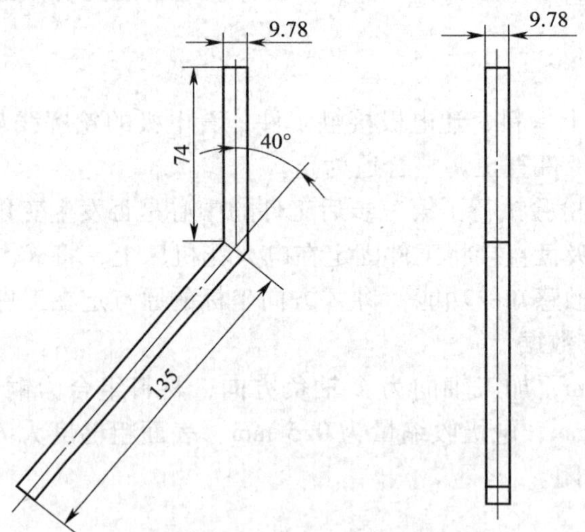

图 3—26　加工斜孔电极

二、电极与工件的装夹和校正

电极装夹与校正的目的是把电极牢固地装夹在主轴的电极夹具上，并使电极轴线与主轴进给轴线一致，保证电极与工件的垂直和相对位置。

1. 电极校正

首先将百分表固定在机床上，百分表的测头接触在电极上，使机床 Z 轴上下移动，此时要按下“忽略接触感知”键，将电极的垂直度调整到满足零件加工要求的位置，然后再校正电极 X 方向（或 Y 方向）的位置，其方法是让工作台沿 X 方向（或 Y 方向）移动，直至满足零件加工要求。

2. 建立工件坐标系

用磁力吸盘直接将工件固定在电火花机床上，但特别要注意的是电极的垂直度要调整得非常准确，否则会影响所加工孔的斜度。然后建立工件坐标系，该坐标系 X、Y 的原点同样是在工件的中心，Z 的原点在工件上表面。由于该电极的形状特殊（见图 3—26），在用电极校正工件 X 方向的坐标原点时，只能用电极去轻碰工件的右侧，从而算出工件 X 方向的原点位置（如工件实际直径为 ϕ80. 1 mm，电极距工件右侧 1 mm，则应将此位置的 X 坐标值调整为 40. 05 + 1 = 41. 05 mm），所以必须准确测出工件的直径。在用电极校正工件 Z 方向的坐标原点时，只能用电极的底部去轻碰工件的上表面，从而算出工件 Z 方向的原点位置（如电极截面尺寸为 9. 78 mm × 9. 78 mm，若电极底部距工件上表面 1 mm，那么应将此位置的 Z 坐标值调整为 1 + 9. 78/sin40°/2 = 8. 67 mm），所以必须准确测出电极的截面尺寸。

3. 工件的装夹与校正

用磁力吸盘直接将工件固定在电火花机床上，将 X、Y 方向坐标原点定在工件的中心，利用机床的接触感知功能，将 Z 方向坐标的原点定在工件的上表面上。

4. 电火花加工工艺数据

停止位置为 1. 00 mm，加工轴向为 Z 轴负方向，材料组合为铜 - 钢，工艺选择为低损耗，加工深度为 135. 00 mm，电极收缩量为 0. 1 mm，表面粗糙度为 Ra3. 2 μm，投影面积为 0. 19 cm^2，平动方式为关闭。

三、加工程序的编制及说明（见表 3—19）

表 3—19 加工程序

序号	程序内容	说明
1	T84；	启动电解液泵
2	G90 G54 G00 X42. 0 Y0 Z2. 0；	在 G54 绝对坐标下快速移动到指定点处
3	G00 X41 Y0 Z - 26. 587；	快速移动到指定点处
4	G31；	按路径反方向抬刀
5	M98 P0127；	调用 127 号子程序
6	T85 M02；	关闭电解液泵，程序结束
7	；	
8	N0127；	127 号子程序

续表

序号	程序内容	说明
9	C127；	按127号条件加工
10	G01 X－41 Z－124.311；	加工到 $X = -41.0$ mm，$Z = -124.311$ mm 处
11	M05 G00 X41 Y0 Z－26.587；	忽略接触感知，快速移动到指定点处
12	M99；	子程序结束

思考与练习

1. 简述电火花成型加工中电极的装夹与校正方法。
2. 简述电火花成型加工机床的组成部分。
3. 简述电火花成型机床维护和保养时的注意事项。
4. 分别简述电火花成型加工中的 G00、G01、G02、G03 的功能。
5. 影响放电间隙的因素有哪些?
6. 电火花成型加工中的电极材料有哪几种?
7. 在电火花成型机上练习下述加工过程：Z 向下加工 10 mm 深、直径为 ϕ10 mm 的孔。
8. 简述电火花成型加工中可能出现的异常现象及其解决措施。
9. 思考斜孔加工中需注意哪些事项?

第四章

电火花小孔加工

第一节　电火花小孔机加工概论

随着电子工业的飞速发展，以及小孔加工在模具行业中的日益增多，不仅要求能加工小孔，还要求加工的小孔精度高。因此，传统的手动小孔机已不能适应现代加工工艺的需要，全功能电火花小孔机应运而生，这种小孔机从加工性能、加工精度、操作方便性等方面，都是手动加工机床无法比拟的，它将代替手动小孔机，成为模具行业所必需的一种加工设备。

小孔机又称数控电火花小孔机，如图 4—1 所示，它属于电火花加工机床的一种。它在机械制造业中完成微孔、孔系、深小孔的加工，也是在超硬材料上进行孔加工的首选加工手段。

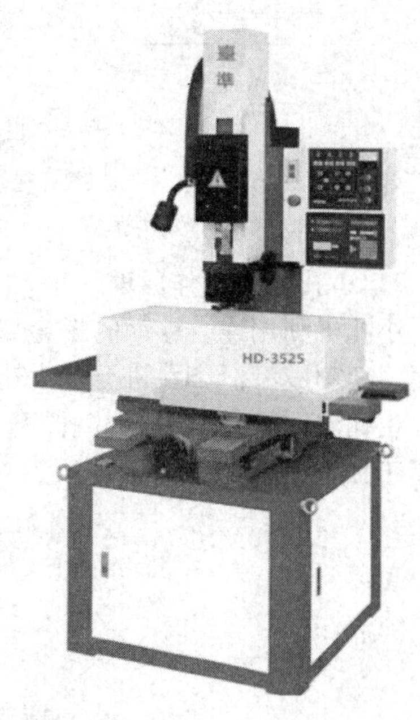

图 4—1　数控电火花小孔机

电火花小孔加工遵循电火花成型加工的原理。由于小孔、深孔的加工工艺深度主要表现在加工过程中电蚀物排出困难，为了解决这一困难，电火花小孔加工必须采用特殊的工艺手段：

（1）为了解决电蚀物排出困难问题，必须加强工作液的循环，使用中空的管状电极，通入高压高速流动的工作液。

（2）电极在加工过程中做匀速旋转，电极端面损耗均匀，以消除电火花加工时电极振动带来的影响。

（3）电极在伺服系统的作用下，以高于成型加工技术的速度，进行轴向进给运动。由于高压高速工作液能迅速将电蚀物排出加工区域，从而为加大电火花加工的蚀除速度创造了有利条件。因此，电火花小孔加工的速度大大高于电火花成型加工的速度，一般情况下蚀除的速度为 20 ~ 60 mm/min，比机械钻孔加工要快得多。该方法特别适合于加工直径为 0.3 ~ 3 mm 的小孔，而且其深径比可达 300∶1。

下面介绍电火花小孔机的结构及其工作原理。

1．电火花小孔机的结构

电火花小孔机主要由操作箱、旋转轴、工作台及电气系统等组成，如图 4—2 所示。

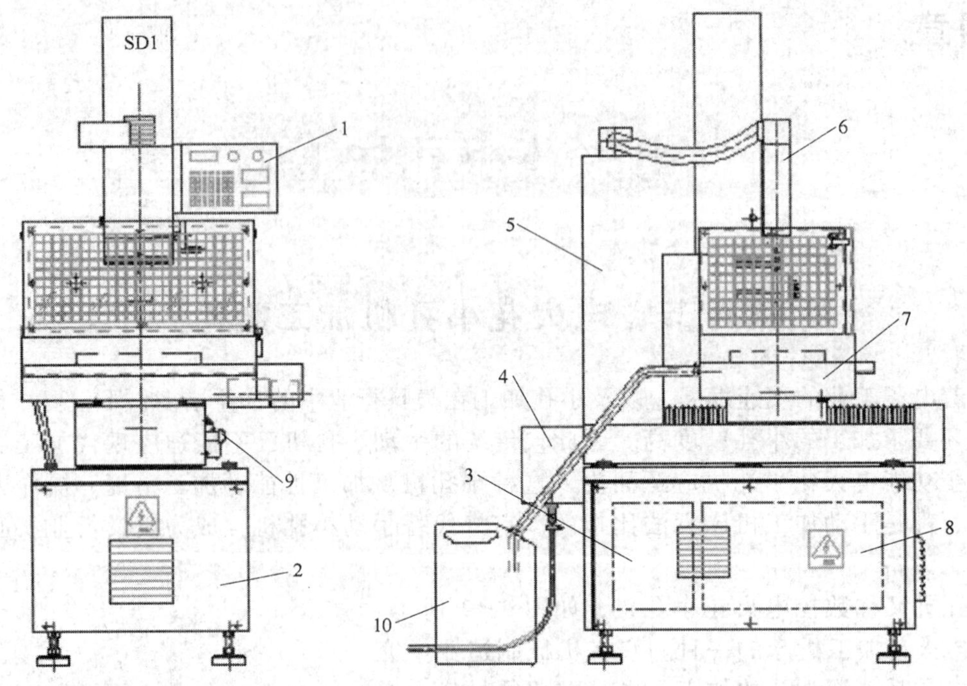

图 4—2　小孔机的基本结构

1—操作箱　2—底座　3—高压泵　4—水箱　5—立柱

6—旋转轴　7—工作台　8—电气系统　9—急停开关　10—废水桶

2．小孔机的工作原理

小孔机利用连续移动的细金属（称为电极丝）作电极，对工件进行脉冲火花放电蚀除金属、切割成型。小孔机与电火花线切割机床、成型机不同的是，它的电脉冲电极是空心铜棒，工作液（介质）从铜棒孔穿过与工件发生放电，腐蚀金属从而达到穿孔的目的。小孔机用于加工超硬钢材、硬质合金、铜、铝及任何可导电性物质的细孔，如图 4—3 所示。

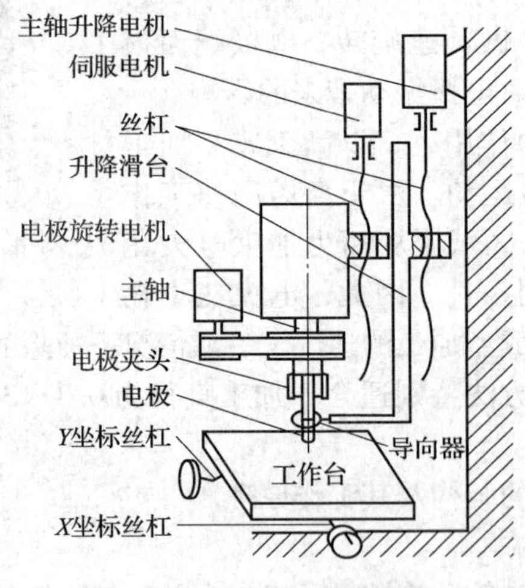

图 4—3　小孔机工作原理图

3. 小孔机各部分的作用

(1) 主轴部分

主轴部分主要由升降滑台、主轴、密封系统和导向系统等组成，如图4—4所示。升降滑台装在主轴前方的导轨上，升降滑台在主轴升降电机的驱动下，带动丝杠螺母完成主轴的升降运动，当达到工作位置后，停机锁定。

管状电极在加工过程中是旋转的，其旋转原理如图4—5所示，它主要是通过电极旋转电机带动其同步带传动机构来实现其旋转运动的。

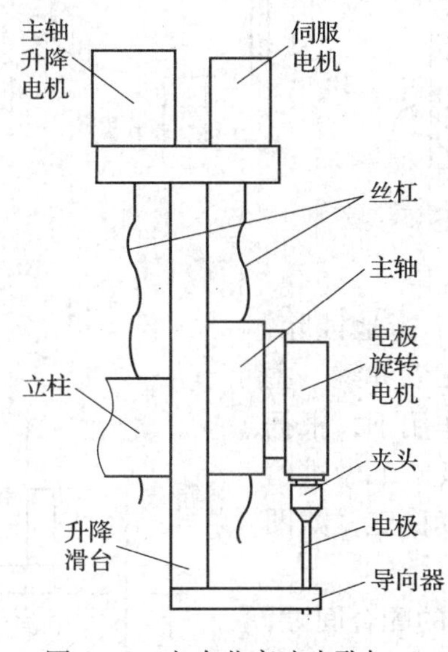

图4—4 电火花高速小孔加工机床主轴部分

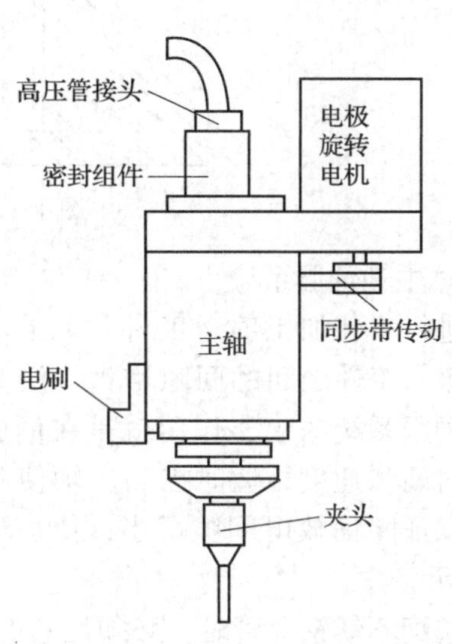

图4—5 电极旋转原理

电极在主轴上的安装如图4—6所示。安装时，依次将所需的电极、夹头、密封圈等组件组合好，放入主轴端部内孔，旋转压紧螺母即可。然后接通高压工作液，检验密封组件的密封效果。

电极的导电主要通过电刷组件来实现，在安装时，应调整好电刷组件，以保证加工时的连续进行。

小孔加工时，因为空心管状电极比较细小，刚性很差，有可能在旋转进给过程中与工件相碰，导致电弧放电而烧坏工件和电极，为了避免这种现象的出现，必须为其制造一个进给导向装置，如图4—7所示。

(2) 高压工作液的供液系统

该系统由工作液槽、过滤器、液压泵、压力控制阀以及循环管路系统组成。进给系统的主要作用是将高压、高速的工作液通过管状电极送入深孔和小孔加工区域，强化电蚀物的排出，以保证加工精度和小孔加工的顺利进行。

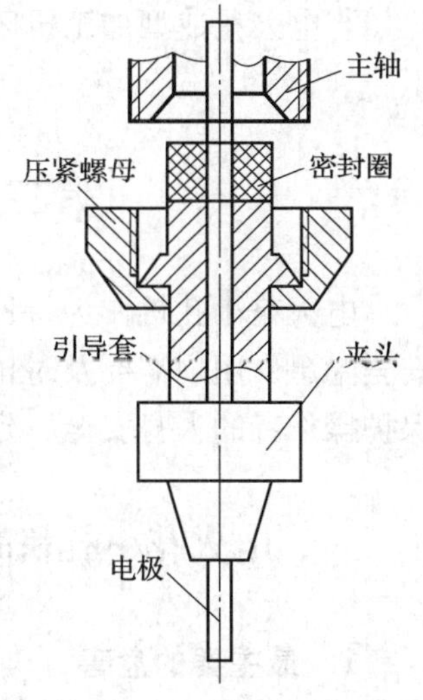

图4—6 电极的安装

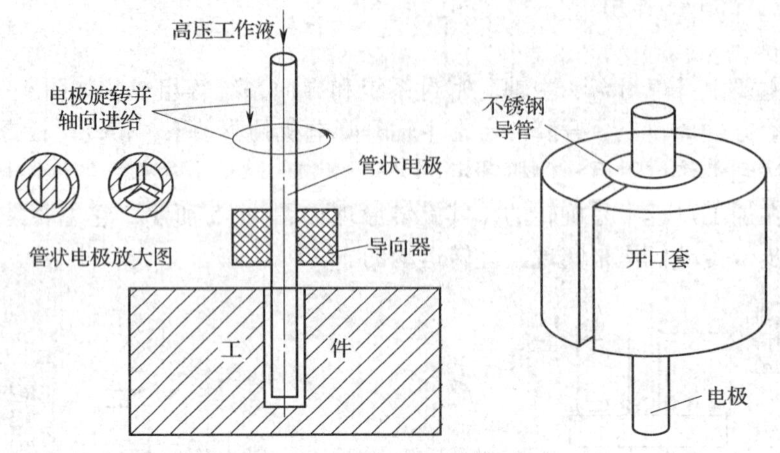

图 4—7　电极的进给导向装置

（3）主轴伺服系统

在进行小孔加工时，工件材料在加工区域不断地蚀除，造成电极与工件之间的间隙增大，使放电加工无以为继。主轴进给伺服系统的主要作用就是在伺服电机的作用下，根据加工的时间和速度，适时控制主轴使其带动电极向下做进给运动，保证断面放电间隙适当，使加工过程连续稳定，如图 4—8 所示。

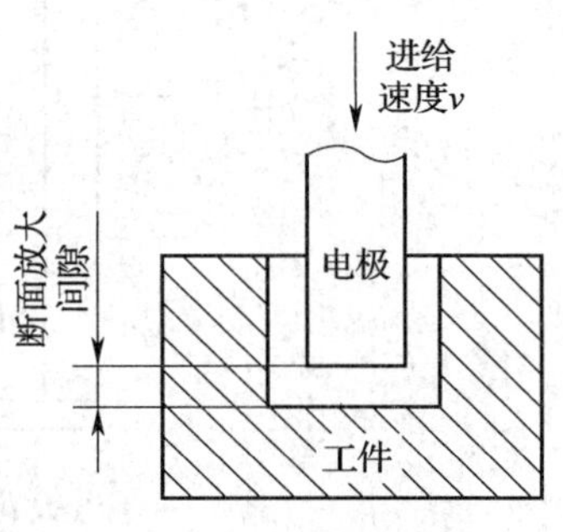

图 4—8　端面放电间隙控制图

在选配不锈钢套管时，必须注意套管与电极的配合间隙，要做到不松不紧，使电极在进给时无卡阻现象，如果间隙太大，就起不到导向的作用了。

（4）工作台

与电火花成型加工机床一样，通过控制 X、Y 两个方向的坐标值，准确地实现工件的找正。

第二节　电火花小孔机的维护保养

电火花小孔机作为特种加工解决了很多加工难题，但其在加工过程中也难免会存在一些安全隐患，用户需要及时排除这些隐患，同时也应懂得对机床进行维护保养，只有这样才能保护操作者的人身安全，延长机床的使用寿命，提高产品的质量。

一、电火花小孔机的安全规则

1. 最主要的危害

（1）高电压的危害：有可能对机床操作者、助手及参观者造成电击。

（2）放电加工过程所产生废物的危害：有可能污染土壤及地下水。

（3）产生电磁干扰的危害：有可能对供电网和无线电产生干扰。

上述危害可以通过在机床设计中所采取的安全防护措施而大大降低，但并不能全部消除，而且操作者本身可以在很大程度上发挥影响。

2．保护措施

（1）开门断电保护装置

加工时所有安全防护盖、板、防护罩必须安装就位，如图 4—9 所示。与防护罩连锁的安全保护开关在拆下防护罩时会起到中止加工的保护作用。但当人工干预将开关的推拉杆拉出时，如图 4—10 所示，机床仍可进行放电加工。人工干预将开关推拉杆拉出时，严禁进行放电加工。此时专业人员（包括经过培训的用户专业维修人员）可对机床进行维修调试。

图 4—9　开关被压下状态

图 4—10　提起开关

（2）温度保护装置

当电器箱温度超过 60℃时，该装置切断加工电源。

（3）液面控制装置

当水箱内水位下降至设定水位时，该装置切断加工电源。

（4）废物处理

电加工过程中所产生的废物在任何情况下都不能随便排入下水道、扔入垃圾池或其他场所。

（5）电磁防护

电火花小孔机的电磁保护应按照相关国标规定来实施。电火花小孔机为 GB 4824（同 CISPR11）《工业、科学和医疗（ISM）射频设备电磁骚扰特性的测量方法和限值》所规定的 2 组 A 类设备，即属于非家用和不直接连接到住宅低压供电网络的所有设施中使用的工、科、医设备。机床的电磁骚扰限值满足 2 组 A 类设备的限值要求。其电火花加工系统会对电视和收音机造成干扰，但是仅在特殊区域才需要对其屏蔽。

采取下列措施可以防止工作区域及电网中伴随生成的辐射。

1）安装位置必须尽可能远离产生干扰的发射器和接收器。

2）在可能的情况下，机床应该放置在远离街道和居民区的一边。

3）最好安装在机座上，而不安装在地面上。

4）最好将机床安装在混凝土建筑中，而不安装在木建筑中。

二、日常维护

1. 过滤网的检查

每天开机前应检查水箱内的过滤网是否堵塞、破损。如果有堵塞应及时清理，有破损应及时更换，因为过滤网的堵塞会造成高压泵供水不足而损坏，而过滤网的破损会使杂物进入高压泵，同样会造成高压泵的损坏。

2. 润滑

图 4—11 所示为工作台左右两侧润滑点，图 4—12 所示辅助轴润滑点每天应加注 40 号机油润滑 1 次。

图 4—11　工作台两侧润滑点

图 4—12　辅助轴润滑点

3. 机床清洁

（1）经常保持机床清洁，每日工作完成后，应将夹头、导套、小垫、密封套、螺母及红宝石导向器拆下，擦洗干净后放入附件盒内。

（2）水箱内要保持绝对清洁，不得有杂物、颗粒物落入其中，以免损坏高压泵。

（3）机床外表油漆面不能用汽油、煤油等有机溶剂擦拭，只能用中性清洁剂或水擦拭。

（4）要保持空气过滤器的清洁，每月清扫一次，确保空气畅通（见图 4—13）。

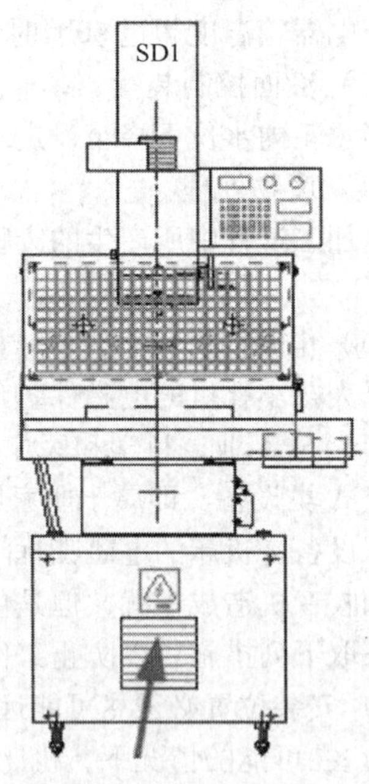

图 4—13　机床清洁

三、定期维护

按照表 4—1 机床的润滑明细表的要求，按时对机床进行润滑保养，是确保机床各部件灵活运转的保证。

表 4—1　　机床润滑明细表

序号	润滑部位	润滑剂品牌号	润滑方式	润滑周期	更换周期
1	工作台横向、纵向丝杠	锂皂基 2 号润滑脂	油枪注入	每半年一次	大修
2	*Z* 轴丝杠和导轨	锂皂基 2 号润滑脂	油枪注入	每半年一次	大修
3	工作台横向、纵向导轨	40 号机油	油枪注入	每周一次	
4	辅助轴的导向轴	40 号机油	油枪注入	每周一次	
5	高压泵内	32 号机油	注入	随时补充	

每半年应对机床进行一次检查，具体过程如下：

1. 拆下 *Y* 轴防护罩，检查导轨面是否有划伤、润滑油路和回油槽是否通畅，如图 4—14 所示。

2. 拆下 *R* 轴护罩，检查主轴上端是否漏水（如有漏水请更换密封圈），如图 4—15 所示。

图 4—14　导轨面检查

图 4—15　*R* 轴检查位置

3. 拆下 *Z* 轴护罩，检查 *Z* 轴及辅助轴导轨工作情况是否正常，如图 4—16 所示。

4. 拆下后护罩，检查高压泵（见图 4—17）运转是否良好，各接头是否有渗水漏水现象，皮带是否破损。

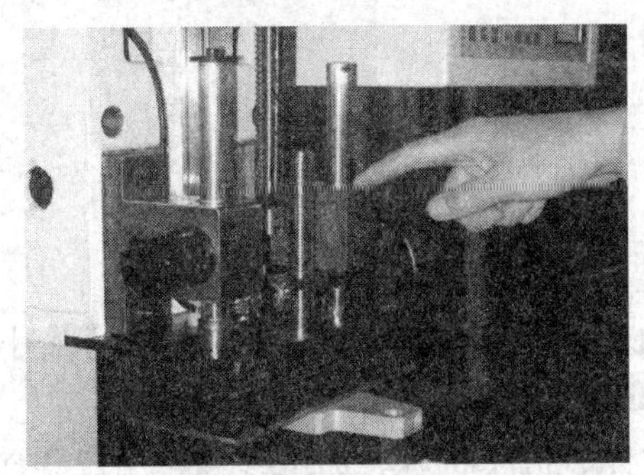

图 4—16　*Z* 轴检查位置

图 4—17　高压泵

四、高压泵的调整、维护及保养

高压泵压力的调整应根据工艺参数表中所要求的压力来调整，但最高压力不大于 9.5 MPa，如图 4—18 所示。高压泵属于机床关键部件，应时刻注意高压泵的工作状况，当发现高压泵有异常现象时，应立即停机检查。主要检查泵体内润滑油是否在油窗位置上，泵体上是否有漏油、漏水现象，压力是否稳定。

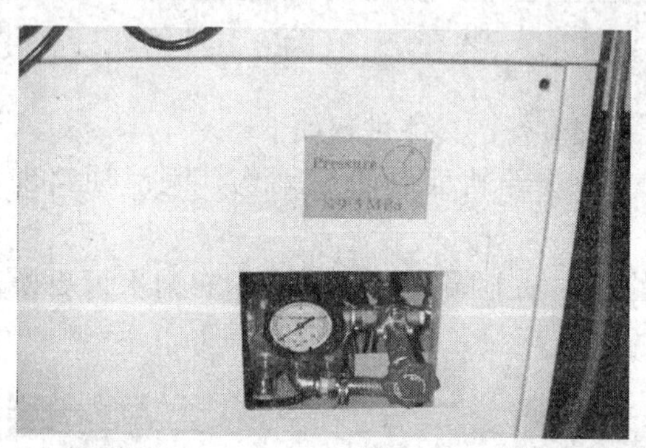

图 4—18　高压泵压力的调整位置

五、易损件的更换

旋转轴上部进水处的密封圈及其夹头处的密封套均属于易损件，当易损件出现损坏时，会出现漏水现象，应立即更换。

第三节　单 点 加 工

虽然电火花小孔加工机床各式各样，但其加工原理及机床的基本组成部分都是一样的。因此我们只需要掌握其中一种类型，就能在实践操作中举一反三。本教材以北京阿奇工业电子有限公司的 SD 型小孔机为例进行实例操作的介绍。

一、SD 型小孔机的功能

1. 系统功能

SD 小孔机的 X、Y 轴用作数控定位，Z 轴用作伺服加工。X、Y、Z 轴的最小脉冲为 1 μm。X、Y、Z 轴的最大输入值为 ±999.999 mm。

用 VFD 高清晰度显示器显示 X、Y、Z 轴坐标、机床状态、加工参数、用户程序。具体显示功能如下：

（1）绝对工作坐标系。

（2）单点加工。
（3）多点自动加工。
（4）查看机床坐标。
（5）查看机床状态。
（6）查看或修改加工参数。
（7）设定当前坐标。
（8）执行 F00 ~ F99 特别功能，如自动找边、找中心、半程移动等。
（9）可选“高、中、低、单步”四挡速度移动工作台。
（10）显示自动切换。

2．操作界面

图 4—19 所示为 SD 型小孔机面板，其具体功用介绍如下：

图 4—19　SD 型小孔机系统界面

（1）操作键区

SP0：高速移动及其指示灯。在手动方式下按下该键时，高速移动被选择，指示灯亮。

SP1：中速移动及其指示灯。在手动方式下按下该键时，中速移动被选择，指示灯亮。

SP2：低速移动及其指示灯。在手动方式下按下该键时，低速移动被选择，指示灯亮。

SP3：单步移动及其指示灯。在手动方式下按下该键时，单步移动被选择，指示灯亮。

+X：X 轴正向移动。在手动方式下按下该键时，X 轴以选定的速度正向移动，松开按键，运动停止。

-X：X 轴负向移动。在手动方式下按下该键时，X 轴以选定的速度负向移动，松开按键，运动停止。

+Y：Y 轴正向移动。在手动方式下按下该键时，Y 轴以选定的速度正向移动，松开按键，运动停止。

-Y：Y 轴负向移动。在手动方式下按下该键时，Y 轴以选定的速度负向移动，松开按键，运动停止。

+Z：Z 轴正向移动。在手动方式下按下该键时，Z 轴以选定的速度正向移动，松开按键，运动停止。

-Z：Z 轴负向移动。在手动方式下按下该键时，Z 轴以选定的速度负向移动，松开按键，运动停止。

ST：忽略接触感知。当电极管与工件接触后，坐标轴将无法移动，此时按下该键，可暂时取消接触感知，按下轴移动键，坐标轴可移动，松开轴移动键，接触感知又自动生效。

PUMP：高压泵开关。在手动方式按下该键时，高压泵起动，再按一下高压泵停止。

R：R 轴开关。当按下该键时，R 轴旋转，再按一下 R 轴停止转动。

OFF：程序停止。按下该键时，程序停止执行且 Z 轴回退至当前孔的加工起始点，如在回退过程中再次按下“OFF”键，则轴移动会立刻停止。

（*）：穿透键。当火花从工件底部穿出时，按下此键有助于快速穿透。

（2）VFD 显示区

显示 X、Y、Z 轴坐标、机床状态、加工参数以及用户程序。

（3）主菜单

EDIT：编辑窗口。按下该按键后，进入编辑屏，可以键入新程序，也可修改原程序。

COND：加工参数窗口。按下该键后，显示加工参数，可对参数进行修改。

MANU：手动窗口。用于显示机床坐标及状态信息。

SET0：设定坐标参考点。

（4）编辑键区

Prev Page：向前翻一屏。

Next Page：向后翻一屏。

↑：光标上移一行。

↓：光标下移一行。

→：光标右移一行。

←：光标左移一行。

ENT：功能键。

SAVE：功能键。

0~9：数字键。

（5）电流表

显示加工电流。

（6）电压表

指示加工间隙电压。

（7）电源开

按下该按钮机床通电。

（8）电源关

按下该按钮机床断电。

二、开机

1．开机前应将所有的防护罩安装到位。接通外网电源后，如图 4—20 所示，将机床右侧的急停开关 1 按钮旋转一下（红色蘑菇头），使其处于弹起状态。再置电源总开关 2（床身右侧）于“ON（I）”位置，给机床通电。

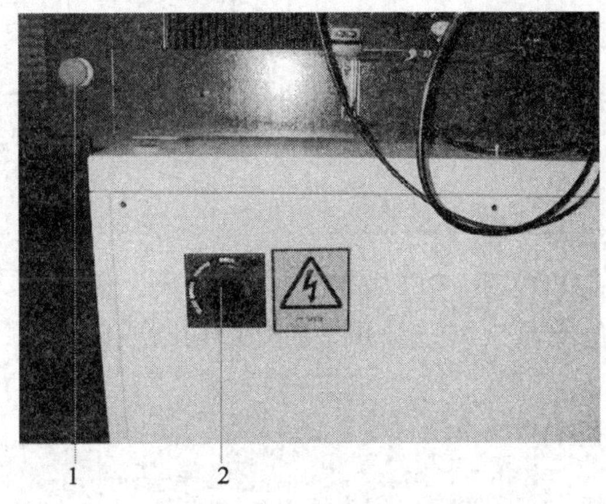

图 4—20　电源总开关

2．如图 4—21 所示，按下面板上绿色启动按钮 2，其指示灯亮，表明机床正处于工作中，显示屏显示如下：

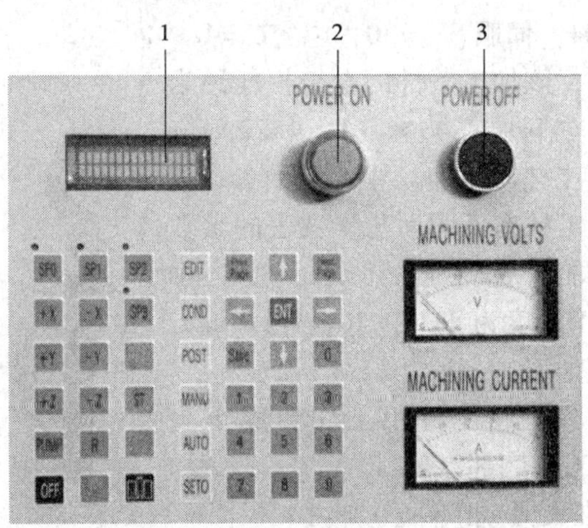

图 4—21　系统开关

W	e	l	c	o	m		t	o		u	s	e		S	D
P	l	e	a	s	e		w	a	i	t					

此时，主控制系统正与前台操作系统通信联络，通信成功后，显示如下：

C	o	m	m		s	u	c	c	e	s	s	!	
V	e	r	s	i	o	n			0	3	-	0	4

其中“03”表示主控制系统软件版本号，“04”表示前台操作系统软件版本号。

数秒钟后，系统进入 MANU 状态，显示如下：

M	A	N	U				X	+	0	0	0	.	0	0	0
P	A	G	E	1			Y	-	0	0	0	.	0	0	0

“PAGE1”表示屏幕号码，后面的“X +000. 000、Y -000. 000”表示当前坐标。

三、关机

任何时候，按下面板上 POWER OFF 按钮，指示灯灭，显示器灭，机床停止工作。

紧急情况下，按下红色蘑菇头按钮总开关断开，切断机床电源，机床停止工作。

四、单点加工实例操作

用 ϕ1. 0 mm 的铜电极管加工 40 mm 厚钢件。

查附录二中的《工艺参数表》可知，加工钢件需用黄铜管，因此应选用 ϕ1. 0 mm 黄铜管，根据所需电极的直径和工件材料，选择加工条件号，这里选择 P06 参数：脉宽 ON =79，脉冲间隙 OF =19，管数 IP =04，伺服 SV =30，电容 C =1。

根据选择的参数可知，该加工条件的电极损耗约为 122%，因此，Z 轴必须向下加工 40 ×（1 + 1. 22）= 88. 8 mm 才能穿通，因《工艺参数表》中给定的参数仅供参考，可能因实际的加工状态不同而与参数表的参数给定值有差异，为保证能全部穿通，加工深度再加 10 mm。因此，Z 轴向加工深度为 88. 8 +10 =98. 8 mm，取整为 99 mm。加工过程如下：

1. 将工件装夹在夹具上，工件距工作台面至少 10 mm，以便电极管能从工件底部穿出。

2. 确认电极线连接在夹具或工件上。

3. 安装电极管。

（1）当确定要加工的孔径后，先选好与要加工孔径直径相同的电极管、导套、夹头及宝石导向器。

（2）按电极安装图 4—22 所示，将导套、小垫、密

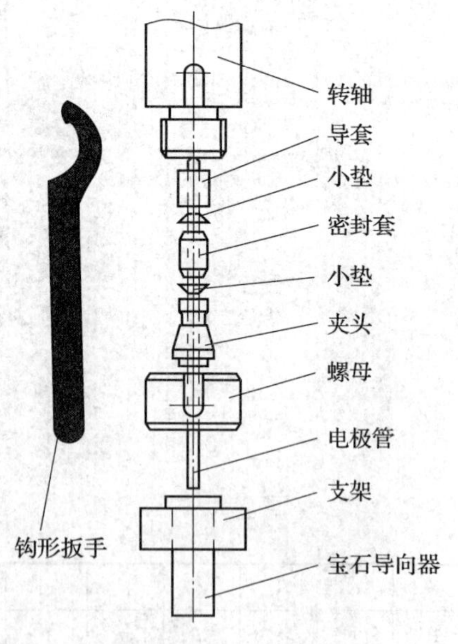

图 4—22　电极安装图

封套及夹头穿在电极上，并装入旋转轴的孔内，用钩形扳手上紧螺母。

（3）将宝石导向器装入辅助轴上的支架上，手动移动辅助轴将电极管穿入宝石导向器中。

（4）小垫和密封套按表4—2选取。

表4—2　　小垫和密封套的选取

序号	类别	小垫（3）	密封套（4）
1	丝径≤ϕ1.0 mm	ϕ1.1 mm	ϕ1.0 mm
2	ϕ1.0 mm < 丝径≤ϕ2.0 mm	ϕ2.1 mm	ϕ2.0 mm
3	ϕ2.0 mm < 丝径≤ϕ3.0 mm	ϕ3.1 mm	ϕ3.0 mm

4. 按下“PUMP”键，高压泵工作（如果水位太低或防护罩未装，高压泵不会工作）。电极管中将会有高压水流出。如果无水流出，检查高压泵是否工作，如果高压泵在工作，则说明电极管不通，更换电极管。

5. 在任意窗口，用“X+”“X−”“Y+”“Y−”键移动工件到要穿孔的位置。

6. 用“Z−”“Z+”键移动 *Z* 轴，使电极管接近工件上表面，快要接触时，按下“SP2”键选择“低速”，再移动 *Z* 轴，使电极管与工件接触短路。当接触后，*Z* 轴会自动停止。

7. 按下“SETO”键，窗口如下：

S	E	T	0				X	+	0	0	0	.	0	0	0
P	A	G	E	1			X	+	0	0	0	.	0	0	0

8. 按下“ENT”键，电极管与工件接触点被设定为 *X* 轴零点。

9. 再按下“Next Page”键转到第二屏。

S	E	T	0				Y	+	0	0	0	.	0	0	0
P	A	G	E	2			Y	+	0	0	0	.	0	0	0

10. 按下“ENT”键，电极管与工件接触点被设定为 *Y* 轴零点。

11. 再按下“Next Page”键转到第三屏。

S	E	T	0				Z	+	0	0	0	.	0	0	0
P	A	G	E	3			Z	+	0	0	0	.	0	0	0

12. 按下“ENT”键，电极管与工件接触点被设定为 *Z* 轴零点。

13. 按下“ST”键后再按下“Z+”键移动 *Z* 轴，使电极管与工件脱离接触，此例中让电极管距工件2 mm。

M	A	N	U				Z	+	0	0	2	.	0	0	0
P	A	G	E	2	.		S	T	U			.			

14. 按下“EDIT”键，窗口如下：

E	D	I	T				X	+	0	0	0	.	0	0	0
N	0	0	1				Y	–	0	0	0	.	0	0	0

15. 按下“Next Page”键，窗口如下：

E	D	I	T				Z	–	0	0	0	.	0	0	0
N	0	0	1				P	0	0						

16. 用箭头键将光标移动 *Z* 后，按左箭头键，输入负号。
17. 依次输入 099. 000。

E	D	I	T				Z	–	0	0	0	.	0	0	0
N	0	0	1				P	0	0						

18. 光标下移到 P 行，输入 06。

E	D	I	T				Z	–	0	9	9	.	0	0	0
N	0	0	1				P	0	6						

19. 按下“Save”键结束编程。

E	D	I	T				Z	–	0	9	9	.	0	0	0
N	0	0	1				P	0	6				E	N	D

20. 按下“AUTO”键，窗口自动转到 MANU 窗口的第二屏。

M	A	N	U			☺	Z	+	0	0	2	.	0	0	0
P	A	G	E	2			S	T	U			.			

21. 高压水自动打开，旋转轴自动旋转，*Z* 轴开始用 P06 参数向负向加工直到 –099. 000 mm。*Z* 轴坐标开始向 –099. 000 变化。在第一行将出现“☺”符号，表明正处于自动加工中。

22. 在加工过程中，如果想更改加工参数，按下“COND”键，转到 COND 窗口：

P			O	N		O	F		I	P		S	V		C
0	6		7	9		1	9		0	4		3	0		1

如果想将 IP 改为 05，将光标移动到 IP 下，键入 05。

P			O	N		O	F		I	P		S	V		C
0	6		7	9		1	9		0	4		3	0		1

按下“Save”键后，该修改生效。

23. 按下“MANU”键，转到 MANU 窗口第二屏，显示目前 Z 轴位置。

M	A	N	U			☺	Z	–	0	6	5	.	0	0	0
P	A	G	E	2			S	T	U			.			

24. 当火花从工件底部溅出，表明孔已打通，高压水会从底部流出。电极管不易从底部穿出，此时按一下“穿透”键，系统将用专门的参数来加工，以便于快速穿透。再按一次该键，回复原来的加工参数。

25. 加工到 -099.000 mm 时或按下“OFF”键后，系统停止加工，Z 轴自动回到加工起始点，高压水停止，旋转轴停止。在第一行的“☺”符号消失，表明自动加工结束。

第四节　定位移动加工

一、SD 小孔机的手动窗口

1. 在 MANU 的任一屏中，均可移动 X、Y、Z 轴（正在自动执行程序时除外），并即时显示坐标。当在第一屏时，按下“X +”或“X -”，“Y +”或“Y -”键移动 X 或 Y 轴时，系统自动回到第一屏显示 X 或 Y 轴坐标。

2. 按下“SP0”键，其指示灯亮，此后，手动移动 X、Y、Z 轴的速度为高速。

3. 按下“SP1”键，其指示灯亮，此后，手动移动 X、Y、Z 轴的速度为中速。

4. 按下“SP2”键，其指示灯亮，此后，手动移动 X、Y、Z 轴的速度为低速。

5. 按下“SP3”键，其指示灯亮，此后，手动移动 X、Y、Z 轴的速度为单步。

6. 同时只能移动一个轴，在移动中或刚要移动时，如果电极与工件接触，则该轴立即停止或不能移动，并伴随有“Bi，Bi”声响。在 MANU 第二屏的状态显示栏将有提示：STU8 * * * * *。

7. 如果要在电极与工件接触的情况下，移动 X、Y、Z 轴，先按下“ST”键，然后松开，此时系统进入忽略接触感知状态，再按要移动的轴移动键，该轴可以移动。一旦松开该键，或按下“ST”键后，按下非轴移动键，系统恢复到接触感知保护状态。

8. 按下“PUMP”键后松开，高压泵开，再按下“PUMP”键后松开，高压泵关。但是，当水箱水位太低时，高压泵会自动停止或不能开启。

9. 按下“R”键后松开，R 旋转轴转动，再按下“R”键后松开，R 旋转轴停止转动。

当 R 旋转轴转动时，在 MAUN 第二屏的状态显示栏将有提示：STU＊＊＊＊2＊。

10. 正在自动执行程序时，系统不允许以下操作：

(1) 不允许手动移动工作台。

(2) 不允许关停高压泵。

(3) 不允许关停 R 旋转轴。

因此，此时的操作键区除“OFF”和“穿透”键外，其余键不起作用。

11. 按下“EDIT”键，系统进入编辑窗口，编辑程序或准备加工。

12. 按下“COND”键，系统进入加工参数窗口，查看或修改加工参数。

13. 按下“SET0”键，系统进入坐标设定窗口，设定当前坐标为 0 或任意值。正在自动执行程序时，按下“STE0”键不起作用。

二、编辑窗口（EDIT）

在其他窗口下，按下“EDIT”键，系统进入编辑窗口，显示如下：

E	D	I	T				X	+	0	0	0	.	0	0	0
N	0	0	1				Y	–	0	0	0	.	0	0	0

1. 如果此时正在自动执行程序，则显示正在执行的点的顺序号和坐标。否则，显示顺序号为 001，即第一点的坐标。每个点的坐标内容为用户曾经编辑过的内容，否则，默认坐标值为 0。用户编辑的程序将存在内部 RAM 中。

2. 光标可用上下左右箭头键移动，在光标处键入数值，可改变光标所在处的内容，输入完成后，光标自动右移一位。

3. 将光标移动到坐标符号位置处，每按一次左箭头键可交替改变“+”“-”符号。

4. 系统只将 X 轴和 Y 轴编程为移动，不能放电加工。

5. 每个坐标点由两屏组成，按下“Next Page”键，显示该点下一屏的内容。

E	D	I	T				Z	–	0	0	0	.	0	0	0
N	0	0	1				P	0	0						

6. 系统默认将 Z 方向编程为放电加工，若想将该点的 Z 方向编辑为移动，按下“POST”键，将在 Z 字符前出现“M”，再按一下“POST”键，“M”消失。当 Z 轴被编辑为放电加工状态时，还要在 P 后键入加工条件号。

E	D	I	T			M	Z	–	0	0	0	.	0	0	0
N	0	0	1			P	0	0							

7. 按下“Next Page”和“Prev Page”键可前后翻页。按下“EDIT”键，回到 N001 点。

8. 编程结束后，按下“Save”键结束编程，将在屏幕上出现“END”结束标识，此时不能用“Next Page”键向后翻页，再按下“Save”键，取消“END”标识，可继续向后翻页。

E	D	I	T			Z	-	0	0	0	.	0	0	0
N	0	1	1			P	0	0		E	N	D		

9．先按下“ENT”键，松开后再按下“Prev Page”键，可在目前点之前插入一点，插入点的坐标默认与当前点相同。先按下“ENT”键，松开后再按下“Next Page”键，可将目前点的内容复制到下一点中。先按下“ENT”键，松开后再按下“Save”键，删除目前点。插入、复制和删除都是以点为单位。

10．用户如果想删除自己的程序，或显示内容有乱码，可先按下“ENT”键，再按下“0”键，屏幕显示如下：

C	l	e	a	r		U	s	e	r		P	r	o	g	m
	Y	=	<	1	>			N	=	<	2	>			

按“1”键，删除程序。 按“2”键，取消操作。

11．按下“AUTO”键，程序从当前屏幕指示的程序点开始执行，到“END”标识结束。此时，在第一行第六列将出现“☺”符号，当显示的点号正在执行时，第二行第六列将出现“_ ”符号。程序结束时，符号消失。

三、定位移动加工操作

按图4—23在钢件上完成从A点到B点的定位移动加工。

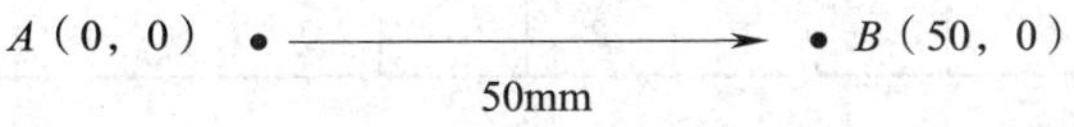

A（0，0） • ——————→ • B（50，0）

50mm

图4—23 定位移动加工

设定A点为零点，开始编程加工，具体步骤如下：

1．移动电极管到A点。

2．按下“SET0”键，进入SET0窗口：

S	E	T	0				X	+	0	0	0	.	0	0	0
P	A	G	E	1			X	+	0	0	0	.	0	0	0

3．按下“ENT”键，将A点X坐标设定为X轴零点。

4．按下“Next Page”键进入SET0的第二屏：

S	E	T	0				Y	+	0	0	0	.	0	0	0
P	A	G	E	2			Y	+	0	0	0	.	0	0	0

5．按下“ENT”键，将 *A* 点 *Y* 坐标设定为 *Y* 轴零点。

6．按下“Next Page”键进入 SET0 的点第三屏：

S	E	T	0				Z	+	0	0	0	.	0	0	0
P	A	G	E	3			Z	+	0	0	0	.	0	0	0

7．按下“ENT”键，将 *A* 点的 *Z* 坐标设定为 *Z* 轴零点。

8．按下“EDIT”键进入 EDIT 窗口：

E	D	I	T				X	+	0	0	0	.	0	0	0
N	0	0	1				Y	−	0	0	0	.	0	0	0

9．输入 X +050. 000，Y −020. 000。

E	D	I	T				X	+	0	5	0	.	0	0	0
N	0	0	1				Y	−	0	2	0	.	0	0	0

10．按下“Next Page”键。

E	D	I	T				X	+	0	5	0	.	0	0	0
N	0	0	1				P	0	0						

11．*Z* 轴不移动，输入 Z +000. 000，因为不加工，所以与参数 P 无关。

12．按下“Save”键结束编程。

E	D	I	T				Z	−	0	0	0	.	0	0	0
N	0	0	1				P	0	0				E	N	D

13．按下“EDIT”或按“Prev Page”键，回到 EDIT 窗口的第一屏。

E	D	I	T				X	+	0	5	0	.	0	0	0
N	0	0	1				Y	−	0	2	0	.	0	0	0

14．按下“AUTO”键，自动转到 MANU 窗口的第一屏。

M	A	N	U		☺		X	+	0	0	0	.	0	0	0
P	A	G	E	1			Y	+	0	0	0	.	0	0	0

在第一行第六列将出现“☺”符号，表明正处于自动运行中。*X* 运行到 +50. 000 后，再运行 *Y*。

15. Y 运行到 -020.000 后，因 Z 编程为 O，所以不移动，程序结束。在第一行第六列的“☺”消失。

M	A	N	U				X	+	0	5	0	.	0	0	0
P	A	G	E	1			Y	-	0	2	0	.	0	0	0

16. 完成 A 点到 B 点的定位。

第五节　多孔自动加工

一、电火花小孔机中的特别功能

电火花小孔机中的特别功能 F00 ~ F99 分别代表一个固定的子程序，完成一个规定的任务。

1. 常用特别功能 F00 ~ F99 的功能介绍

F10：$-X$ 方向找边。电极沿 X 负向接触工件，最后停在接触点。

F11：$+X$ 方向找边。电极沿 X 正向接触工件，最后停在接触点，如图 4—24 所示为电极 X 向找边示意图。

F12：$-Y$ 方向找边。电极沿 Y 负向接触工件，最后停在接触点。

F13：$+Y$ 方向找边。电极沿 Y 正向接触工件，最后停在接触点。

F14：$-Z$ 方向找边。电极沿 Z 负向接触工件，最后停在接触点。

F15：$+Z$ 方向找边。电极沿 Z 正向接触工件，最后停在接触点。

F16：X 方向半程移动。X 轴移动到当前坐标值的一半。如果当前 X 坐标为 107.5，执行该功能后 X 轴移动到 53.75 处。

F17：Y 方向半程移动。Y 轴移动到当前坐标值的一半。

F18：找孔中心。电极管沿 X 轴和 Y 轴方向接触工件，最后停在孔的中心位置（见图 4—25）

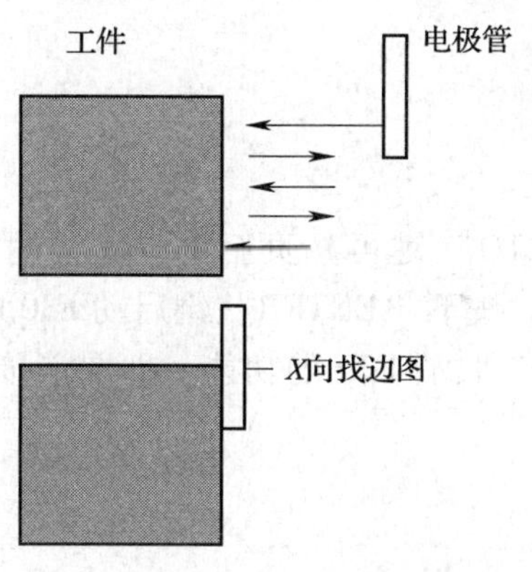

图 4—24　电极 X 向找边示意图

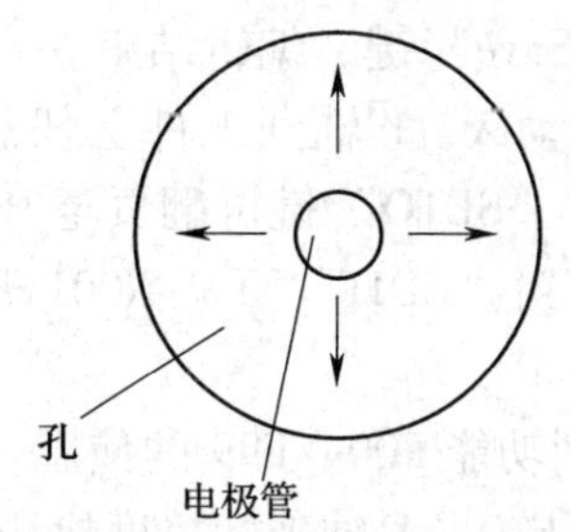

图 4—25　电极找正示意图

F20：X 轴回到所设定的零点。

F21：Y 轴回到所设定的零点。

F22：Z 轴回到所设定的零点。

F23：X、Y 轴分别回到所设定的零点。

F30：执行 F30 后，X、Y 轴的当前点即被定义为接触感知参考点，且 Z 轴值为输入损耗补偿值。

如图 4—26 所示，当坐标处于 M 点时，执行 F30 后，M 点被设为接触感知参考点，且 Z 轴当前值作为损耗补偿值。当执行 A 点加工→B 点加工→C 点加工→D 点加工这样的程序时，执行顺序是这样的：首先移动到 A 点，在开始 A 点加工前回到 M 点，在 M 点感知后抬起 2 mm，Z 轴清零，再移动到 A 点并加工到指定的尺寸，然后 Z 轴升起并移动到 B 点；在 B 点加工前回到 M 点再感知，感知后抬起 2 mm 移动到 B 点开始加工；如此反复直到程序结束。

如图 4—27 所示，图中用 ϕ1.0 mm 电极管加工 10 mm 厚的工件，参数为 P06。

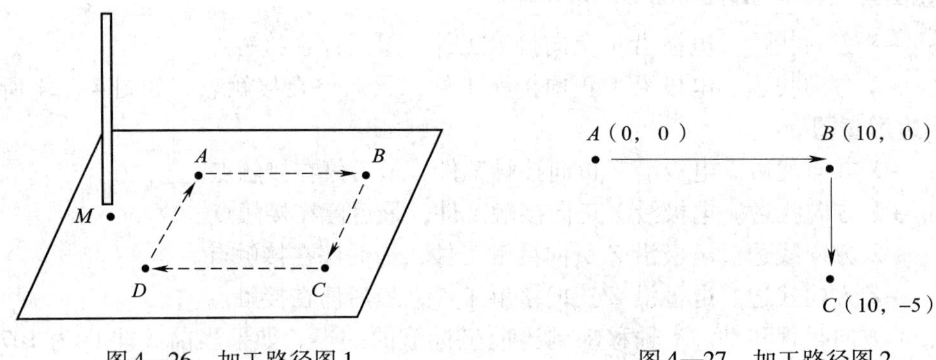

图 4—26　加工路径图 1　　图 4—27　加工路径图 2

（1）移动 X，Y 轴到 A 点，Z 轴感知，使工件与电极管接触。

（2）按下“SETO“键，设置 X、Y、Z 轴零点。

（3）按下“EDIT”键，编辑程序。

N001 X、Y 设为零，Z 查参数表输入 -20 P06。

N002 X 输入 10，Y 输入 0，Z 输入 -20 P06。

N003 X 输入 10，Y 输入 -5，Z 输入 -20 P06。

按下“Save”键，编辑结束。

（4）移动 X、Y 轴到工件上任意一点按下“SETO”键再翻页至 PAGE3，输入 Z 值为 8 mm，按下“SETO”键再翻页至 PAGE4，输入 30。按下“ENTER”键启动 F30 的功能。

（5）回到“EDIT”页从 N001 开始加工。用 F31 取消 F30 的功能，即取消接触感知参考点。

2. 特别功能 F00 ~ F99 的使用

以执行 F90（X 轴坐标精度检测）为例。

按下“SET0”键，进入坐标设定窗口，连续按下“Next Page”键进入第四屏：

S	E	T	0			S	p	e	c	i	a	l		F
P	A	G	E	4		F			N	O	T	U	S	E

此时，F 后两位为空白。用光标键将光标移动到“F”后，键入“90”。按下“ENT”键，机床开始运行 *X* 轴坐标精度检测固定子程序，直到程序结束。同时屏幕自动回到手动屏（MANU）的相应页。中途欲停止，可按下“OFF”键。

二、多孔加工操作

选择厚度为 40 mm 的不锈钢（1Cr18Ni9Ti）材料及直径为 1.0 mm 的黄铜电极管，按图 4—28 所示多孔加工图从 *A* 点，*B* 点，*C* 点，*D* 点顺序加工。编程结束开始加工前，使用特别功能 F30 将 *S* 点设为接触感知参考点。

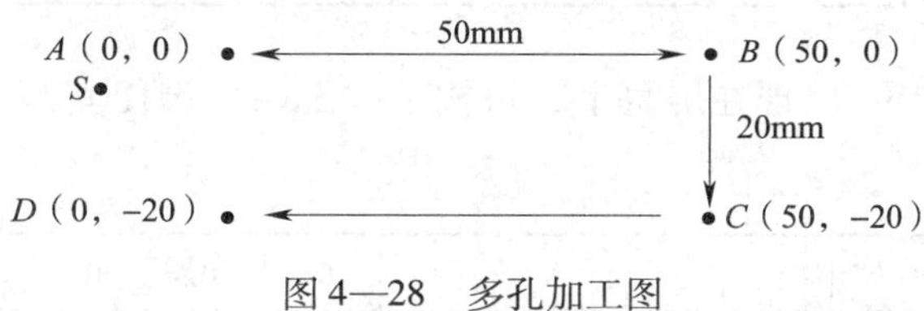

图 4—28　多孔加工图

根据工件材料、加工孔深度 h、电极管材料及尺寸，查阅附录二《工艺参数表》得到电极损耗百分率 $\delta = 70\% \sim 72\%$，将加工孔深度 h 和电极损耗百分率 δ 相乘，得出电极损耗 $w = h \times \delta = 28 \sim 28.8$ mm。$w + h = 68 \sim 68.8$ mm，因《工艺参数表》仅供参考，可留出余量 $2 \sim 5$ mm，此处可将 *Z* 轴加工深度最终确定为 70 mm。设 *A* 点为零点，具体加工步骤如下：

1. 移动电极管到 *A* 点。
2. 按下“SET0”键，进入 SETO 窗口：

S	E	T	0				X	+	0	0	0	.	0	0	0
P	A	G	E	1			X	+	0	0	0	.	0	0	0

3. 按下“ENT”键，将 *A* 点 *X* 坐标设定为 *X* 轴零点。
4. 按下“NEXT PAGE”键进入 SET0 的第二屏：

S	E	T	0				Y	+	0	0	0	.	0	0	0
P	A	G	E	2			Y	+	0	0	0	.	0	0	0

5. 按下“ENT”键，将 *A* 点的 *Y* 坐标设定为 *Y* 轴零点。
6. 按下“EDIT”键，进入 EDIT 窗口：

E	D	I	T				X	+	0	0	0	.	0	0	0
N	0	0	1				Y	–	0	0	0	.	0	0	0

7．输入 *A* 点坐标 X＋000.000，Y＋000.000。

E	D	I	T				X	+	0	0	0	.	0	0	0
N	0	0	1				Y	+	0	0	0	.	0	0	0

8．按下“Next Page”键。

E	D	I	T				Z	+	0	0	0	.	0	0	0
N	0	0	1				P	0	0						

9．输入 *A* 点加工深度 Z－070.000，参数 P22。

E	D	I	T				Z	–	0	7	0	.	0	0	0
N	0	0	1				P	2	2						

10．此时如果“END”出现在屏幕上，可按下“Save”键使其消失。按下“Next Page”键，编辑 *B* 点。

E	D	I	T				X	+	0	0	0	.	0	0	0
N	0	0	2				Y	–	0	0	0	.	0	0	0

11．输入 *B* 点坐标 X＋050.000，Y＋000.000。

E	D	I	T				X	+	0	5	0	.	0	0	0
N	0	0	2				Y	+	0	0	0	.	0	0	0

12．按下“Next Page”键。

E	D	I	T				Z	+	0	0	0	.	0	0	0
N	0	0	2				P	0	0						

13．输入 *B* 点加工深度 Z－070.000，参数 P22。

E	D	I	T				Z	–	0	7	0	.	0	0	0
N	0	0	2				P	2	2						

14．按下“Next Page”键，编辑 *C* 点。

E	D	I	T				X	+	0	0	0	.	0	0	0
N	0	0	3				Y	–	0	0	0	.	0	0	0

15．输入 *C* 点坐标 X +050.000，Y -020.000。

E	D	I	T				X	+	0	5	0	.	0	0	0
N	0	0	3				Y	-	0	2	0	.	0	0	0

16．按下“Next Page”键。

E	D	I	T				Z	+	0	0	0	.	0	0	0
N	0	0	3				P	0	0						

17．输入 *C* 点加工深度 Z -070.000，参数 P22。

E	D	I	T				Z	-	0	7	0	.	0	0	0
N	0	0	3				P	2	2						

18．按下“Next Page”键，编辑 *D* 点。

E	D	I	T				X	+	0	0	0	.	0	0	0
N	0	0	4				Y	-	0	0	0	.	0	0	0

19．输入 *D* 点坐标 X +000.000，Y -020.000。

E	D	I	T				X	+	0	0	0	.	0	0	0
N	0	0	4				Y	-	0	2	0	.	0	0	0

20．按下“Next Page”键。

E	D	I	T				Z	+	0	0	0	.	0	0	0
N	0	0	4				P	0	0						

21．输入 *D* 点加工深度 Z -070.000，参数 P22。

E	D	I	T				Z	-	0	7	0	.	0	0	0
N	0	0	4				P	2	2						

22．按下“Save”键结束编程。

E	D	I	T				Z	-	0	7	0	.	0	0	0
N	0	0	4				P	2	2	E	N	D			

23．将电极管移到 *A*、*B*、*C*、*D* 之外的感知点 *S*，按下“SET0”键，连续按两次“Next Page”键进入 SET0 的第三屏。

S	E	T	0				Z	+	0	0	0	.	0	0	0
P	A	G	E	3			Z	+	0	0	0	.	0	0	0

24. 根据上述计算，电极损耗 $w=h\times\delta=28\sim28.8$ mm。为保证电极管在加工到指定深度后能完全退出工件，并且又不退出导向器，电极损耗补偿值 c 应留出余量 3～8 mm，此处可将电极损耗补偿值设为 $c=25$ mm。因此，输入 Z +025.000。

S	E	T	0				Z	+	0	0	0	.	0	0	0
P	A	G	E	3			Z	+	0	2	5	.	0	0	0

25. 按下“ENT”键，确定电极损耗补偿值。

S	E	T	0	Z	+	0	2	5	.	0	0	0	
P	A	G	E	3	Z	+	0	2	5	.	0	0	0

26. 按下“Next Page”键。

S	E	T	0	S	p	e	c	i	a	l	F
P	A	G	E	4	F	N	O	T	U	S	E

27. “F”后输入“30”。

S	E	T	0	S	p	e	c	i	a	l	F		
P	A	G	E	4	F	3	0	N	O	T	U	S	E

28. 按下“ENT”键，将当前点 S 设为接触感知参考点。

29. 按下“MANU”键，将 Z 轴抬起 1～2 mm，以免因为电极接触工件而不能开始加工。按下“EDIT”键，回到“EDIT”第一屏。

E	D	I	T	X	+	0	0	0	.	0	0	0
N	0	0	1	Y	–	0	0	0	.	0	0	0

30. 按下“AUTO”键，窗口自动转到 MANU 窗口的第二屏。

M	A	N	U	.	Z	+	0	0	2	.	0	0	0
P	A	G	E	2	S	T	U	.					

高压水自动打开，悬转轴自动旋转，Z 轴开始用 P22 参数向负向加工直到 –070.000 mm。Z 轴坐标开始向 –070.000 变化。在第一行第五列将出现“☺”符号，表明正处于自动加工中。

31. 加工到 –070.000 后，A 点加工结束，Z 轴自动回到比加工起始点低 c 的位置（其

中 c 为电极损耗补偿值）。

32. 机床自动按先 X 轴、后 Y 轴的顺序移到 B 点。加工 B 点前电极管首先回到接触感知参考点 S，感知定零后再自动移到 B 点，并自动开始加工 B 点。如此顺序，直到 D 点加工结束。加工结束后在第一行第五列的“☺”符号消失，表明自动加工结束。

加工过程中还应该注意：

（1）多孔加工时，电极损耗补偿会使 Z 轴压到 Z 轴极限开关，此时可按下“OFF”键，使“☺”符号消失后，再手动使 Z 轴升至最高点，更换电极后，记住当前点坐标，进入“EDIT”按下“Next Page”键，直到当前点坐标，再按下“AUTO”键，继续其余孔的加工。

（2）更换电极后，如当前孔位没有加工完毕，机床会继续把当前孔加工完成，此时回退可能不能退出孔外，可按下“OFF”键停止程序执行，手动移出当前孔再进入“EDIT”，按下“Next Page”键到下一点，再按下“AUTO”键，继续其余孔的加工。

思考与练习

1. 电火花小孔加工有哪些特点？
2. 电火花小孔机主要由哪几部分构成？
3. 电火花小孔机上的主轴伺服系统的作用是什么？
4. 电火花小孔机加工过程中产生的主要危害有哪些？
5. 电火花小孔机上的主要保护措施有哪些？
6. 电火花小孔机的机床清洁方式有哪些？
7. 如何调整电火花小孔机高压泵？
8. 如何选取电火花小孔机加工过程中 Z 轴的加工深度？
9. 电火花小孔机上的显示功能有哪些？
10. 简述电火花小孔机中电极管的装夹步骤。
11. 在电火花小孔机界面中出现“☺”符号代表什么含义？
12. 简述电火花小孔机中“Z+000.000”和“MZ+000.000”的区别。
13. 简述多孔自动加工中的主要注意事项。

第五章

CNC 雕刻加工

第一节　高速雕刻加工概论

CNC 雕刻技术是传统雕刻技术和现代数控技术相结合的产物，它秉承了传统雕刻精细轻巧、灵活自如的操作特点，同时又利用了现代数控加工中的自动化技术，将两者有机地结合在一起，成为一种先进的雕刻技术。

CNC 雕刻机集计算机辅助设计技术（CAD 技术）、计算机辅助制造技术（CAM 技术）、数控技术（NC 技术）、精密制造技术于一体。CNC 雕刻加工的主要特征集中表现为“少吃多跑”，即吃刀量小，转速高，以此来提高加工的质量。在这一节中除了介绍 CNC 雕刻加工的特征外，还要介绍高速加工的特征及其他相关知识。

一、高速加工

1．基本概况

高速切削和高速加工分别简称为 HSC 和 HSM。1931 年 4 月德国物理学家 Salomon 提出了高速切削理论：在常规切削速度范围内，切削温度随着切削速度的提高而升高，但切削速度提高到一定值后，切削温度不但不升高反而会降低，且该切削速度值与工件材料有关，如图 5—1 所示。

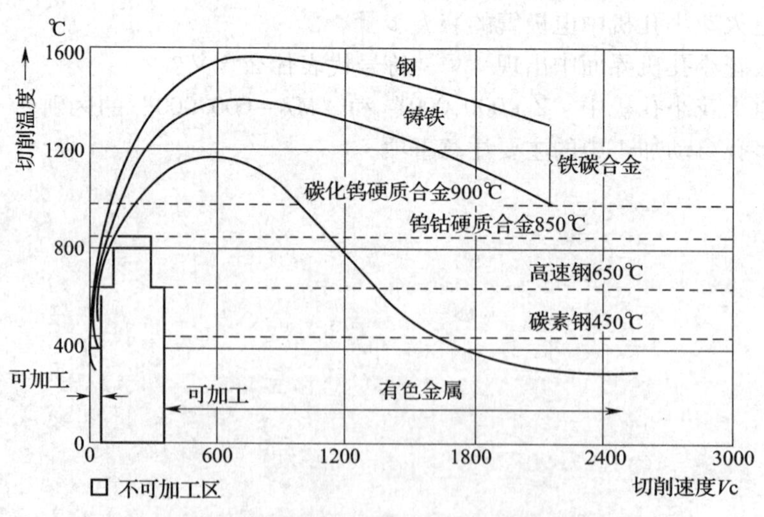

图 5—1　切削速度和切削温度及工件材料的关系

自从 Salomon 提出高速切削的概念以来，高速切削技术经历了高速切削理论探索、应用探索、初步应用和较成熟应用 4 个发展阶段，现已在生产中得到了一定地推广应用。那么，到底何谓高速切削呢？到目前仍是一个相对的概念，它主要是指采用超硬材料的刀具与磨具，实现主轴的高转速、高的进给速度以及高的进给加速度的自动化制造设备，极大地提高材料切除率，并保证加工精度和加工质量的现代制造加工技术。主轴的高转速和高的进给速度的关系可用下面的公式来表示：

主轴转速：$n = V_C/(\pi d)$

进给速度：$V_t = nZf_Z$

式中 f_Z——每一刀刃在一转中所切削的厚度，mm；

Z——刀具的刀刃数；

V_C——刀具的线速度，mm/min；

d——刀具的直径。

将 n 代入上式，得出进给速度：$V_t = (V_C Z f_Z)/(\pi d)$，由上述公式可以看出，在选定了刀具和切削用量的情况下，进给速度与主轴的转速成正比。因此，高速加工机床不仅要有高的主轴转速，也应具备与主轴转速相匹配的高的进给速度。此外，为了保证加工轮廓的高精度，机床还必须具备高的进给加速度，如果一台高速机床没有足够高的进给加速度，那么它就无法高速地进行高精度复杂曲面轮廓的加工，因为它不能满足加工复杂曲面时要根据不同的曲率半径在最短的时间内不断地调整进给速度的需要。因此，高速切削较传统切削具有以下特点：

（1）切除率高、生产效率高。

（2）切削力小。

（3）热变形小。

（4）精度高、表面质量高。

（5）工序较少。

（6）加工成本降低。

2. 发展趋势

高速切削加工技术的发展趋势可以从以下几个方面分析：

（1）零件毛坯制造技术

快速成形技术的实用化，将进一步提升目前的精铸、精锻及其他成形制造技术，使其几何尺寸精度能满足无切屑加工的要求，其材料的选择将适应绿色制造工程的技术要求，零件材料的可加工性能也将适应高速切削技术的要求。

（2）刀具技术

制造业中将普遍应用高速干式切削技术。

（3）机床技术

随着数控系统、关键功能部件和网络通信技术的发展与完善，企业将促使多轴联动、多面高速加工技术以及车、铣功能为一体的复合加工中心技术达到实用化；相应地出现各类数控专用高效率加工机床，也将更加广泛地应用于激光技术与机械成形加工、切割加工领域；

机床数控系统的功能将会实施网络化通信与生产，进一步提高数控机床的利用率。

（4）自动生成线

自动生产线将由各类高速加工中心组成，并将大力发展柔性、敏捷制造工程技术。

（5）测量技术

随着高速加工系统工程技术的广泛应用，数字化 CCD、激光图形处理测量技术和随机在线高速测量技术将广泛应用于柔性生产线及数控专用高效率加工机床。

（6）网络技术

在不断进步的计算机技术的支持下，大力发展宽带网及网络安全技术，构建网络数控用于车间生产。

二、典型高速加工机床——“北京精雕”雕刻机

1. 基本概况

现在市面上高速加工机床的类型非常多，其中“北京精雕”雕刻机具有一定的代表性。图 5—2 所示为 Carver 400G 型雕刻机。Carver 400G 是北京精雕面向高标准的应用对象推出的精密型雕刻机，该款设备结构稳定，在合理的工艺条件下，加工产品的表面效果极佳。适合紫铜电极、各类铜模、小型钢模、铝首板等产品的加工。

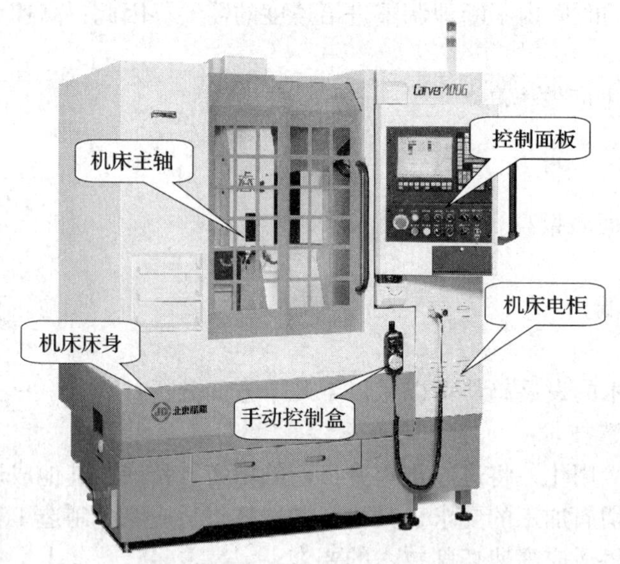

图 5—2　Carver 400G 型雕刻机

其主要参数指标有：

（1）$X/Y/Z$ 轴运动定位精度为 0.008/0.008/0.006 mm。

（2）$X/Y/Z$ 轴工作行程 400/400/200 mm。

（3）工作台尺寸为 490 mm × 430 mm。

（4）最高切削进给速度为 6 m/min。

（5）最高主轴转速为 42 000 r/min。

（6）最大工作负重为 200 kg。

2．加工实例

（1）图 5—3 所示为手机外壳模具加工过程。刀具选择 *R*0.5 mm 球刀，主轴转速设置为 26 000 r/min，切削进给速度定为 1 m/min，材料为模具钢 2738。最终加工成图 5—4 所示的手机外壳模具成品。

图 5—3 手机外壳模具加工

图 5—4 手机外壳模具成品

（2）图 5—5 所示为紫铜面具加工过程。刀具选择 *R*0.5 mm 球刀，主轴转速设置为 26 000 r/min，切削进给速度定为 1.2 m/min，材料为紫铜。最终加工成图 5—6 所示的紫铜面具成品。

图 5—5 紫铜面具加工

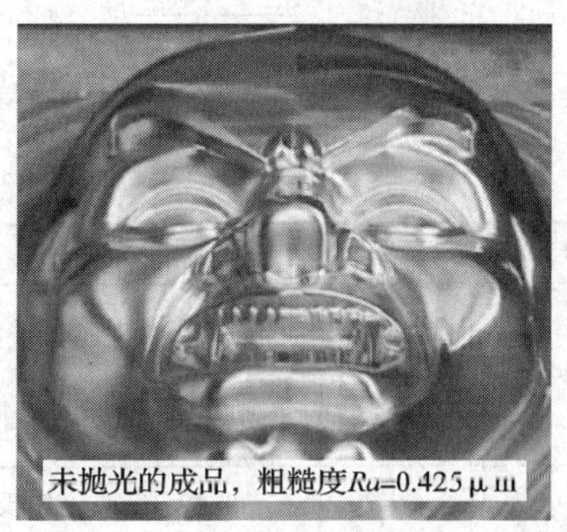

图 5—6 紫铜面具成品

3．CNC 雕刻机的特点

CNC 雕刻机是一种小型数控机床，目前的 CNC 雕刻机基本上具备了数控机床的所有特点，它由机械部分、控制部分、软件部分三大部分组成，代表了当今机电产品的发展方向。机电产品可以看作是这三个技术的集成，集成得好，产品就有优势，并能最终赢得市场。

CNC 雕刻在弥补手工雕刻和传统数控加工的不足之处的同时，也吸取了两者的优点，形成自己的加工特点：

（1）CNC 雕刻加工对象的特征是尺寸小，形态复杂，成品要求精细。

（2）CNC 雕刻加工具有浮雕加工工艺特点。

（3）劳动强度低，自动化程度高，对操作人员的依赖较小。

（4）CNC 雕刻加工的原理是高速铣削加工。

4．CNC 雕刻流程

CNC 雕刻过程中涉及 CAD 技术、CAM 技术、NC 技术、CNC 雕刻机和技术支持等许多方面，缺少任何一个方面，都会造成生产过程不畅通，甚至导致整个生产瘫痪。所以，当提起 CNC 雕刻时，应当从整体上理解 CNC 雕刻，更准确地讲应该将它称为 CNC 雕刻系统。

图 5—7 所示的是一个典型 CNC 雕刻系统的流程图，其详细说明见表 5—1。

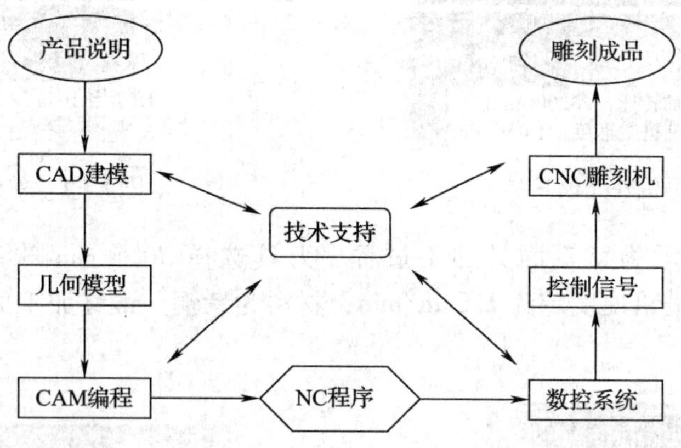

图 5—7 CNC 雕刻系统流程图

表 5—1　　CNC 雕刻系统流程的说明

项目	说　明
产品说明	包括加工材料、几何外形、雕刻精度等一系列产品的生产说明，产品的种类、型号不同，相应的说明书的详细程度也不尽相同。雕刻行业的产品主要集中在一些小模具加工、文字图案雕刻等方面，普遍要求产品生产周期短，以便迅速适应市场变化
CAD 建模	一般都是在专业雕刻软件上实现的，利用雕刻软件提供的绘图、建模工具，可以将产品说明中的文字说明变成产品数据模型
几何模型	一种可供计算机处理的电子数据，包括产品的外形和尺寸，它既是 CAD 建模的处理结果，也是 CAM 数据编程的原始数据
CAM 编程	一般是在专业的雕刻软件上实现的，利用雕刻软件提供的各种数控编程手段，可以根据产品的形状、材料、雕刻要求等规划出合理的工艺方案，选择合适的雕刻手段，生成实际的刀具轨迹，最终形成控制雕刻机进给运动和工作状态的 NC 程序或轨迹文件

续表

项目	说　明
NC 程序	实际上就是有序的控制指令集，包括使用的刀具、主轴转速、进给速度、冷却状态、刀具位置、走刀方式等控制指令。因为 NC 程序的主要内容是刀具运动位置信息，所以通常也称为刀具路径。NC 程序是凝聚了雕刻人员分析、设计、工艺规划等一系列工作的劳动成果
控制信号	数控系统将 NC 程序解释成控制信号，输送到 CNC 雕刻机上，控制雕刻机的主轴和刀具运动，最终完成产品的雕刻作业，这个过程都是自动完成的

5. 雕刻产品的评价

针对不同类型的雕刻产品有不同的评价指标。模具行业属于工业领域，对产品的雕刻区域的精确评价指标主要有三个：轮廓清晰度、表面粗糙度和尺寸精度。

(1) 雕刻区域的轮廓清晰度

在国家计量标准中没有雕刻区域的轮廓清晰度这项指标，这可以说是雕刻加工的特殊产物，但是它却是目前衡量加工产品质量的重要指标，而且目前没有太好的方法可以测量，只能用肉眼看或者借助放大镜来检查，正规企业主要使用高倍数的放大镜来评测。

使用放大镜主要是观察两个方面：一是雕刻区域边缘有无由于抖动造成的不光滑痕迹，对于薄壁零件主要检查壁厚是否均匀，有无倒壁现象；另一方面是观察雕刻区的侧壁有无“啃刀”的痕迹，俗称“狗齿”，这两个现象直接反映出加工方法和设备的精度问题。

(2) 雕刻区域的表面粗糙度

雕刻区域的表面粗糙度也就是旧的计量标准中经常说的表面光洁度。该指标主要是衡量切削材料的残料最高点和最低点的高度差，标准的评测方法是与标准样块进行比较，国际上按照车、铣、刨、磨工艺给出了标准样块。CNC 雕刻机虽然是铣削加工，但由于使用“少吃快跑”的加工方法，使得切削残留高度小，加上切削时激振频率远高于机床固有频率，因而工艺系统振动小，从而降低了表面粗糙度，能得到更加光滑的零件表面。经过 CNC 雕刻机加工后的工件表面，其加工效果与磨削加工的效果相似。所以，在评定 CNC 雕刻机的加工表面效果时应套用磨削加工的标准，雕刻表面粗糙度值可低于 $Ra1.6\ \mu m$。

比较简单的方法可采用肉眼观察和使用圆珠笔来定性判断表面粗糙度的好坏。如果表面刀花很乱，或用圆珠笔沿着表面划时感到十分粗糙，说明表面粗糙度数值较大。

(3) 雕刻区域的尺寸精度

尺寸精度是常规机械加工的基本评定项目，使用的测量工具是长度测量仪，如卡尺、高精度直尺等。

评定雕刻区尺寸精度使用的工具除了常规的卡尺外，还应使用显微镜。一般字高、线宽等指标的测量应使用高倍数、带标尺的显微镜。

第二节　刃磨雕刻加工中的锥度刀具

在实际加工中刀具和机床的发展是相辅相成、相互促进的，在机床、材料和刀具三者之间刀具是最为活跃的因素，再先进的数控机床，没有合适的刀具，也犹如一堆废铁。“工欲善其事，必先利其器”也说明这个道理。因此，在实际加工中必须具有正确认识和合理选择刀具的意识，并应该对此加以重视。

雕刻加工中的刀具类型有很多，其中锥度刀具主要靠手工刃磨制作，所以必须熟练掌握锥度刀具的制作方法。

刀具的尺寸精度是 CNC 雕刻的基准，所有以辅助计算为核心的数控加工系统，都是以精确的尺寸为基础的，当前各类数控加工系统均没有人类灵活的修正能力，刀具是实现数控系统精密加工的基本执行单元，它的尺寸必须准确，否则数控加工就没有任何意义。

也可以说，雕刻软件的路径编程是在最为理想和正确的状态下生成的雕刻路径。而在实际加工中数控系统自身并没有刀具的检测功能，刀具是否与设置的一致，则完全取决于操作人员对刀具的正确认识和判断。如果刀具的偏差超出加工要求的范围，势必会带来种种加工问题。例如断刀频繁、刀具不耐磨、加工声音太大、加工产品的尺寸偏差不符合要求、存在明显的“过切”与“欠切”现象、线条加工不直与粗细不均匀、加工侧边有毛边、加工的侧面或底面不光滑等。

一、锥刀的结构特点

1. 锥刀的两个刀刃和三个刀面

锥刀有两个切削刃，分别是底刃和侧刃，如图 5—8 所示。切削刃是锥刀参与切削的部分，其中，底刃用于切削底面，侧刃用于切削侧面。

锥刀的端部含有三个刀面，分别是前刀面、后刀面和副后刀面，如图 5—9 所示。三个刀面是在刀具磨制过程的三个步骤中得到的。前刀面是在刀坯开半径后产生的。后刀面是在磨制后角和锥角时产生的。副后刀面是根据副后角和副刃后角的大小点取刀尖后产生的。

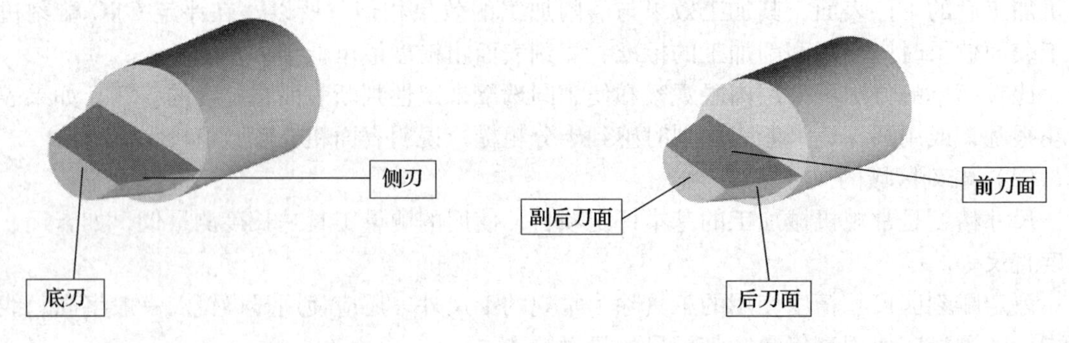

图 5—8 锥刀的刀刃部分　　图 5—9 锥刀的刀面部分

2. 锥刀角度

锥刀含有四个角度，分别是主刃偏角（半锥角）、后角、副后角和副刃偏角，如图 5—10 所示。

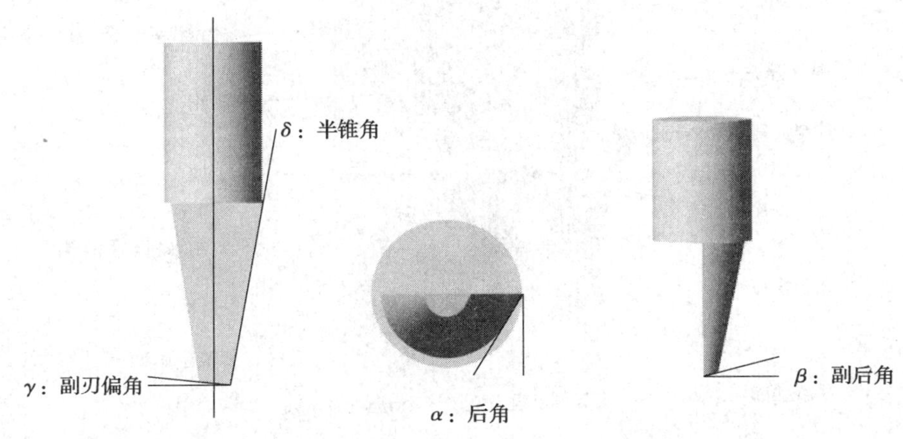

图 5—10 锥刀的角度

（1）主刃偏角。主刃偏角的 2 倍就是锥度刀的刃全角，即锥角或锥度。加工时，主刃偏角就是工件的侧面角度。主刃偏角的大小和刀具强度成正比。

（2）后角。后角是后刀面与切削平面间的夹角。后角的主要作用是减小切削过程中后刀面与加工表面之间的摩擦，后角的大小还影响作用在后刀面上的力、后刀面与工件的接触长度以及后刀面的磨损强度，因而它对刀具耐用度和加工表面质量有很大影响。后角越大，相应地刀具也就越锋利；但后角越大，刀具的强度也越低。

（3）副后角。与后角的作用相同，它可以减小副后刀面与加工表面之间的摩擦。副后角越大，刀具越锋利。

（4）副刃偏角。副刃偏角影响排屑，同时副刃偏角大于 5°将会导致加工出来的工件底面不平。刀具中心的切削线速度为零，没有切削能力，如果刀具中心首先接触材料，将会造成刀具磨损，并对主轴电动机造成伤害。

综上所述，后角、副后角、副刃偏角都较大的刀具比较锋利，适合于加工非金属或有色金属材料，而且断屑效果较好；反之，后角、副后角、副刃偏角都较小的刀具强度相对较好，适合于加工硬质合金材料，且加工过程中不易断刀。

二、磨刀机功能与结构

CNC 雕刻刀具的磨制一般使用小型万能磨刀机，本教材以昆明铣床厂生产的 KXM10 C 型万能磨刀机为例进行介绍，图 5—11 所示为磨刀机的构造。

磨刀机可以对刀坯进行开半、磨制角度、磨制圆弧等一系列操作。用它可以磨制的刀具包括开半锥度刀、开半单刃平底刀、三棱锥刀、双刃直槽平底刀、双刃直槽牛鼻刀、双刃直槽球头刀以及双刃直槽锥度牛鼻（球头）刀等多种类型。

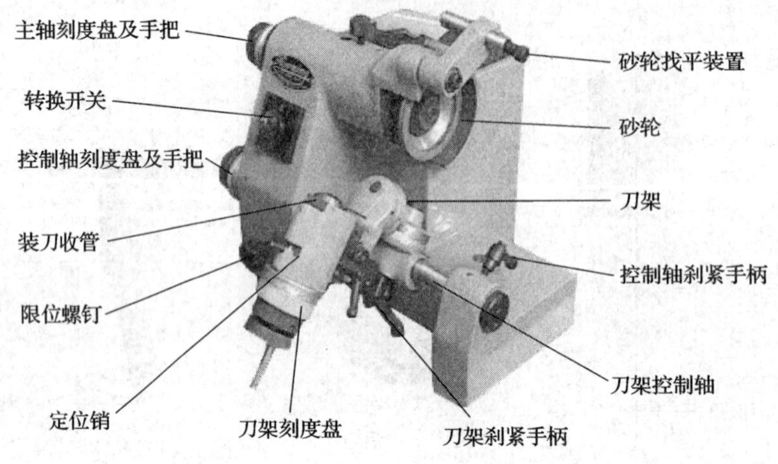

图 5—11　磨刀机的构造

三、刃磨锥度平底刀

1. 开半操作

开半（开半径）是锥刀磨制过程中的专有名称，是指将刀坯端部磨掉约一半材料的操作过程。

常用的刀坯为圆棒硬质合金材料，直径一般有 3. 175 mm、4 mm 等规格，其中 3. 175 mm 规格最为常用。开半直径按表 5—2 进行选取。

表 5—2　开半直径的选取

材料	α	β	γ	开半径（mm）
工具钢	12 ~ 15	5 ~ 10	3 ~ 5	1. 65
钢铁	20 ~ 15	10 ~ 15	3 ~ 5	1. 65
铸铁	25	15	3 ~ 5	1. 65
黄铜	30 ~ 40	15 ~ 20	3 ~ 5	1. 63
硬铝	35 ~ 40	20 ~ 25	3 ~ 5	1. 63
铝	30	15	3 ~ 5	1. 63
钛	35	15	3 ~ 5	1. 63
钛合金	25 ~ 35	10 ~ 15	3 ~ 5	1. 63
赛璐珞	45 ~ 60	20 ~ 25	3 ~ 5	1. 60
塑料	35	15	3 ~ 5	1. 60
木头	45 ~ 60	20 ~ 25	3 ~ 5	1. 60
双色板	45 ~ 60	20 ~ 25	3 ~ 5	1. 58
ABS 板	45 ~ 60	20 ~ 25	3 ~ 5	1. 58

开半操作步骤：

（1）刀架刻度盘调零。松开刀架刹紧手柄，刀架刻度盘刻度调到绝对零位，锁紧刀架刹紧手柄。

（2）收管刻度盘调零。定位销扳到最上位，旋转收管刻度盘至零位后，再将定位销扳到最下位。

（3）装刀坯。松开收管旋紧手柄，将刀坯插入收管，刀坯伸出收管外长度为 10 mm 左右，其余部分插入收管内并且保证长度不小于 8 mm，旋紧收管。

（4）调整刀坯前后位置。左手旋转限位螺钉，右手推动刀架，使收管距离砂轮外侧约为 2. 5 mm（目的是防止砂轮磨到收管），也就是刀坯圆柱面超出砂轮内边缘约为 2. 5 mm，如图 5—12 所示。

（5）控制轴刻度盘回零。转动控制轴手把使刀坯轻触砂轮面，仅转动控制轴刻度盘至零位。

（6）开半。基本动作是左手转动控制轴手把进给 1 格，右手握住刀架前后推磨一次，刀架绕控制轴转动范围是刀坯前端从砂轮外侧到砂轮内边缘顶住限位块为止，控制轴进给量可以做适量变化，以刀坯不发红、砂轮不明显掉速为原则，但要注意来回推动时不要过猛，操作如图 5—13 所示。

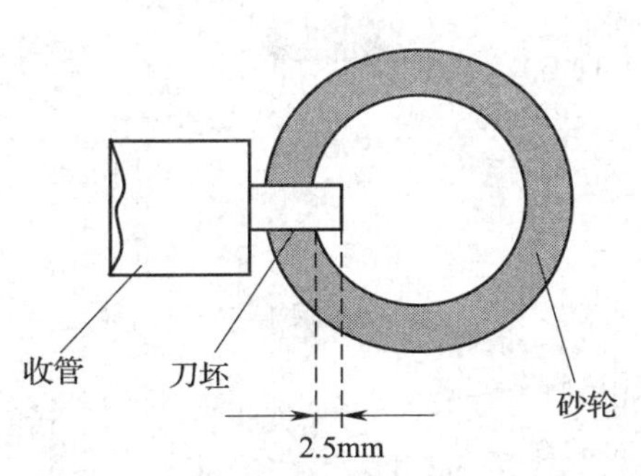

图 5—12　刀坯与砂轮的位置

图 5—13　开半操作

（7）精确测量。用千分尺测量开半尺寸，注意测量之前要验证千分尺“0”刻度是否准确，测量位置是刀坯在开半时超出砂轮内边缘的 2. 5 mm，也就是千分尺测量端圆面不能低于前端 2. 5 mm，如图 5—14 所示。测量时一定要用棘轮旋紧千分尺，测量 3 次，取平均值，以消除偶然误差。

2. 磨制后角和锥角的操作

开半完成后，以磨制 20°锥角为例介绍磨制后角和锥角的方法。

（1）磨制后角和锥角的精度要求及其鉴定标准

1）后角偏差在 ±0. 1°之内（后角的准确与否直接影响着锥角的准确性）。

2）肉眼观察时，刀刃是一条直线。因为刀刃如果不直，旋转时轨迹就不是一个圆锥。

3）正视前刀面，刀背半径小于主刃半径，也就是两边不对称，如图 5—15 所示。

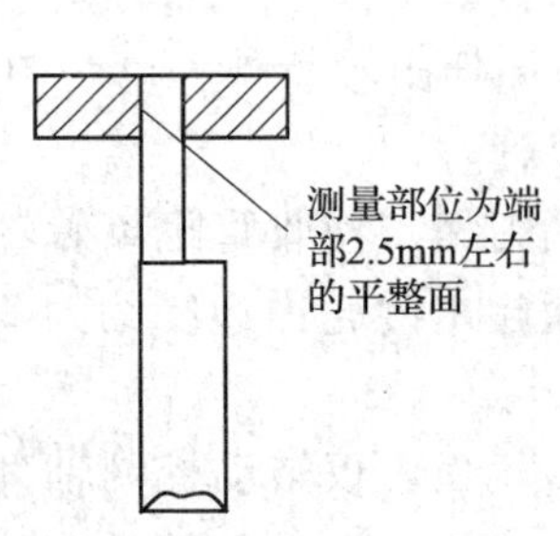

图 5—14　测量开半厚度的位置

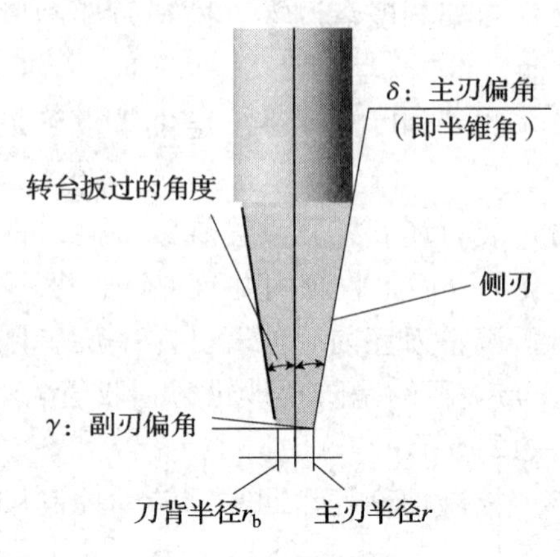

图 5—15　正视前刀面

4）磨出刀具的两边与相应锥度刀具“参数量块”刀形槽相吻合。参数量块是用于校验刀具角度参数的自制量具，其上有刀形槽，如图 5—16 所示。

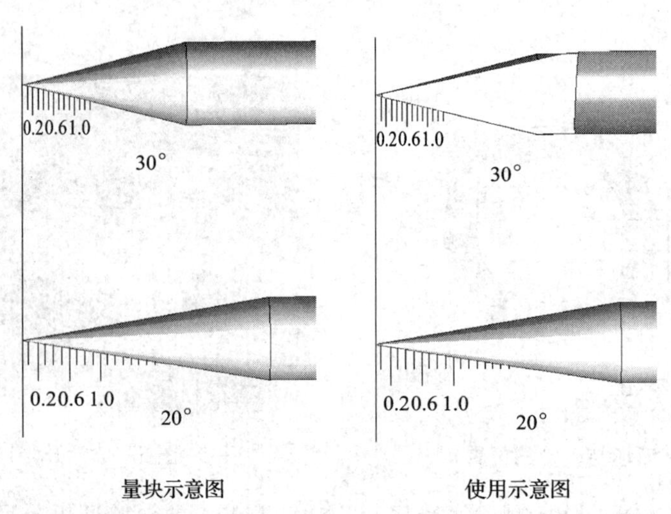

图 5—16　角度量块的使用

（2）刀具后角的确定

在锥刀结构介绍中已经知道锥刀的后角在一定程度上影响刀具是否锋利，由于加工材料对刀具的要求不同，就使得在磨刀的时候不能一成不变，而需根据不同的加工材料来磨制不同大小后角的锥度刀。

（3）刀架转台旋转角度的确定

在磨刀前已经知道要磨制的刀具的锥度大小，这个锥度实际上就是通过刀架转台旋转一定的角度得到的。只要知道锥刀的锥度和后角，通常可以采用查表 5—3 的方法得到刀架转台的旋转角度。比如本任务需要磨 20°锥角、后角 30°的刀，查表即为 8. 68°。

表 5—3　　锥角、后角与刀架转台所扳角度

后角 锥角	10°	15°	20°	25°	30°	35°	40°	45°	50°	55°	60°
10°	4.92°	4.83°	4.70°	4.53°	4.33°	4.10°	3.83°	3.54°	3.22°	2.87°	2.50°
15°	7.39°	7.25°	7.05°	6.80°	6.50°	6.16°	5.76°	5.32°	4.84°	4.32°	3.77°
20°	9.85°	9.67°	9.41°	9.08°	8.68°	8.22°	7.69°	7.11°	6.47°	5.78°	5.04°
25°	12.32°	12.09°	11.77°	11.36°	10.87°	10.29°	9.64°	8.91°	8.11°	7.25°	6.33°
30°	14.78°	14.51°	14.13°	13.65°	13.06°	12.38°	11.60°	10.73°	9.77°	8.74°	7.63°
35°	17.25°	16.94°	16.50°	15.95°	15.27°	14.48°	13.58°	12.57°	11.46°	10.25°	8.96°
40°	19.72°	19.37°	18.88°	18.26°	17.50°	16.60°	15.58°	14.43°	13.17°	11.79°	10.31°
45°	22.19°	21.81°	21.27°	20.58°	19.73°	18.74°	17.60°	16.32°	14.91°	13.36°	11.70°
50°	24.67°	24.25°	23.66°	22.91°	21.99°	20.91°	19.66°	18.25°	16.69°	14.97°	13.12°
55°	27.14°	26.69°	26.07°	25.26°	24.27°	23.09°	21.74°	20.21°	18.50°	16.62°	14.59°
60°	29.62°	29.15°	28.48°	27.62°	26.57°	25.31°	23.86°	22.21°	20.36°	18.32°	16.10°
65°	32.10°	31.61°	30.91°	30.00°	28.89°	27.56°	26.01°	24.25°	22.27°	20.07°	17.67°
70°	34.59°	34.07°	33.34°	32.40°	31.23°	29.84°	28.21°	26.34°	24.23°	21.88°	19.30°
75°	37.08°	36.55°	35.79°	34.82°	33.61°	32.15°	30.45°	28.48°	26.25°	23.76°	20.99°
80°	39.57°	39.03°	38.26°	37.25°	36.01°	34.50°	32.73°	30.68°	28.34°	25.70°	22.76°
85°	42.06°	41.51°	40.73°	39.71°	38.43°	36.89°	35.07°	32.94°	30.50°	27.73°	24.62°
90°	44.56°	44.01°	43.22°	42.19°	40.89°	39.32°	37.45°	35.26°	32.73°	29.84°	26.57°

（4）磨制过程

后角和锥角是同时磨制出来的，具体操作步骤如下：

1）旋转收管——确定后角磨制状态

松开定位销将收管顺时针转 90°，再转 30°就是要磨的 30°后角，定位销转到半锁状态，也就是收管只能在刻度盘 120°到 300°的 180°区间内自由转动，如图 5—17 所示。

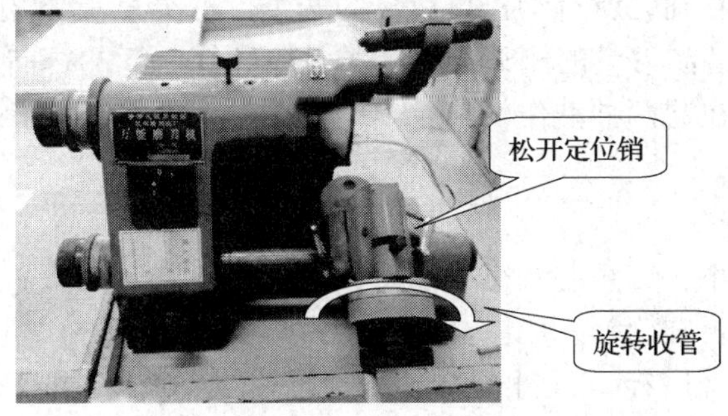

图 5—17　旋转收管

2）旋转刀架——确定锥角磨制状态

松开刀架刹紧手柄，调整刀架刻度盘至“0”准确位置时，转动刀架使刀架刻度旋转至8.68°，如图5—18所示。

图5—18　旋转刀架

3）调整刀坯位置

右手握住刀架前后推，左手调整控制轴手把，直到刀坯既碰不到砂轮但是又比较靠近，然后右手向前将刀架推到最前边，此时左手转动限位螺钉直到刀坯前端与砂轮内边缘平齐后停止。

4）磨制后刀面和锥度

①右手将刀架向前推并且使收管保持在120°刻度上，左手转动控制轴手把进行进给，当砂轮刚刚磨到刀坯时停止进给。

②控制轴进给0.05 mm。

③右手握住刀架并从刻度120°旋到300°，然后转回120°。

④调节限位螺钉，使刀架前伸1 mm左右，重复步骤③。

⑤重复步骤④直至砂轮磨不到刀坯，或者收管距离砂轮约2.5 mm时停止，重复步骤④。

⑥调节限位螺钉使刀坯前端再次与砂轮内边缘平齐。

⑦重复步骤②至⑥，直至刀坯前端磨出刀尖，或者前端尺寸略小于所需刀尖尺寸。

至此，刀具的后刀面和锥角的磨制就完成了，关闭磨刀机电源。

从以上步骤中可以看到，所有动作可以分为两类，一类是步骤②的进给控制轴，每次进给0.05 mm，此时是在磨制刀具的侧刃；另一类是步骤③~⑤的每向前推1 mm，旋转180°，此时是在磨制后刀面。在这两种动作的配合下，锥角和后刀面的磨制就完成了，如图5—19所示。

3. 点尖和测量操作

锥刀在开半径和后角、锥角磨制完毕以后，可以说才磨制完成了一半，后续的点尖在更大程度上决定了刀具是否准确、好用。

以对一把标称直径（底径）尺寸为0.6 mm、后角为30°的锥度平底刀的点尖为例来说明，其具体操作如下：

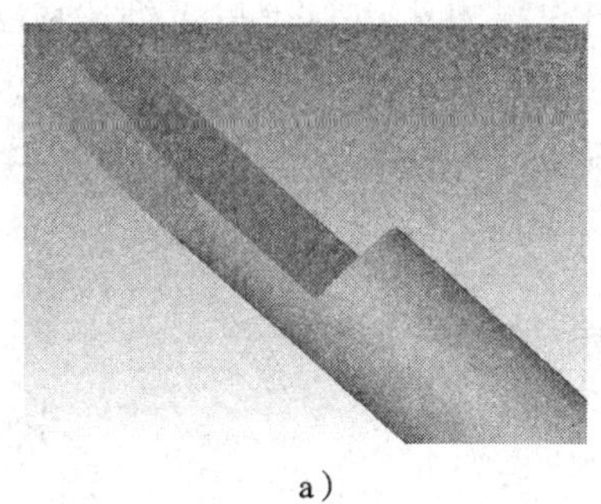
a）

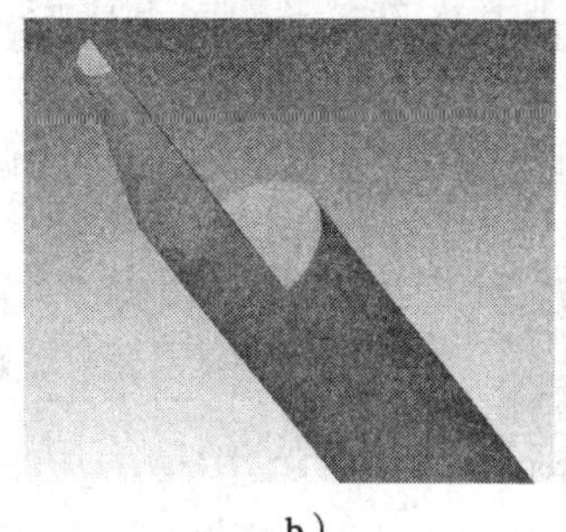
b）

图 5—19 锥角和后刀面
a）磨侧刃和半锥角 b）磨出后角和锥角

（1）查表求锥度平底刀刀尖宽度的测量值

常用刀具可以通过查表的方式得到其刀尖宽度测量值。通过查表 5—4 得到 30°后角、底径为 0.6 mm 的锥刀所对应的刀尖宽度测量值为 0.56 mm。

表 5—4 标称底刃直径与实测刀尖宽度的关系

后角 底径	10°	15°	20°	25°	30°	35°	40°	45°	50°	55°	60°
2.0	1.98	1.96	1.94	1.91	1.87	1.82	1.77	1.71	1.64	1.57	1.50
1.5	1.49	1.47	1.45	1.43	1.40	1.36	1.32	1.28	1.23	1.18	1.13
1.2	1.19	1.18	1.16	1.14	1.12	1.09	1.06	1.02	0.99	0.94	0.90
1.0	0.99	0.98	0.97	0.95	0.93	0.91	0.88	0.85	0.82	0.79	0.75
0.8	0.794	0.786	0.775	0.763	0.746	0.728	0.706	0.683	0.657	0.629	0.600
0.6	0.595	0.590	0.582	0.572	0.560	0.546	0.530	0.512	0.493	0.472	0.45
0.5	0.496	0.491	0.485	0.477	0.467	0.455	0.442	0.427	0.411	0.393	0.375
0.4	0.397	0.393	0.388	0.381	0.373	0.364	0.353	0.341	0.329	0.315	0.300
0.3	0.298	0.295	0.291	0.286	0.280	0.273	0.265	0.256	0.246	0.236	0.225
0.2	0.198	0.197	0.194	0.191	0.187	0.182	0.177	0.171	0.164	0.157	0.150
0.1	0.099	0.098	0.097	0.095	0.093	0.091	0.088	0.085	0.082	0.079	0.075

（2）点尖

点尖时调整磨刀机控制轴高度与肘部相当时比较合适，这样可以保证手部动作比较稳定，如图 5—20 所示。

图 5—20 点尖操作

下面将其分解为三个动作：

1）用左手食指托住刀坯前端，右手捏住刀柄，前刀面朝上，使开半面与水平面平行，刀坯轴心线平行于主轴轴心线，如图 5—21a 所示。

2）在此基础上，右手手腕向下压使刀尖抬起，刀坯轴心线与主轴线成20°夹角，如图5—21b所示。

3）右手手腕向外推，使刀坯轴心线偏向右，与主轴线夹角约3°，如图5—21c所示。

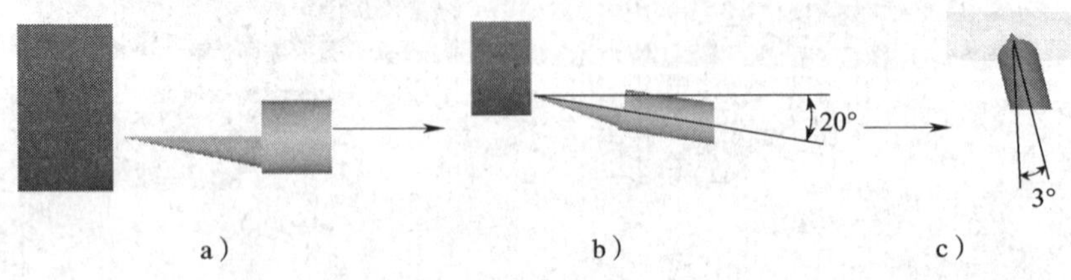

图5—21　点尖操作示意图

（3）测量刀尖

把刀放在平整桌面上或浅蓝色泡沫上，开半面向上，如图5—22所示。用40倍显微镜贴近刀面，图5—23所示为显微镜观察到的坐标图像，横向刻度轴刻度为0.05 mm/格。

图5—22　锥刀在桌面上的放置

用右眼观察，左手压住刀，右手扶住显微镜，并用拇指和食指调节调焦小轮，直到眼睛能够看清刀，这时轻轻移动刀，使刀尖左侧与显微镜标尺原点重合，底刃与横向刻度轴重合，通过前面查表得知此任务所磨锥刀的刀尖宽度为0.56 mm，即为11格左右，具体操作如图5—24所示。

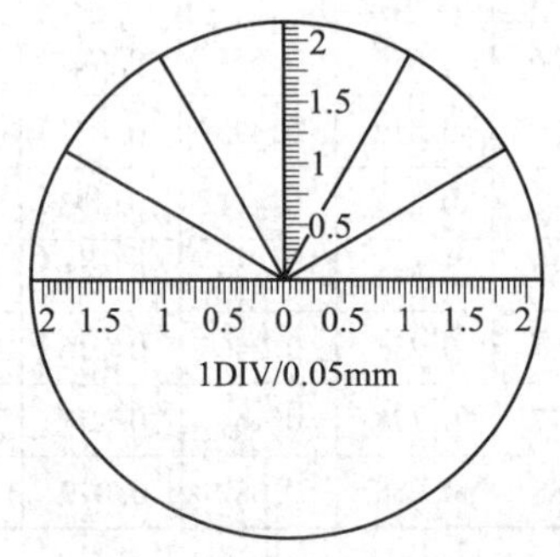

图5—23　40倍显微镜坐标成像

图5—24　测量刀尖

第三节　定位槽零件的雕刻加工

一、精雕机的基本操作

在精雕机主机开机屏幕上进入En3D雕刻控制功能界面，可以实现对精雕机的控制，包括手工控制机床运动、按路径文件进行加工、铣平面及其他特殊功能。雕刻控制界面可分为：程控参数显示区、系统状态显示区、手动参数显示区和功能按钮区。不同加工模块控制界面略有区别，图 5—25 所示为 3 轴雕刻控制模块界面。

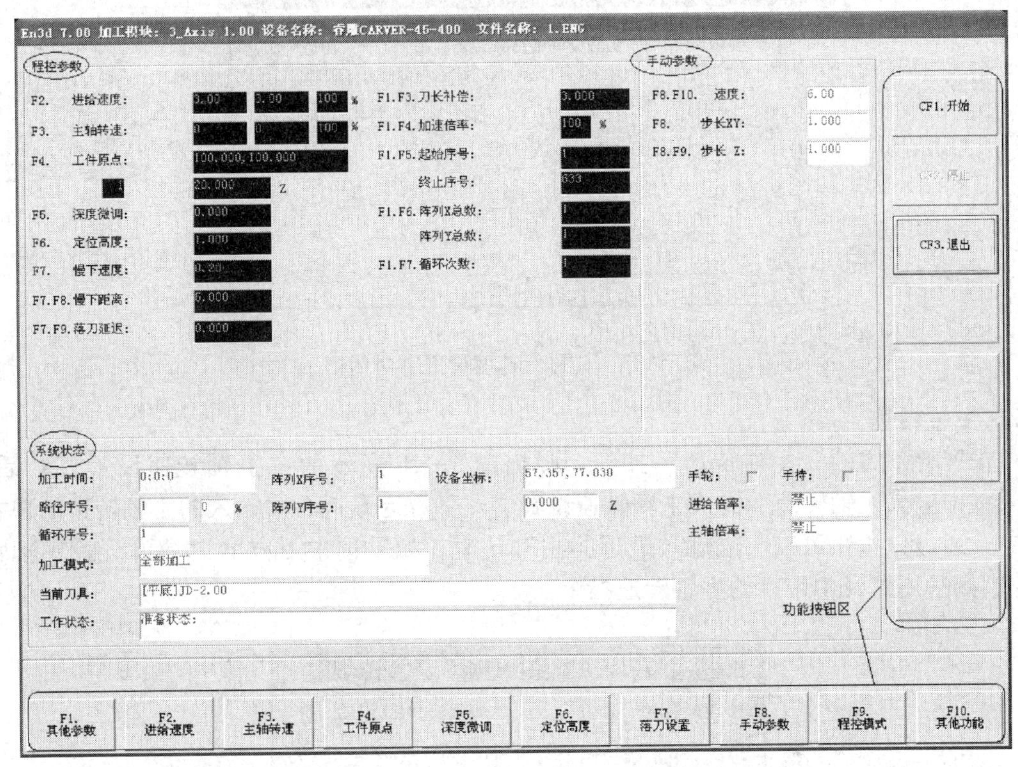

图 5—25　3 轴雕刻控制模块界面

1. 进给速度

进给速度是指在切削中刀具的移动速度。如图 5—26 所示，在该显示框内共有 3 个数值：第一个为设置时的输入值；第三个为进给倍率，进给倍率通过控制面板上的进给倍率旋钮调节；第二个为实际进给值，是第一个数值与第三个数值的乘积。进给速度的单位是 m/min。

图 5—26　进给速度显示框

进给速度设置通过单击屏幕下方的“进给速度”按钮，弹出图 5—27 所示的“进给速度设置”对话框。可以在文本框中输入进给速度与定位速度值，右上方的三个按钮记录了最近 3 次输入的进给速度值，可以通过该快捷方式输入最近的速度值。若选中“允许程控进给速度指令”复选框，则在加工中采用路径文件中的速度值，在控制界面中设置的进给速度值无效。

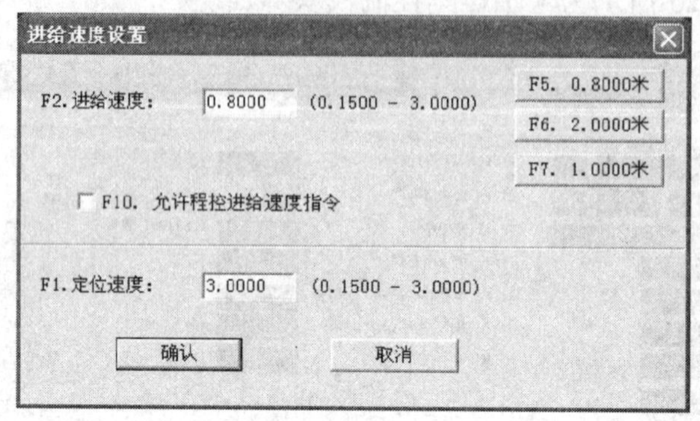

图 5—27　“进给速度设置”对话框

2. 主轴转速

单击屏幕下方的“主轴转速”按钮，弹出图 5—28 所示的“主轴转速设置”对话框。在输入框中输入主轴转速，完成主轴转速设置。左下方为最近 3 次输入的主轴转速的快捷输入按钮，通过该按钮可以快速输入最近的主轴转速。如果选中下方的“允许程控主轴转速指令”，则采用路径中带有的主轴转速指令。

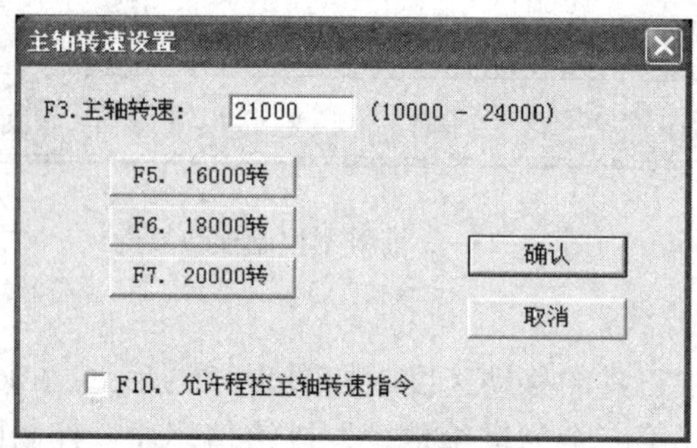

图 5—28　“主轴转速设置”对话框

3. 工件原点

工件原点的设置步骤：

（1）单击屏幕下方“工件原点”按钮，弹出图 5—29 所示的对话框。

（2）在 *X*、*Y* 和 *Z* 文本框中输入数值，单击“确定”按钮，便完成了对工件原点的设置。在图 5—30 的 *X*、*Y*、*Z* 值的设定中，支持加、减、乘、除四则运算。输入算术表达式后单击“计算”按钮，将计算出文本框内算术表达式的值。如果在输入算术表达式后单击“确定”按钮，则自动将表达式的值录入。在该对话框中单击“当前 XY”按钮，系统会自动将机床当前的 *X*、*Y* 坐标值，输入到原点 *X*、*Y* 文本框中；单击“当前 Z”按钮，系统自动将机床当前 *Z* 坐标值输入到原点 *Z* 输入框中。

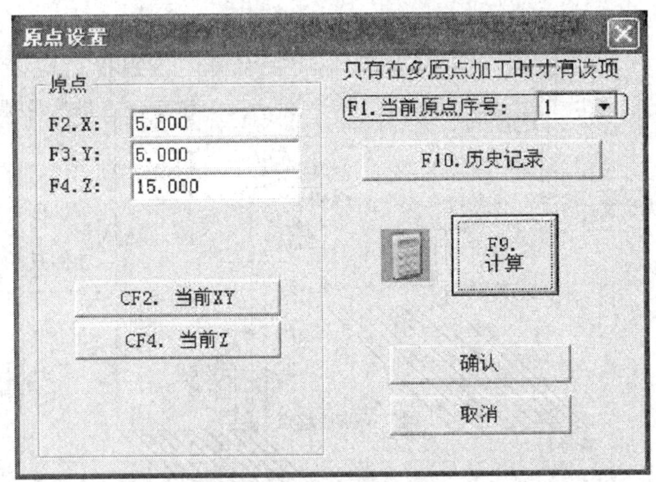

图 5—29　原点设置对话框

4．深度微调

在二维加工中，经常将工件原点定义在加工工件的表面，加工深度根据实际要求，在加工时通过设置“深度微调”值来定义；在三维雕刻中，可以通过设置“深度微调”来调整雕刻的深度。深度微调为正数，表示加工后的深度大于程序中给定的深度；深度微调为负数，表示加工后的深度小于程序中给定的深度。相差值为“深度微调”的绝对值。

“深度微调”的设置，单击屏幕下方“深度微调”按钮，弹出图 5—30 所示的“深度微调”设置对话框。在该对话框的文本框中输入深度值，支持加、减、乘、除四则运算。单击“确定”按钮完成设置。

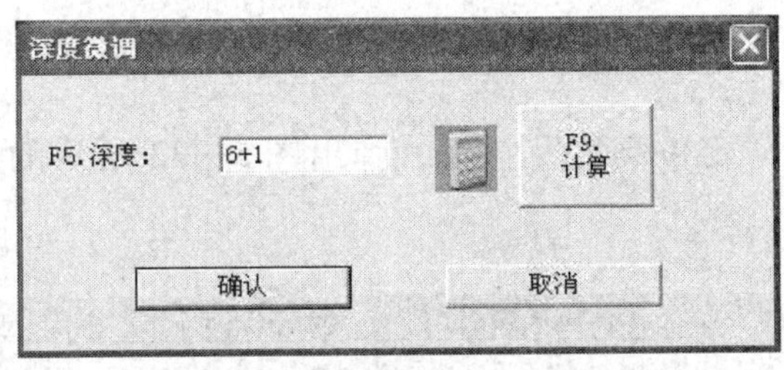

图 5—30　“深度微调”设置对话框

5．定位高度

设置合理的定位高度，同时还需要清楚精雕雕刻的加工流程，加工流程示意图如图 5—31 所示。

（1）精雕雕刻加工流程

1）开始加工后，首先机头向上以“定位速度”，回到机床 Z 轴设备原点，然后平移到进刀位置的 X、Y 处。

2）机头向下以“定位速度”运动到当前序号路径起点 Z（不是工件原点 Z）上方“慢下距离”高度的位置。

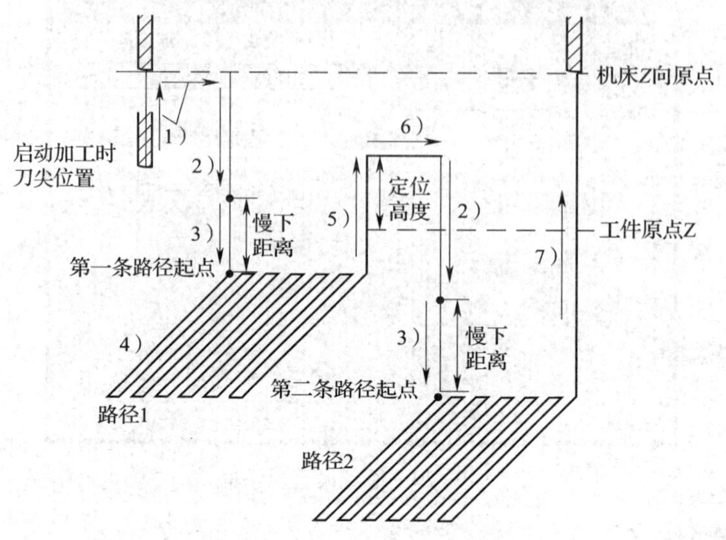

图 5—31　精雕雕刻加工流程

3）主轴 *Z* 向变速，以“慢下速度”开始进刀运动，一直到加工深度处。

4）此时机床停止运动“落刀延迟”时间后，按照路径进行切削运动。

5）当前路径加工完毕后，机头向上以“定位速度”，回到 *Z* 轴“工件原点”以上“定位高度”处。

6）主轴机头以“定位速度”平移到下一序号路径 *X*、*Y* 起点处。之后重复上述步骤。

7）当进行完最后一条路径后，机头向上以“定位速度”抬刀至 *Z* 轴设备原点停止加工。

（2）定位高度的设置

1）单击屏幕下方的“定位高度”按钮，弹出图 5—32 所示的“定位高度”设置对话框。

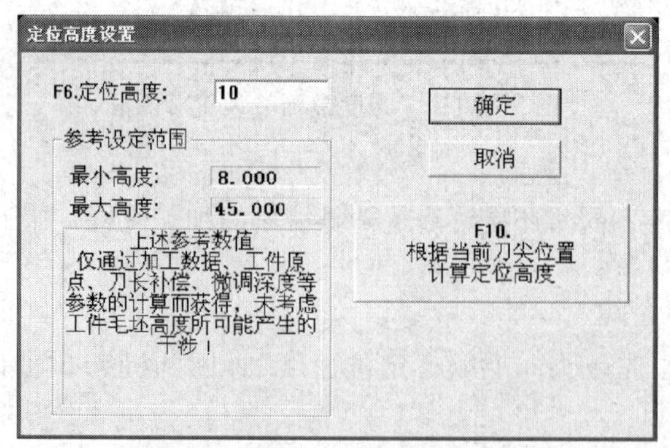

图 5—32　“定位高度设置”对话框

2）在“定位高度”文本框中输入数值，也可以单击“根据当前刀尖位置计算定位高度”按钮自动计算定位高度，自动计算的定位高度值，将保证抬刀后的高度为当前的刀尖位置，所以在该功能时应该将刀具停止在安全的快速抬刀高度。在定位高度设置对话框内还给出了定位高度的参考范围，可以参照该值进行设置。

6. 慢下速度、慢下距离和落刀延迟

单击屏幕下方的“落刀设置”按钮，弹出图 5—33 所示的落刀设置对话框。输入对应的数值，单击“确定”按钮，完成设置。

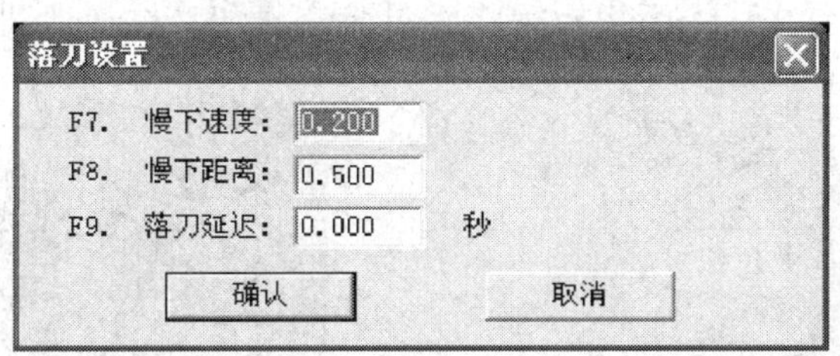

图 5—33 落刀设置对话框

（1）慢下速度是指机头以较慢的速度靠近工件加工路径起点处。

（2）慢下距离是指设定一距离靠近加工路径起点处，使机头以较慢速度运行到加工起点处。

（3）落刀延迟是指刀尖以较慢速度运行接触到加工路径起点位置时，没有立刻加工，而是延迟一定的时间再加工，以避免因慢下路线方向和加工路径起始方向不一致，以及慢下速度和加工路径起始速度不一致，而导致加工路径起始位置的加工质量不高。

二、实例操作

在生产制造中，人们经常会碰到对于过薄的板件难以用普通夹具直接装夹加工。这时通常会设计在一个较大备料中加工定位槽，再将薄板件嵌入其中进行定位后加工。这样做可以将定位槽的工件原点和被加工薄板零件的中心重合，从而避免重新对刀过程，而且大大减小定位误差。现在就用精雕雕刻机加工图 5—34 所示的定位槽零件，零件材料为铝材。

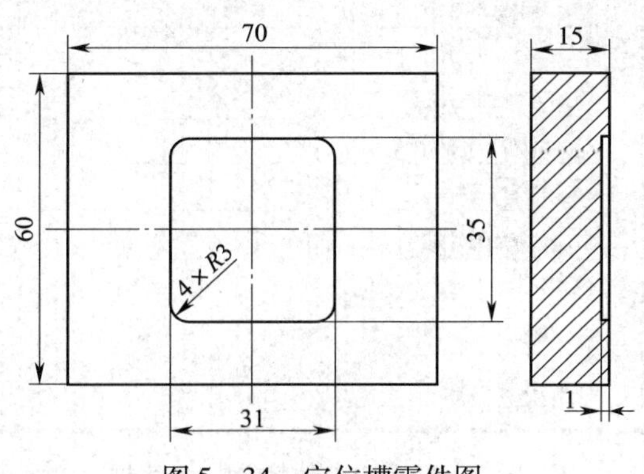

图 5—34 定位槽零件图

在该实例中主要是加工一个 31 mm×35 mm×1 mm 的长方体槽。四边角半径为 *R*3 mm，可选择 *R*3 刀具加工。加工这样的长方体槽不需要在设计软件里编制加工路径，利用精雕雕刻机的铣削平面功能就可以直接加工。具体步骤如下：

1．刀具装夹

此实例加工的轮廓边界上有四个 *R*3 mm 的圆角，需要选择 *R*3 mm 的平底刀。刀具的装夹如图 5—35 所示，先将 *R*3 mm 的平底刀安放于夹头中，再一起放置在压帽中，通常刀具夹入部分的长度占整个刀具长度的 30% 左右，也可根据实际加工需要和刀具质量来适当调整。再按照图 5—36 所示，利用两把扳手将刀具装夹于机床主轴上即可。

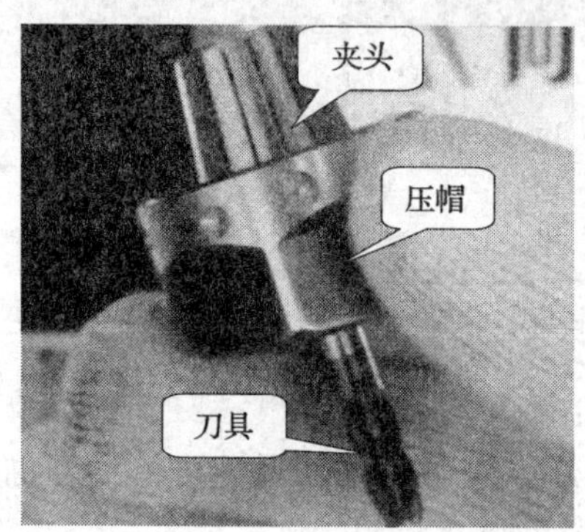

图 5—35　刀具的装夹

图 5—36　刀具装夹在主轴上

2．工件的装夹与对刀

此实例中所加工坯料为长方体零件，可以使用普通机用平口钳装夹，工件装夹于钳口大致中间位置即可。若此实例中将定位槽型腔加工在整个工件的几何中心位置，就需要在对刀的过程中将工件的几何中心定义为加工原点。在软件的主界面中单击“其他功能”按钮打开图 5—37 所示的其他功能对话框，单击其中的“分中”按钮，打开“寻找中心”对话框，如图 5—38 所示。

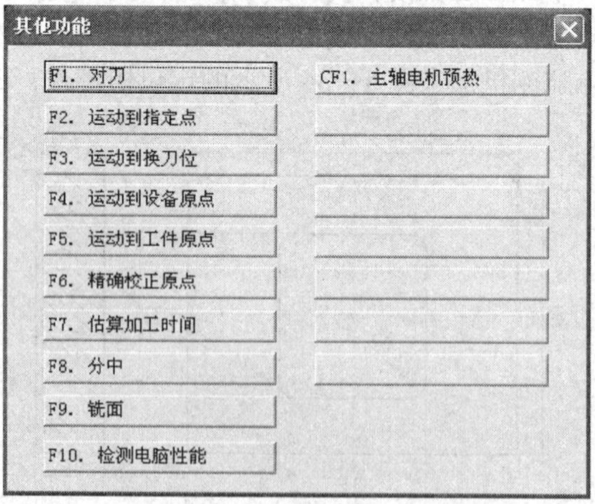

其他功能

F1. 对刀　　CF1. 主轴电机预热
F2. 运动到指定点
F3. 运动到换刀位
F4. 运动到设备原点
F5. 运动到工件原点
F6. 精确校正原点
F7. 估算加工时间
F8. 分中
F9. 铣面
F10. 检测电脑性能

图 5—37　“其他功能”对话框

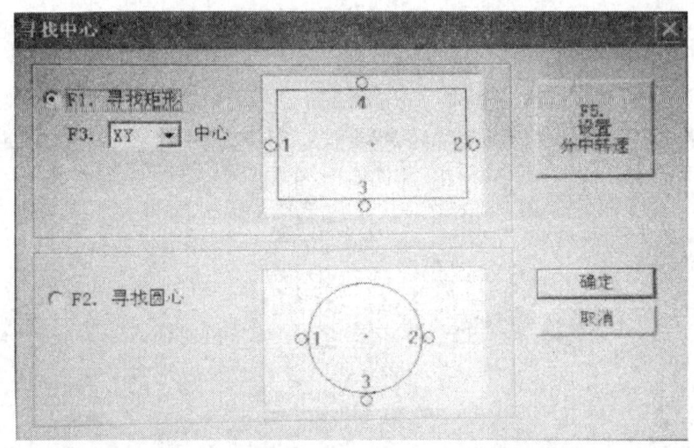

图 5—38 “寻找中心”对话框

（1）使主轴以低转速旋转。

（2）进入“寻找中心”对话框选择“寻找矩形”单选按钮，依次将刀具轻碰工件的左、右、前、后四个面，如图 5—39 所示。在图 5—40 所示的“寻找矩形中心”对话框中单击“下一步”按钮确认 *X* 轴双向、*Y* 轴双向四个坐标值。系统会自动计算出工件原点坐标并记录。

图 5—39 寻找矩形中心的操作

图 5—40 “寻找矩形中心”对话框

(3) 使刀具以较慢的速度轻碰到上平面，设置当前 Z 轴的坐标作为工件编程坐标原点，如图 5—41 所示。

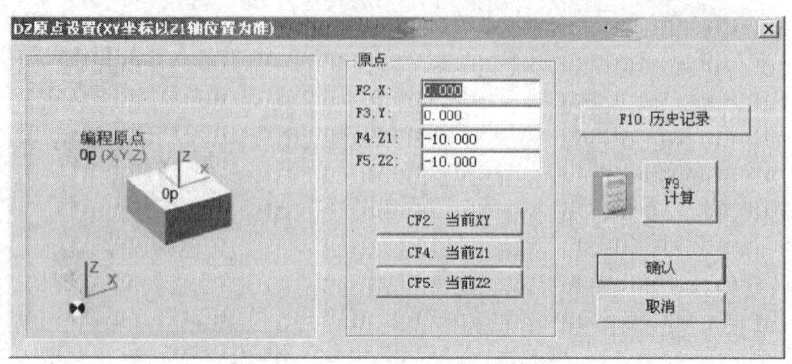

图 5—41　“原点设置”对话框

3．铣平面操作

基本步骤为设置合理的铣平面参数，在控制面板上选择相应的切削要素，加工符合要求的零件。

(1) 在上述“其他功能”对话框中单击“铣面”按钮打开“铣面参数设置”对话框，如图 5—42 所示。按此任务加工零件图及加工工艺分别设置如下：

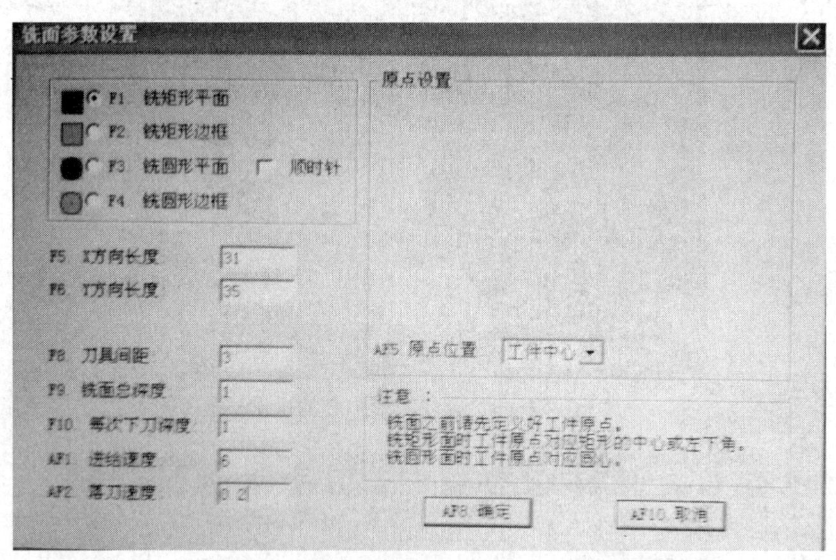

图 5—42　“铣面参数设置”对话框

1) 原点位置设置在“工件中心”。

2) 铣面的类型为“铣矩形平面”。

3)“X 方向长度”为 31 mm，“Y 方向长度”为 35 mm。

4）“刀具间距”为刀具直径的一半，即 3 mm，“铣面总深度”为 1 mm，“每次下刀深度”为 1 mm。

（2）控制面板按钮状态，图 5—43 所示为机床控制面板的部分。

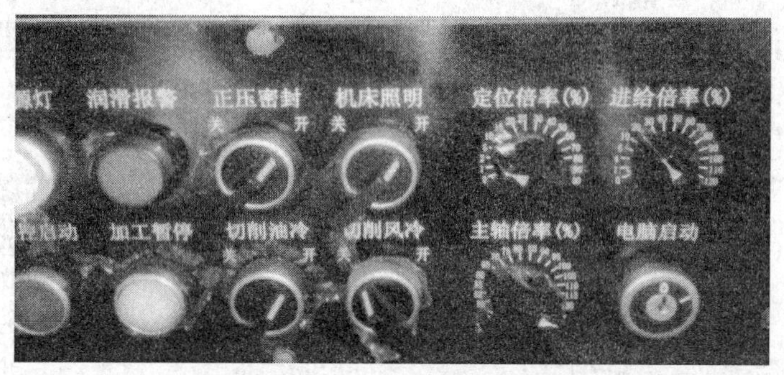

图 5—43　机床控制面板

1）加工之前需打开“正压密封”开关，否则系统无法加工。

2）打开“切削油冷”，保护刀具，使其充分冷却、润滑。

3）根据切削情况，分别调整“定位倍率”、“进给倍率”、“主轴倍率”三个旋钮至合理的倍率。

（3）加工出符合要求的零件，如图 5—44 所示。

图 5—44　加工完成的零件

第四节　系徽纪念品的雕刻加工

一、精雕软件基本功能

JDPaint 软件是精雕科技多年来一直致力于研制开发的、具有自主版权的、功能强大的专业雕刻 CAD/CAM 软件。这是国内最早的专业雕刻软件。JDPaint 是 CNC 数控雕刻系统正常运作的保证，也是有效提高 CNC 雕刻系统使用效率和产品质量的保证。JDPaint 专业雕刻软件经过多年的发展完善，功能日趋丰富强大，特别是 2001 年推出的 JDPaint 4.0，它在操作流程、用户界面、图形编辑、艺术造型、曲面造型、数控雕刻等方面都有了质的提高，不仅突破了如曲面浮雕、等量切削等多项关键雕刻设计及加工技术，也充分保证了软件产品的易用性和实用性，极大地增强了精雕 CNC 雕刻机的加工能力和对雕刻领域多样性的适应能力。在应用领域上，JDPaint 软件已经彻底突破了适合标牌、广告、建筑模型等较为传统的雕刻应用范畴，在技术门槛更高的工业雕刻领域，如注塑模、高频模、小五金、眼镜模、紫铜电极等制作行业，表现同样出色，成为国内最优秀的雕刻软件。

图 5—45 所示为 JDPaint 软件的运行界面，包括标题栏、菜单栏等 10 个部分。

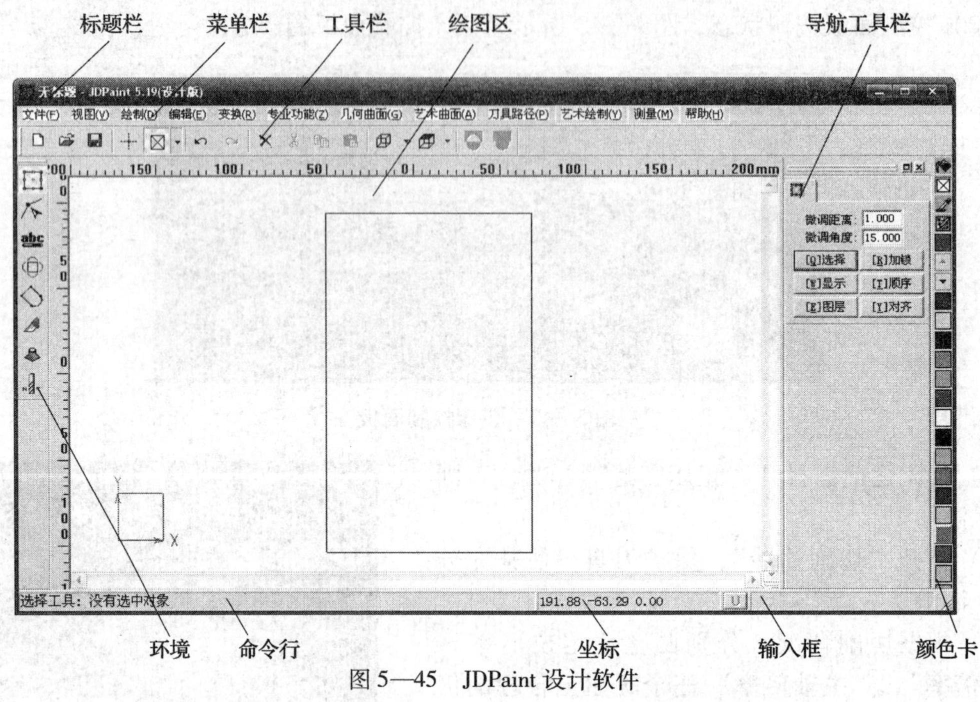

图 5—45　JDPaint 设计软件

JDPaint 的 CAD 绘图部分和其他 CAD/CAM 软件类似，这里不再赘述。本节主要介绍本任务中所用到的路径编制方式。JDPaint 中提供很多路径加工方法，本任务中主要用到如下三种路径：

1. 分层区域曲面粗雕刻

分层区域粗雕刻是一层一层地切削工件，在加工过程中，控制刀具路径在固定深度切削，像等高线一样，与精加工中的等高外形加工相对应。该方法主要用于曲面较复杂、侧壁较陡峭或者较深的场合。由于分层区域在加工过程中其高度保持不变，所以该加工方法能够极大地提高切削的平稳性。图 5—46 所示为分层区域粗加工的参数设置。

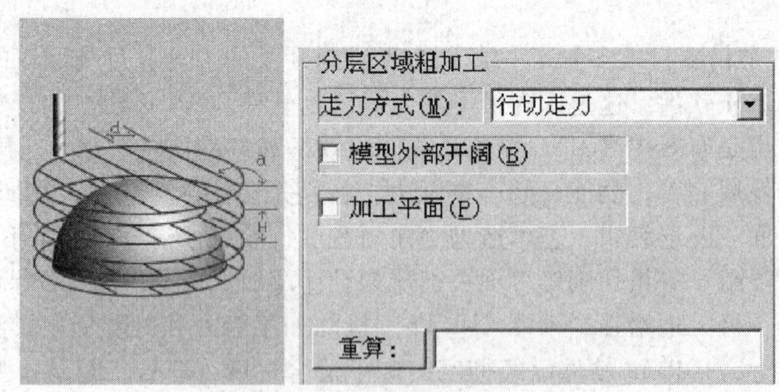

图 5—46　分层区域粗加工参数设置

2. 曲面残料补加工

曲面残料补加工是针对分层区域粗加工而言的。在使用分层区域粗加工雕刻复杂区域的过程中，为了提高雕刻效率，通常采用大直径刀具完成粗雕刻，但是大直径刀具会在内角位置留下很大的残留量，并且也无法雕刻有些窄小的区域。此外，分层加工时可能会在较平坦的曲面上留下大量的因分层而出现的台阶状残料。而精加工时，使用的刀具一般比较小，在切削比较大的残留量的时候就会有些力不从心，因此，有可能出现因为残料过大而折损刀具现象，此时就需要使用曲面残料补加工。图 5—47 所示为“残料补加工”参数设置对话框。

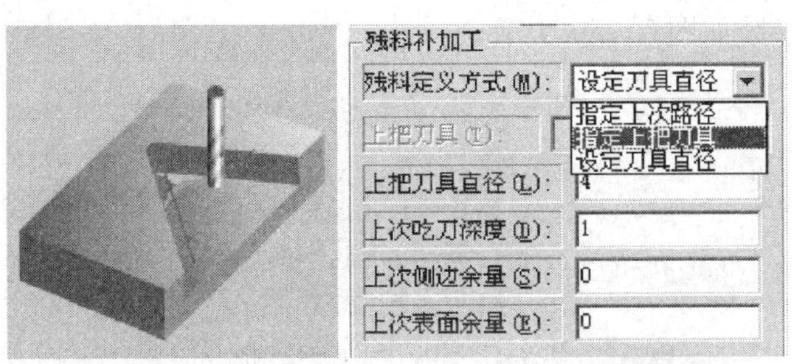

图 5—47 “残料补加工”参数设置对话框

残料有以下三种定义方式：

(1)“指定上次路径”，选择这个选项，系统会让用户从雕刻路径中寻找上次加工的路径。

(2)“设定刀具直径”，系统认为上把刀具的类型与当前刀具相同。该加工方法主要使用平底刀和锥刀。刀具直径指刀具的底直径，系统根据直径差计算残料。

(3)“指定上把刀具”，不要求刀具类型相同，需要用户从刀具库中指定上把刀具。系统由两把刀具就可以计算出残料加工的区域。

3. 曲面精雕刻

JDPaint5. 0 提供的曲面精加工方法有 6 种，对应的走刀方式如图 5—48 所示。

(1) 平行截线走刀

平行截线精加工在曲面精加工中使用最为广泛，特别适用于曲面较复杂但陡峭面不太多的场合，参数如图 5—49 所示。

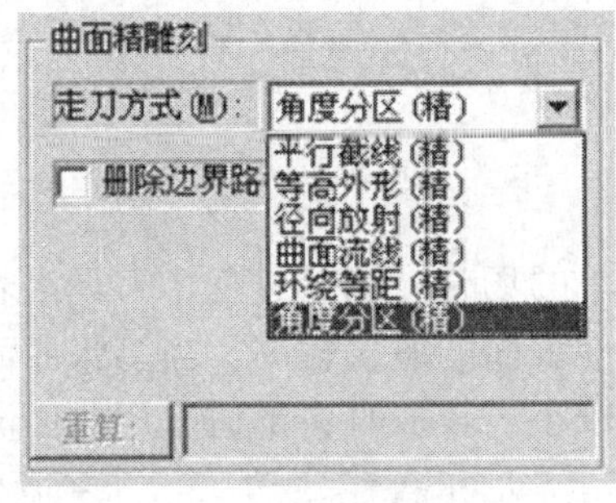

图 5—48 曲面精雕刻走刀方式

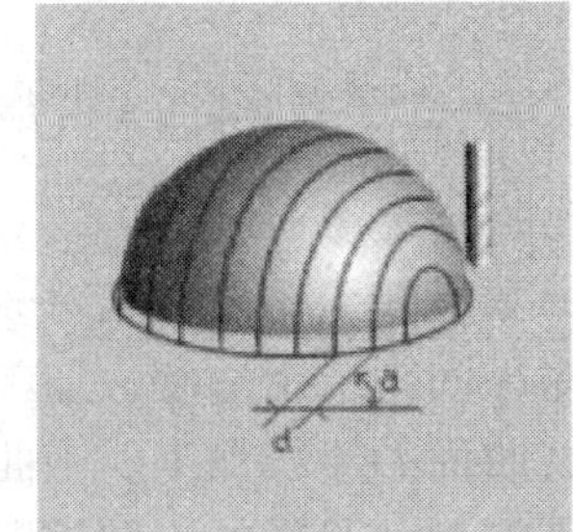

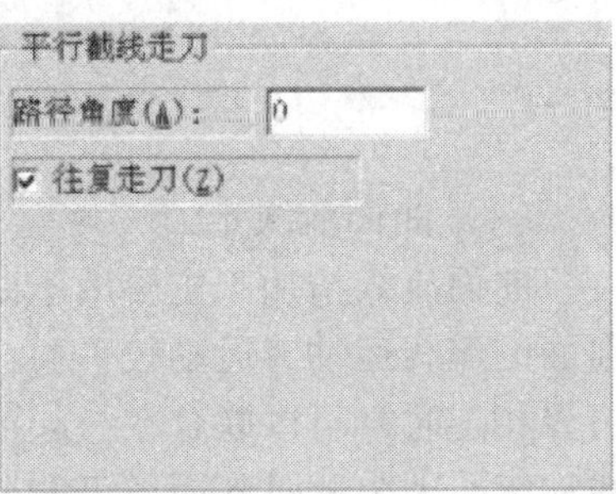

图 5—49 平行截线走刀参数

（2）等高外形走刀

等高外形走刀主要用于曲面较复杂、侧壁较陡峭的加工场合。由于等高加工在加工过程中高度保持不变，不会出现“扎刀”现象，而且可以大幅提高机床的稳定性，从而提高加工工件的质量。该加工方法常和平坦面的加工结合使用，特别适用于现代高速加工。在用等高外形走刀方式加工时机床运行特别稳定，刀具受力均衡，加工过程中加工方向保持不变，能够获得加工质量较高的侧壁。另外，对于侧壁有缺口的情况，需要填补缺口，缺口处的加工路径处于空跑状态。但是，如果限定边界，则可能在缺口处掉头走下一条路径，这破坏了加工方向的一致性，但不会在缺口处空跑。

等高外形走刀参数如图 5—50 所示。

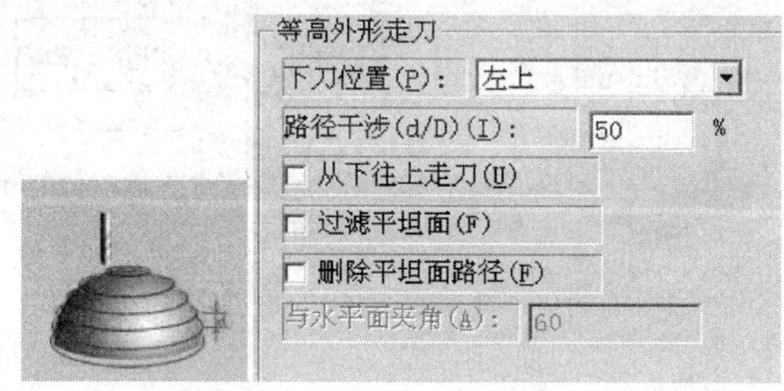

图 5—50　等高外形走刀参数

（3）径向放射走刀

径向放射精加工主要适用于顶视图类似于圆形、圆环状模型的加工，路径呈扇形分布。径向放射精加工的雕刻参数如图 5—51 所示。

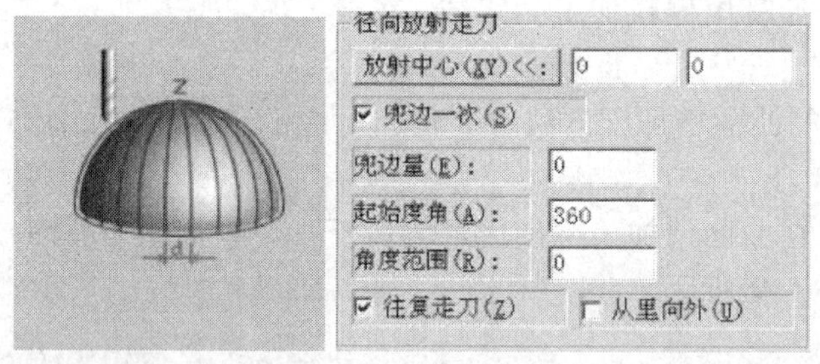

图 5—51　径向放射走刀参数

（4）曲面流线走刀

曲面流线精加工主要用于曲面数量较少、曲面相对较简单的场合。加工过程中刀具沿着曲面的流线运动，运动较平稳，路径间距疏密适度，加工零件表面的质量较高。当多张曲面边界相连时，可以联合在一起沿着曲面的流线加工。当曲面较小、较多时，不适宜用曲面流线加工。因为此时各面很可能分别加工，路径的走向较混乱。

曲面流线走刀方式有关的参数如图 5—52 所示。

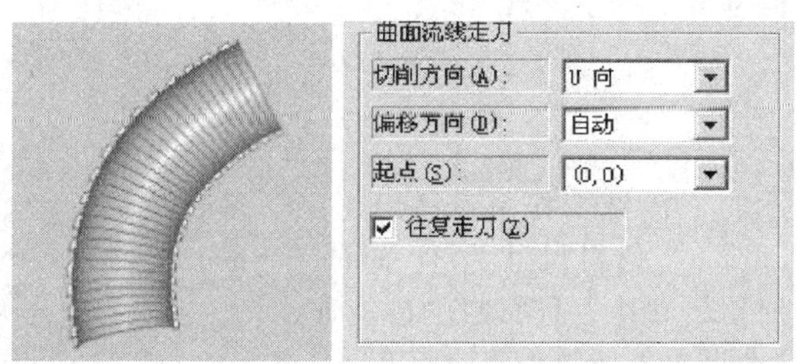

图 5—52　曲面流线走刀参数

（5）环绕等距走刀

环绕等距走刀方式可以生成环绕状的刀具路径。根据路径环绕的特点，环绕等距还可以再细分为 Z 向投影等距、曲面外形等高、曲面外形等距三种不同的等距效果。这些方法用在不同的场合，该系统主要采用 Z 向投影等距的方法。

环绕等距走刀方式生成的路径的空间距离基本相同，适合雕刻既有陡峭位置又有平缓位置的表面形状，走刀参数如图 5—53 所示。

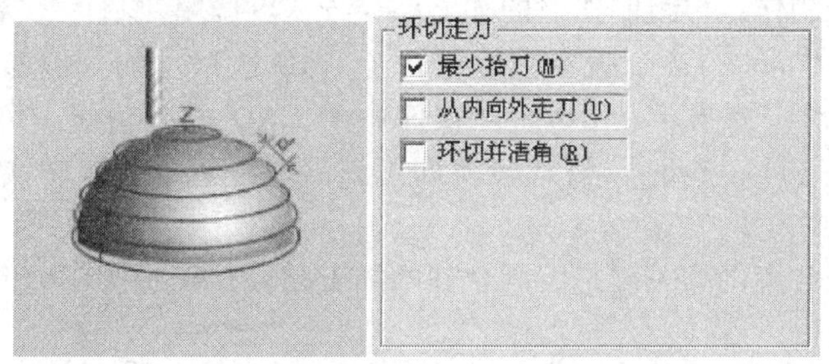

图 5—53　环绕等距走刀参数

（6）角度分区走刀

角度分区走刀是等高外形走刀和平行截线走刀相结合的混合走刀方式。它根据曲面的坡度判断采用哪种走刀方式。曲面较陡的位置会生成等高路径，而曲面较平坦的位置则生成平行截线路径。运用这种走刀方式，系统可以自动为用户生成较优化的路径。

角度分区走刀方式有关的参数如图 5—54 所示。

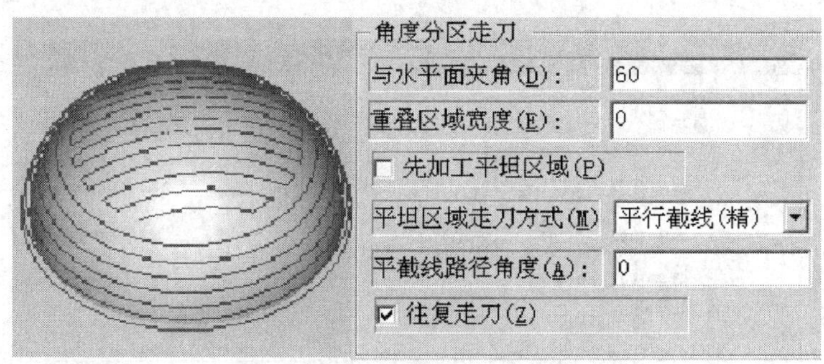

图 5—54　角度分区走刀参数

二、实例操作

加工图 5—55 所示的“机械工程系系徽纪念品”零件，材料为 H62，材料厚 1 mm。备料尺寸为 31 mm × 35 mm × 1 mm。由于此零件的外形尺寸小，且材料的厚度非常薄，在加工中难以利用常规零件装夹，所以需要使用上一任务完成的定位槽零件来定位，将该铜片零件放置在其中定位后进行加工。

图 5—55　系徽纪念品

完成此实例，首先需制作产品的三维 CAD 模型。由于此产品为艺术品，没有较高的尺寸精度要求，可以利用常用的 CAD/CAM 软件（UG、Pro/E、Solidworks 等）进行建模，再以通用的“. igs”格式 CAD 模型导入精雕软件。本课程着重介绍雕刻加工工艺，对三维 CAD 模型建模不再赘述。利用产品的三维 CAD 模型在精雕设计软件内进行加工路径制作，再将制作好的加工路径导入精雕雕刻机内，完成产品的加工。

精雕设计软件 JDPaint 的各个版本中都包含了 CAD 造型功能，但如果已经掌握了其他 CAD/CAM 软件，就没必要再学习 JDPaint 软件中的 CAD 造型功能。可以使用其他 CAD/CAM 软件进行造型，再以“. igs”格式转换即可。需要注意的是，转换的模型必须是曲面而不能是实体。

综上所述，完成此实例的关键是编制合理的加工路径，正确操作机床进行加工。

1．模型初始化

（1）比如在 UG 软件里建模得到 CAD 文档，在 UG 软件内将造型文件以“. igs”格式导出。

（2）打开 JDPaint5. 20 软件，导入上一步导出的“. igs”格式文件。

（3）选择“变换”/“图形翻转”命令，将模型翻转使 Z 轴为主轴轴线方向，产品字面朝上。

（4）选择“变换”/“图形聚中”命令，将模型 X \ Y 方向“中心聚中”，Z 向“顶部聚中”，如图 5—56 所示。

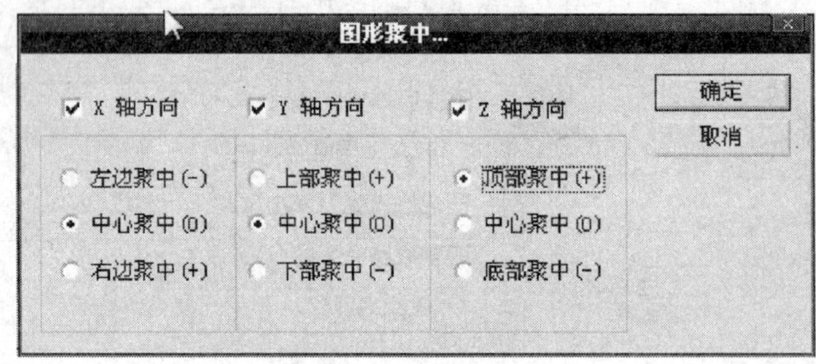

图 5—56　图形聚中

（5）选择“变换”／“放缩变换”命令，将模型 $X\setminus Y$ 方向长度尺寸设为 31 mm 与 35 mm，高度方向为 0.1～0.2 mm，即雕刻系徽外形轮廓高度为 0.1～0.2 mm，如图 5—57 所示。

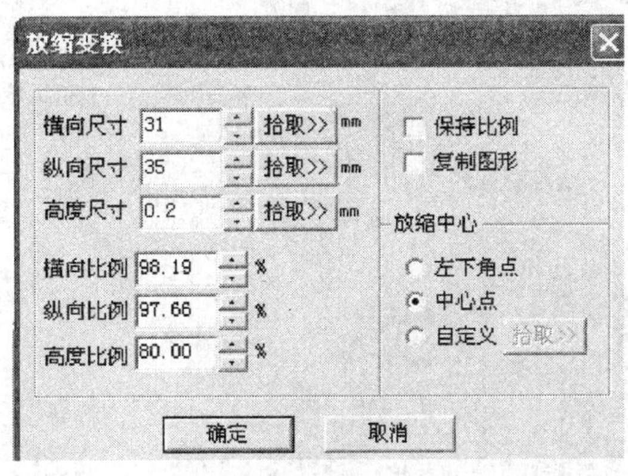

图 5—57　图形放缩

最终变换后的模型在 JDPaint 软件界面中的效果如图 5—58 所示。

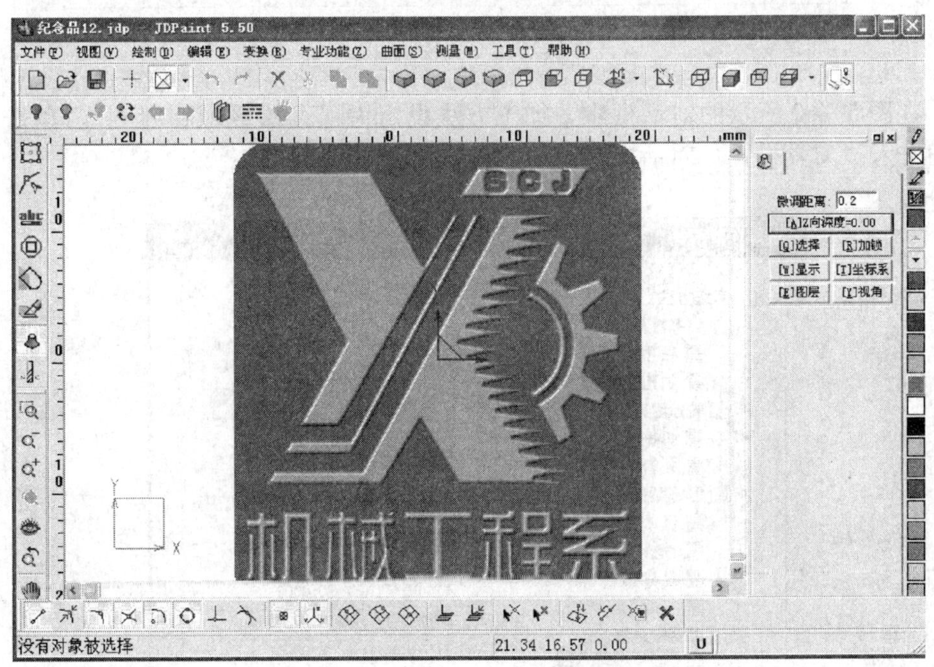

图 5—58　凸模模型在 JDPaint 界面中的效果

2. 粗加工路径

此零件加工的余量较小，可以采用 $\phi2$ mm 的球刀进行粗加工（开粗），$\phi1$ mm 的球刀进行精加工。

（1）如图 5—59 所示，选择下拉菜单“刀具路径”/“路径向导”命令，全选曲面后单击“下一步”按钮，弹出图 5—60 所示的对话框。

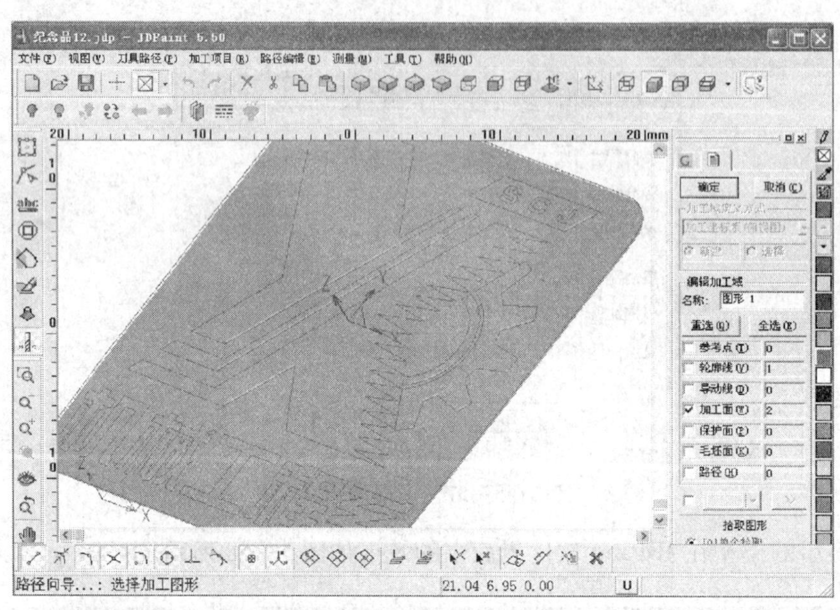

图 5—59　路径向导

（2）在图 5—60 所示的对话框中，加工方法设定为“分层区域粗雕刻”。单击“下一步”按钮进入“刀具设置”对话框。

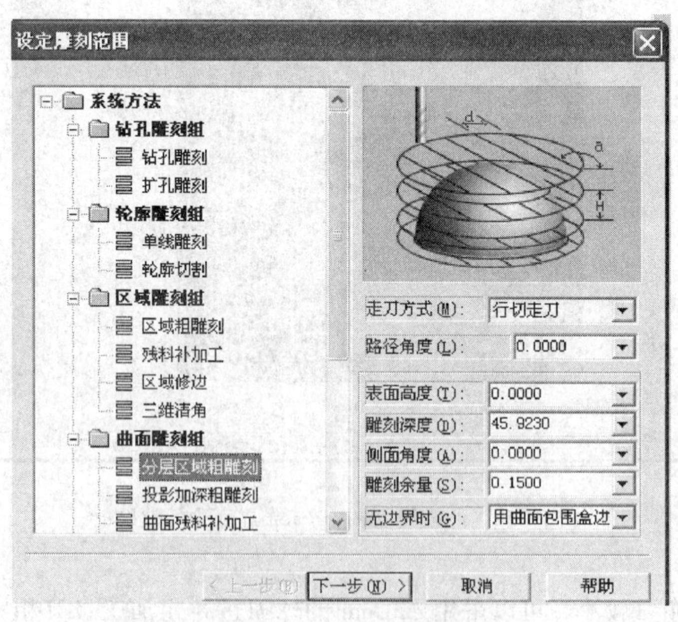

图 5—60　雕刻方法的选择

（3）在图 5—61 所示对话框内，选用 ϕ2 mm 球刀，单击“确定”按钮弹出图 5—62 所示的“设定切削用量”对话框。

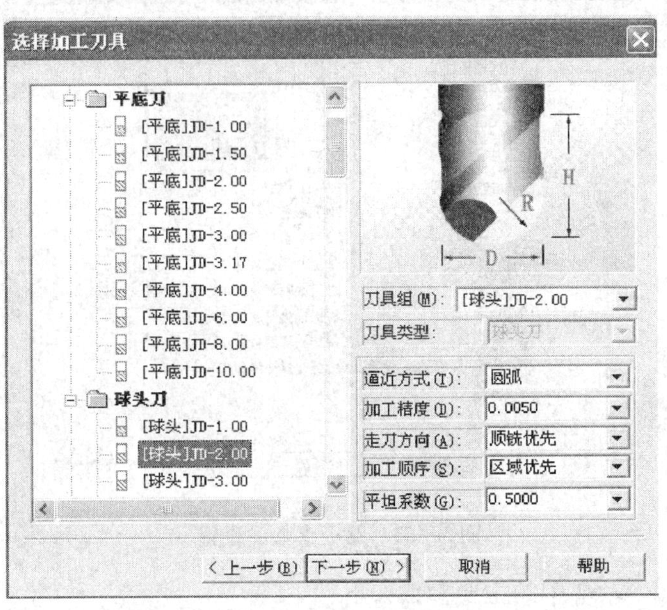

图 5—61　加工刀具的设置

（4）在图 5—62 所示“设定切削用量”参数对话框中选择相应的材料，系统会在此对话框右边的参数表中自动生成推荐的参数值。这些参数值也可以自行设定输入。单击“下一步”按钮弹出图 5—63 所示对话框。

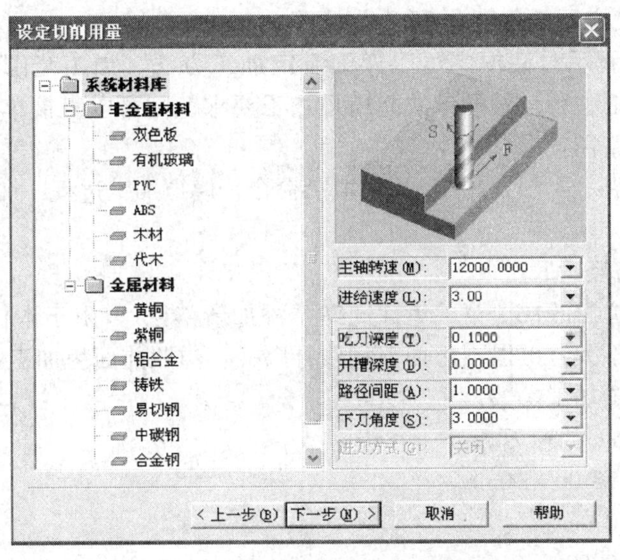

图 5—62　切削用量的设置

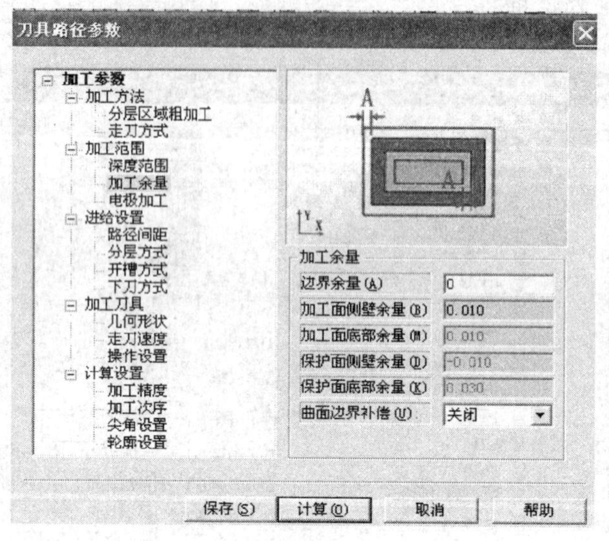

图 5—63　路径参数的设置

按经验值设置图 5—62 中的主要参数如下：

1）主轴转速为 12 000 r/min。

2）进给速度为 3 m/min。

3）吃刀深度为 0.1 mm。

4）开槽深度为 0，即不设置开槽。

5）粗加工路径间距为刀具直径的一半，即 1 mm。

6）下刀方式中设定下刀角度在 3°以内即可。

（5）在图 5—63 所示对话框中可以详细设定加工方法、加工范围、加工刀具等参数。如果在图 5—62 对话框中所设置的参数能满足加工要求，则可以直接单击“计算”，生成如图 5—64 所示的刀具路径效果。

（6）选择“刀具路径”/“加工过程模拟”命令，模拟加工过程，加工后效果如图 5—65 所示。

3. 添加精加工路径

在图形区域右击弹出的快捷菜单里，选择“添加新路径”。由于本任务中刀具直径跨度不大，加工切削量也不大，可以不添加刀具残补路径。仿照前面粗加工路径的设置方法，设置精加工路径如下几项加工参数：

（1）刀具为 ϕ1 mm 的球刀。

（2）主轴转速为 18 000 r/min。

（3）加工余量为 0 mm。

（4）路径间距为 0.02 mm。

（5）关闭进刀方式和开槽方式。

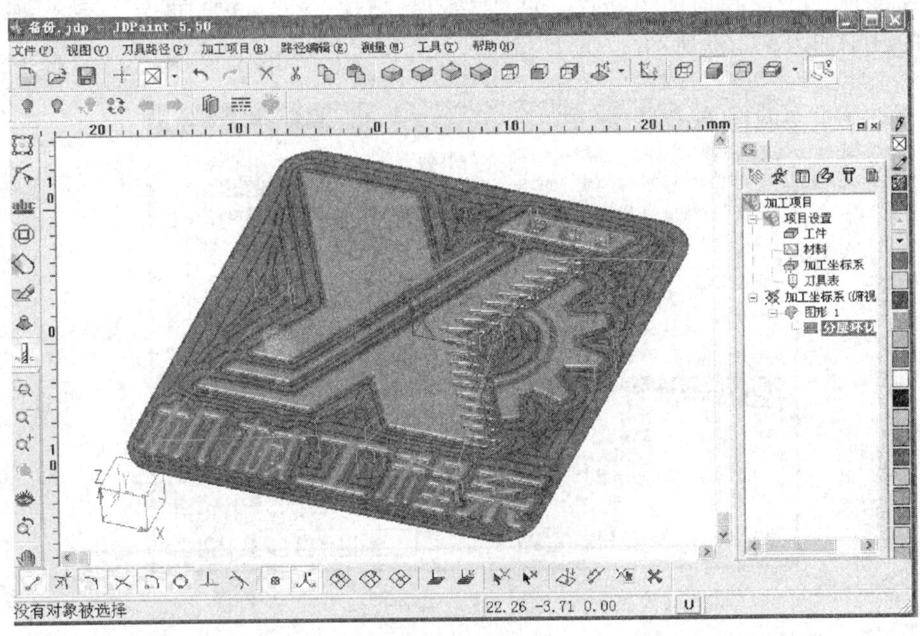

图 5—64　刀具路径

图 5—65　加工过程模拟效果

4．导出加工路径

选中“残补”路径和精加工路径，选择“刀具路径”/“路径导出”命令，输出文件导出路径的设定如图 5—66 所示。

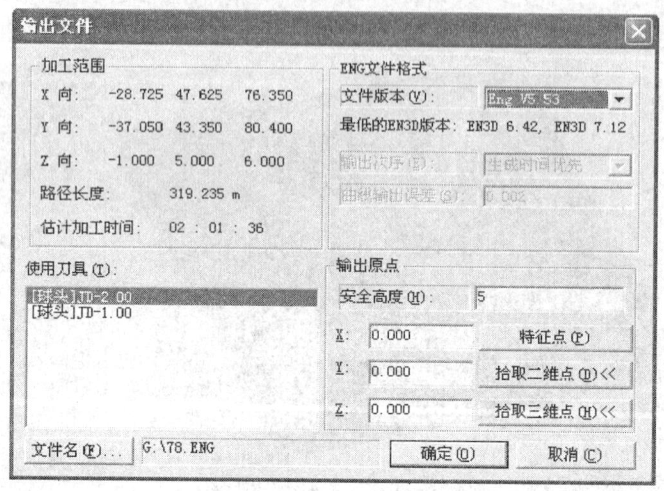

图 5—66　输出加工路径

5．工件的装夹与对刀

（1）毛坯件放置于上一任务加工完成的定位槽零件中。

（2）设定工件原点 *X*、*Y* 轴坐标时，直接选用上一任务的工件原点 *X*、*Y* 轴坐标即可。

（3）设定工件原点 *Z* 轴坐标时，起始 *Z* 轴坐标直接选用上一任务的工件原点 *X*、*Y* 轴坐标即可。但考虑后面精加工需要换刀再次对刀，会增加对刀时间，并存在两次对刀人为的误差。有鉴于此，可以利用精雕雕刻机的对刀仪设备利用控制软件中的“对刀”功能进行自动对刀。

单击控制软件主界面中的“对刀”按钮，进入图 5—67 所示对话框。单击“运动到对刀位”按钮将刀具移动到对刀仪的上方，如图 5—68 所示。

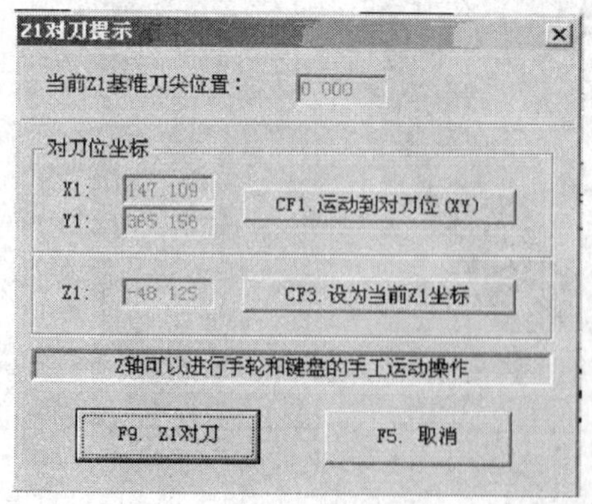

图 5—67　*Z* 轴对刀对话框

图 5—68　刀具移动到对刀位

使用手柄将刀具移动到对刀仪上方较近的距离（10 ~ 20 mm），单击“设为当前 Z 坐标”按钮，再单击“对刀”按钮后机器将自动完成对刀操作，弹出图 5—69 所示对话框。

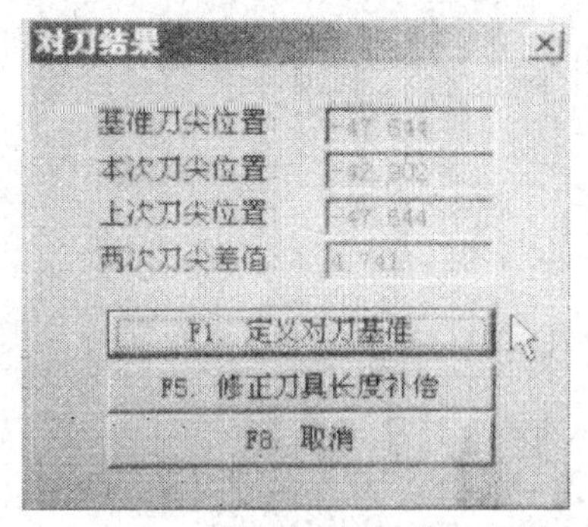

图 5—69　对刀处理结果

6. **加工工件**

当完成工件装夹与对刀操作，并准确设定完“定位高度”“慢下速度”等参数后，即可单击控制软件主界面中的“开始加工”按钮，进行零件的加工。加工过程中根据切削情况，分别调整“定位倍率”“进给倍率”“主轴倍率”三个旋钮至合理的倍率。加工过程如图 5—70 所示。在此任务加工的过程中，有多条路径使用到多把不同的刀具，当一条路径执行完后系统会提示换刀和对刀操作，单击“对刀”按钮，使刀具运动到对刀仪位置，进行对刀操作，当出现图 5—71 所示对话框时，单击“修正刀具长度补偿”按钮，完成对刀操作，然后继续执行下一条加工路径，直到完成整个零件的加工。

图 5—70　零件的加工过程

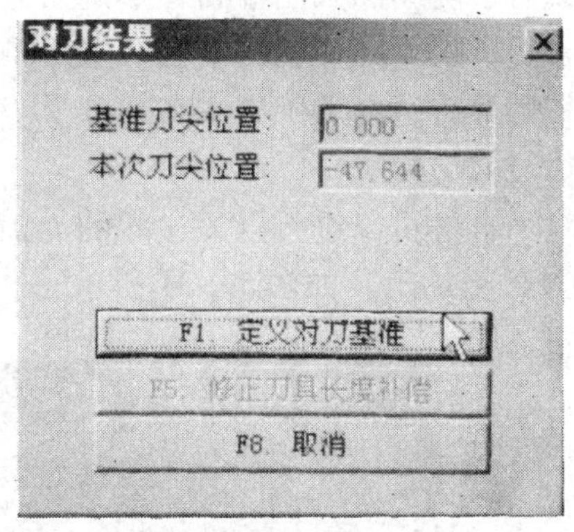

图 5—71　对刀操作

第五节　表盖模具的雕刻加工

加工图 5—72 所示表盖模具零件，材料为 45 钢。毛坯料可以选择圆钢料通过铣削获得。

一、工艺分析

从工件的形态来看，这是一个结构比较复杂的工件；既有水平面，又有陡峭面；既有大弧度面，又有小弧度面。在编程的时候，如果按照加工简单面的思路，先用一把刀粗加工，把大部分先去除，表面留 0.03 ~ 0.05 mm 的余量，再用另一把刀精加工。若精加工刀具的半径比较大，则小曲率半径的曲面加工不到；若半径太小，小曲率曲面加工到位了，加工效率又太低；整个造型若使用一个路径加工完成，水平面和竖直面的加工效果和效率都会比较差，图 5—73 所示的就是加工不到位和加工效果差的零件效果。

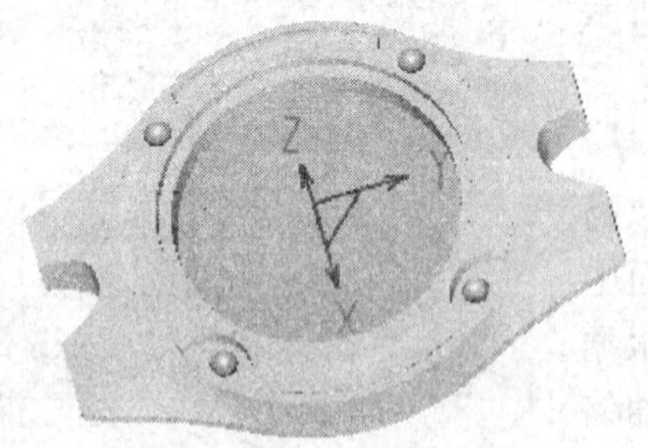

图 5—72　工件的 3D 造型图

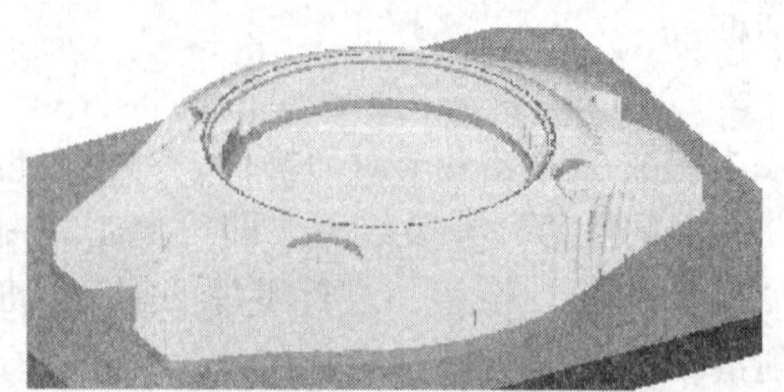
图 5—73　缺陷零件效果

因此，在加工比较复杂的工件时，粗加工和加工简单工件一样，精加工就不能采用加工简单曲面的思路，应根据曲面造型的形态特点，对每一个部位根据其形态特点，采取合适的加工方式，进行局部加工。对于水平和竖直的面采取二维加工方式加工，加工效果好，效率又高；对于陡峭面采用等高外形走刀方式加工比较合适；对于平坦面采用平行截线方式加工比较合适；对于圆环状的平坦面采用径向放射方式加工比较合适，总之就是要针对曲面形态特点采用最合适的加工方式来加工。

1．加工过程

对于本例可以进行以下过程的加工。

（1）粗加工，如图 5—74 所示。

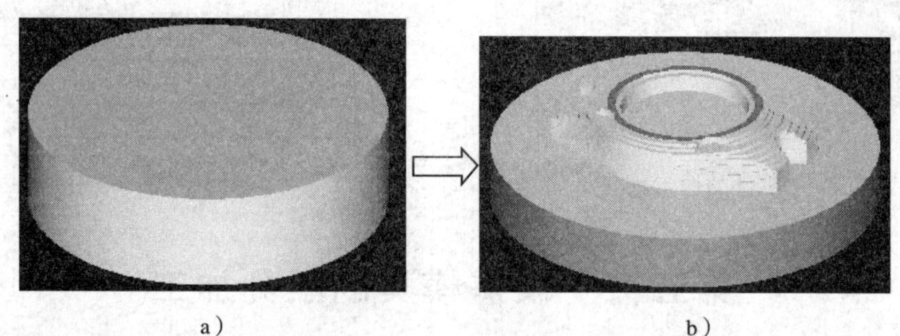
a）　　　　b）

图 5—74　粗加工

a）工件毛坯　b）留大余量的粗加工后

（2）加工内部水平和竖直部位，如图 5—75 所示。

（3）加工环状面，如图 5—76 所示。

（4）加工剩下的平坦面，如图 5—77 所示。

（5）加工陡峭面，如图 5—78 所示。

（6）加工 4 个小圆弧面，如图 5—79 所示。

（7）底面处理，完成零件加工，如图 5—80 所示。

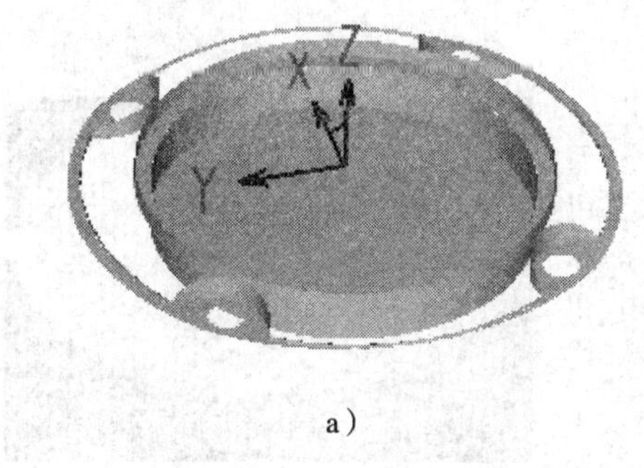

a）

b）

图 5—75　加工内部水平和竖直部位

a）加工曲面　b）加工后的效果

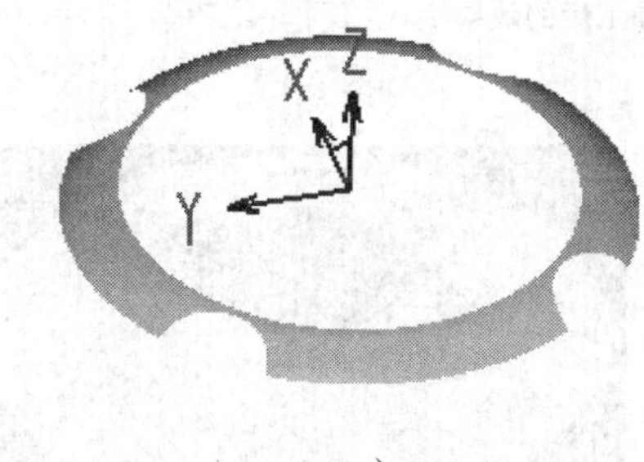

a）

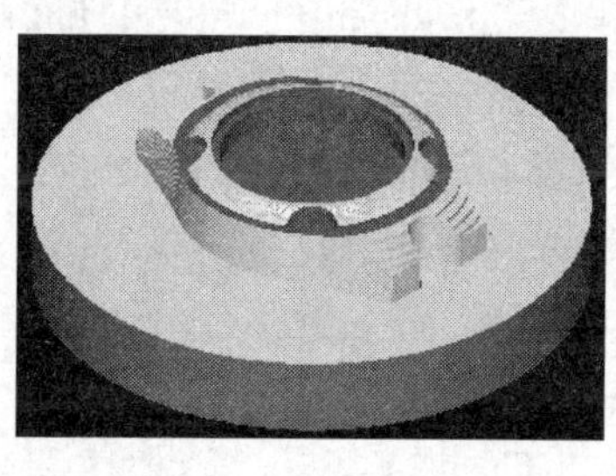

b）

图 5—76　加工环状面

a）加工曲面　b）加工后的效果

a）

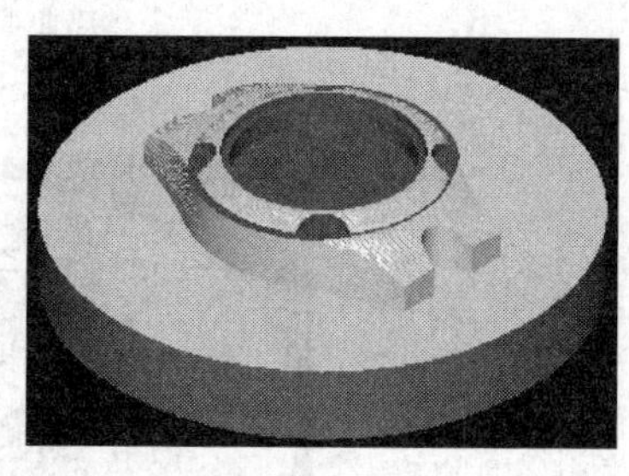

b）

图 5—77　加工剩下的平坦面

a）加工曲面　b）加工后的效果

2．加工方法

按工艺分析，选择相应的加工方法。

（1）粗加工，根据毛坯和工件特点，适合选用区域粗加工。

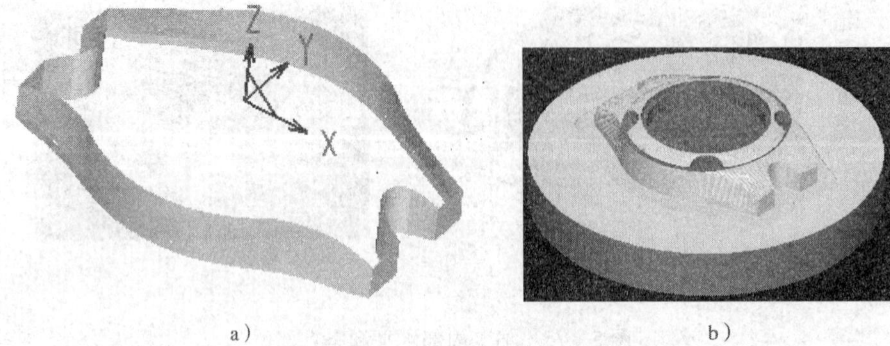

a）　　b）

图 5—78　加工陡峭面

a）加工曲面　b）加工后的效果

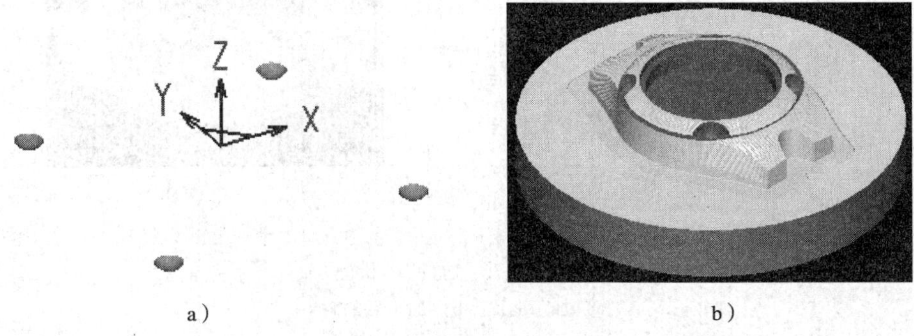

a）　　b）

图 5—79　加工 4 个小圆弧面

a）加工曲面　b）加工后的效果

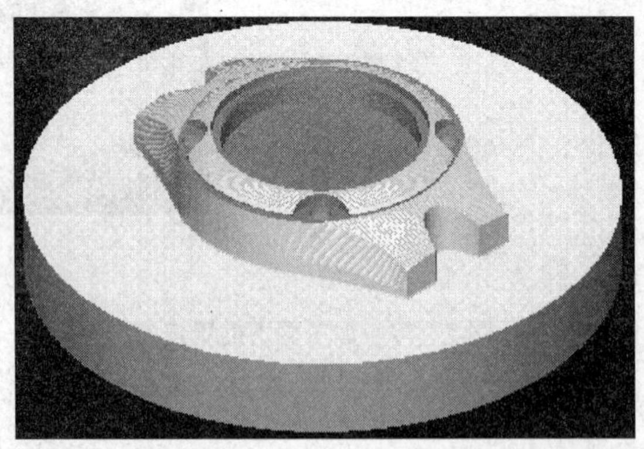

图 5—80　底面处理

（2）加工水平和竖直部位，由于已经进行了粗加工，工件表面留下的余量已经很少，除了中间圆形底面，其他部位都比较适合使用轮廓加工，中间的底面使用区域加工。

（3）加工环状面，从面的形态特征分析可知，该面比较接近回转面，并且从里到外是呈圆弧状向下倾斜，为保证加工效果的一致性，采用径向放射精加工比较合适，以面的中心位置作为放射中心。

（4）加工图形剩下的平坦面，从造型中可以看出，该面比较平坦，对称向两边倾斜，比较适合采用平行截线方式，走刀方向与面的倾斜方向一致。

（5）陡峭面的加工一贯比较适合的加工方式就是等高外形方式。

（6）加工 4 个小圆弧面，由于小圆弧面比较小，且是 $R1$ mm 球面的一部分，可以采取比较特殊的加工方式，那就是用 $R1$ mm 的球头刀直接以钻孔的方式加工。

（7）底面处理，从形态特点分析来看，比较适合采用区域加工的方式。

二、实例操作

1. 准备图形文件

用户可以按照前面的表述，自行用 CAD/CAM 软件设计类似表壳模具零件，并导入 JDPaint 软件中进行加工路径编制。

2. 选择加工刀具、作辅助图形、确定工件原点

（1）确定加工使用的刀具

先确定粗加工刀具。由于该工件不是太大，也不算很小，工件上几个向内凹的部位，曲率半径只有 2 mm 和 2. 7 mm；使用 6 mm 刀具，可以使加工效率高一些，但这些部位的余量就会大一些；使用 4 mm 刀具加工效率稍低一些，但这些圆角位置的加工余量就会均匀一些。所以粗加工刀具确定选用 4 mm 平底刀。

二维加工的刀具，从前面的分析中可以确定，即使用 3. 175 mm 平底刀比较合适。

曲面精加工刀具的确定。由于工件陡峭面和底面结合部为尖角，上面的平坦面和竖直面结合部是尖角，所以使用平底刀加工比较容易加工到位，因而选用平底刀。从前面的测量得知，最小圆角为 $R2$ mm，使用大小一致的刀具加工效果会比较差，因此选用 3. 175 mm 平底刀。

4 个小圆弧面的加工刀具从前面的分析中也已经可以确定，即使用 $R1$ mm 球头刀。

（2）作外形加工的辅助图形

从前面的加工方法分析中可以知道，粗加工、二维加工和最后的钻孔加工需要作加工辅助图形。

粗加工辅助图形，如工件毛坯是 $\phi65$ mm 的圆柱时，只需以工件中心为圆心画一个 $\phi65$ mm 的圆即可。绘制二维加工辅助图形，在“绘图”菜单中选择“曲面上线”命令，将相应曲面的轮廓先提取出来，如图 5—81 所示。

再用“画点”的方式，捕捉 4 个曲面的顶点画出 4 个点，如图 5—82 所示。

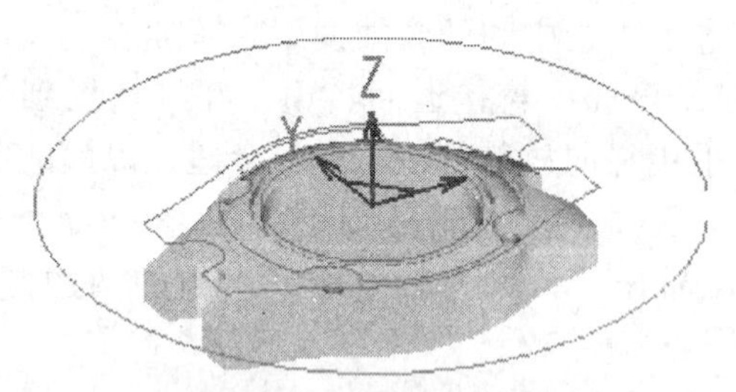

图 5—81　提取曲面轮廓

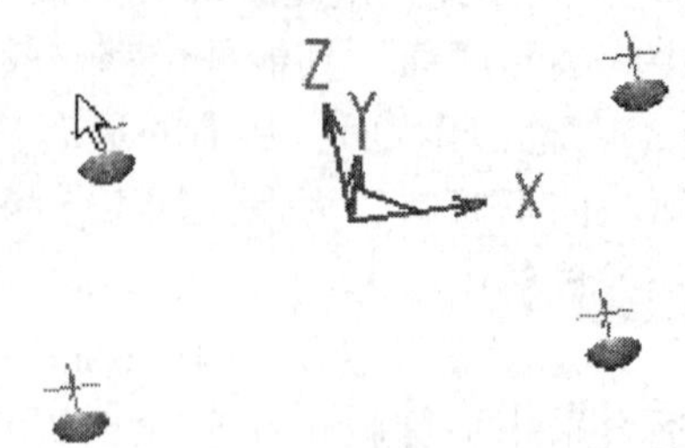

图 5—82　捕捉曲面顶点“画点”

（3）确定工件原点

从前面的毛坯图得知，本实例的加工是在一块比工件稍大的毛坯上进行，为方便在机床上面定义原点，把 *XY* 的原点定义在工件的圆形中心，*Z* 轴方向一般情况下定义在工件的最高点。选择“变换”下拉菜单中的“图形聚中”命令，把图形的中心和顶部移动到工件原点，移动后的效果如图 5—83 所示。

3．填刀具路径

（1）粗加工

1）加工图形选择全部曲面和 ϕ65 mm 的圆，如图 5—84 所示。

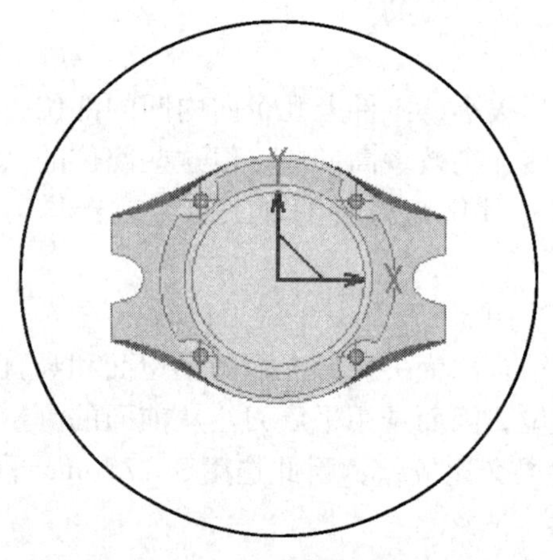

图 5—83　工件原点的确定

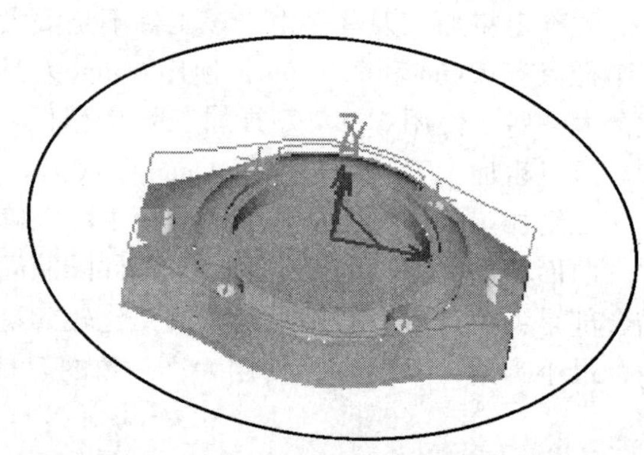

图 5—84　加工图形

2）在“设定雕刻范围”对话框中，选择“分层区域粗雕刻”选项，其参数设置如图 5—85 所示。

3）刀具选择 4 mm 平底刀，其他参数设置同曲面粗加工的其他设置一样，最后生成的粗加工路径如图 5—86 所示。

（2）二维加工

该项目要做的内容是 3 个侧壁轮廓和两个底面的精加工。3 个侧壁主要是两个向内的侧壁和一个向外的侧壁，具体加工尺寸范围从工件上测量。底面精加工时，切削深度范围注意

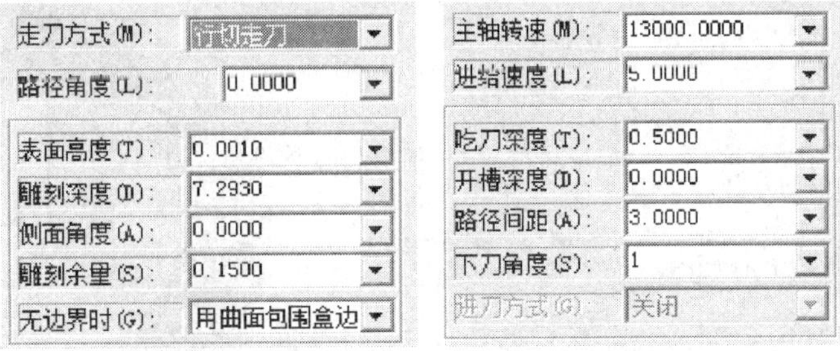

走刀方式(M): 行切走刀
路径角度(L): 0.0000
表面高度(T): 0.0010
雕刻深度(D): 7.2930
侧面角度(A): 0.0000
雕刻余量(S): 0.1500
无边界时(G): 用曲面包围盒边
主轴转速(M): 13000.0000
进给速度(L): 5.0000
吃刀深度(T): 0.5000
开槽深度(D): 0.0000
路径间距(A): 3.0000
下刀角度(S): 1
进刀方式(G): 关闭

图 5—85 “区域粗雕刻”参数设置

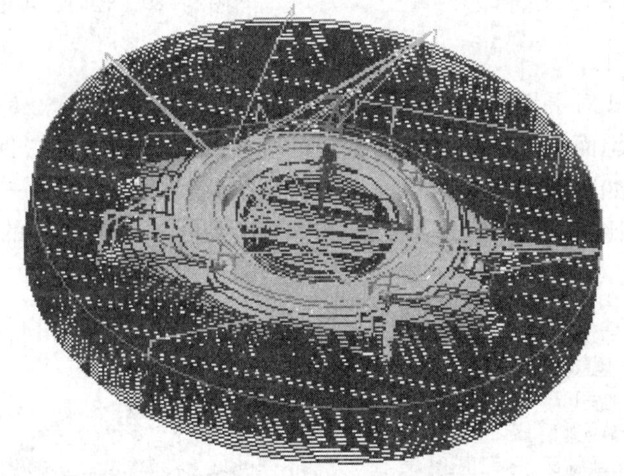

图 5—86 粗加工路径示意图

要正确设置，其他参数与平时加工一样。下面举例说明深度范围的设置。比如中间圆形平面，通过测量得到工件的底面 Z 向坐标数值，粗加工留余量为 0.15 mm，粗加工后，工件底面上的材料表面高度坐标为两数值之差，在设定雕刻范围时，参数设置如图 5—87 所示，选用平底刀，外围底面的加工也一样。

走刀方式(M): 行切走刀
路径角度(L): 0.0000
表面高度(T): -3.1900
雕刻深度(D): 0.15
侧面角度(A): 0.0000
雕刻余量(S): 0.0000
无边界时(G):

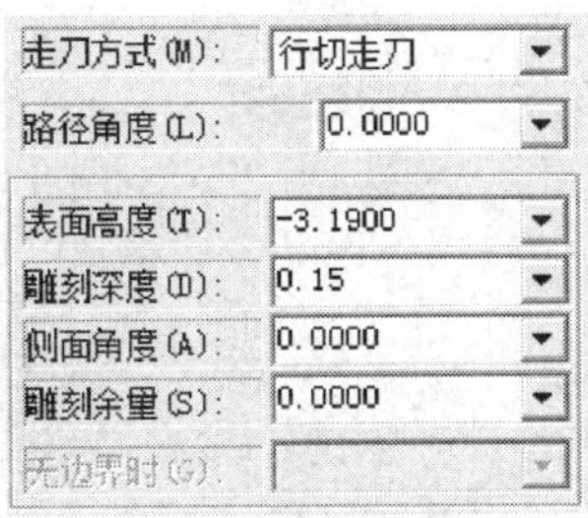

图 5—87 二维加工

（3）环状面的加工

采用径向放射方式对环状面进行精加工，这里主要说明两点。一是在加工边界重合的多个相邻曲面中间的一个或几个时，必须把相邻的曲面作为保护面选择，否则刀具路径计算出来后可能会过切相邻的曲面。但对于在当前条件下的环状面，就可以不用选择保护面，因为该图形的相邻曲面为竖直面，且在其下方，所以不可能产生过切，如图 5—88 所示。二是径向放射走刀的放射中心问题，放射状走刀的放射中心一定要放在圆环的圆心或中心位置，否则刀具路径就不是所预期的，如图 5—89 所示，放射中心只有在圆环中心时，刀具路径才比较规则、均匀、一致。

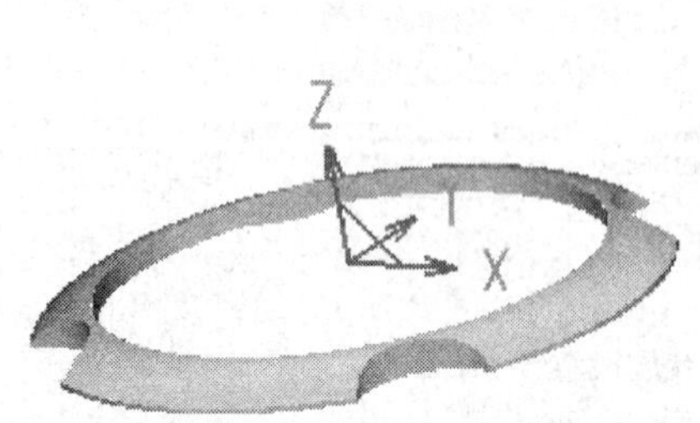

图 5—88 保护面的选择

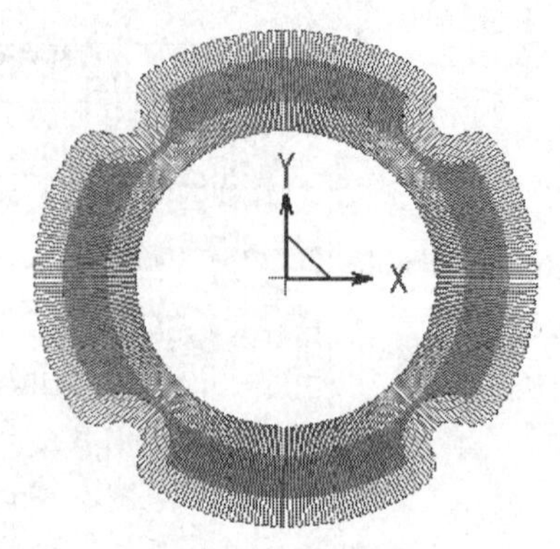

图 5—89 径向放射走刀放射中心的选择

(4) 平坦面的加工

采用平行截线方式对平坦面进行精加工，这里主要说明两点。一是保护面问题。加工平坦面时，必须把与平坦面相邻的在平坦面上方的竖直面选中，作为“保护面”，下方与其相交的陡峭面不用选，如图 5—90 所示。二是平行截线路径角度问题。一般情况下，路径角度选择与曲面弧度变化比较大的方向一致，如图 5—91 所示，选择这样的刀具路径加工效果会比较好。

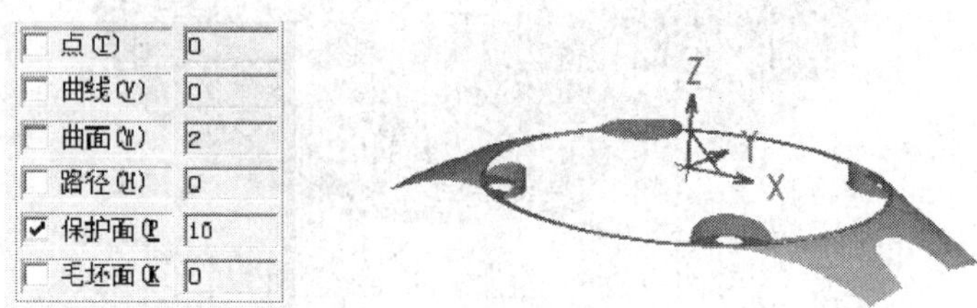

图 5—90 平坦面加工区域的选择

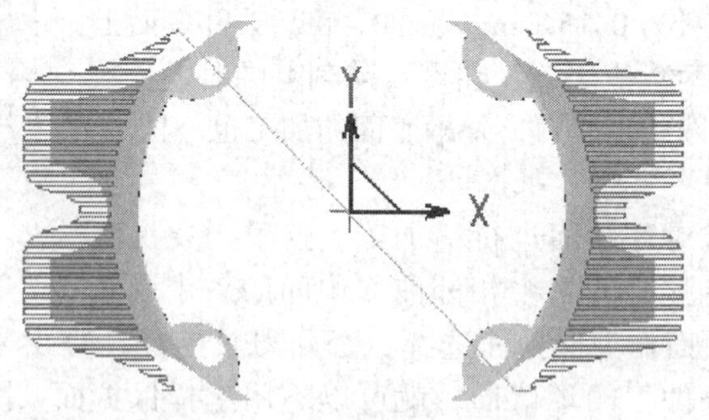

图 5—91 刀具路径的选择

(5) 陡峭面的加工

采用等高外形方式对陡峭面进行精加工，这里主要说明一点。加工陡峭面时必须把相邻的曲面都作为“保护面”选中，否则就会在相邻面的位置生成等高路径，产生过切刀路，如图 5—92 所示。

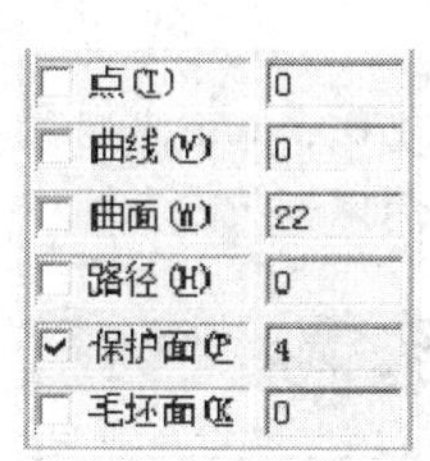

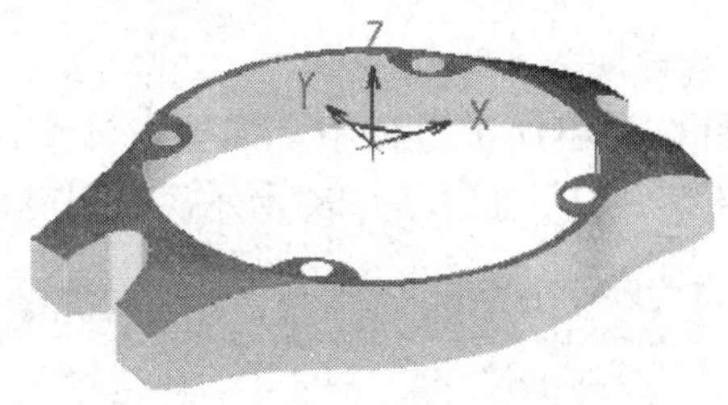

图 5—92　陡峭面加工区域的选择

（6）4 个小圆弧面的加工

加工时 4 个小圆弧面时，“加工图形”选择 4 个点，“加工方式”选择“钻孔”，雕刻范围设置从小圆弧面测量，选择“球头 -2.0”刀具，“切削用量”参数和其他参数设置默认，生成的刀具路径效果如图 5—93 所示。

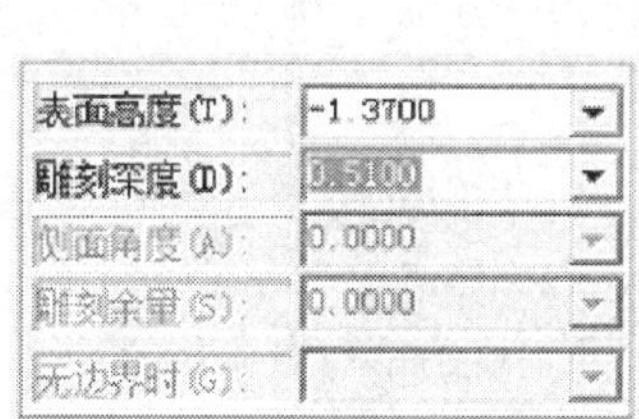

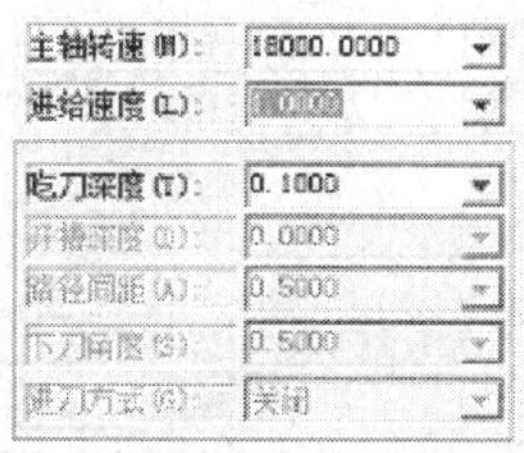

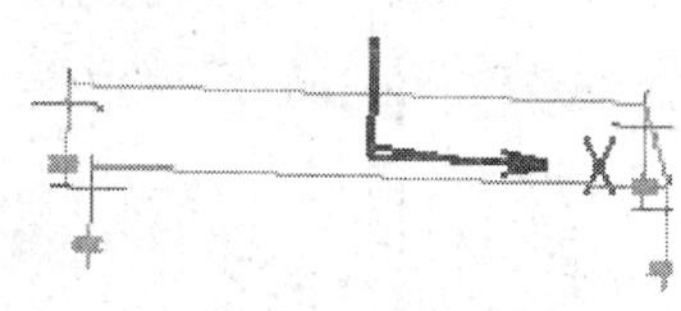

图 5—93　圆弧面加工参数选择及路径效果

4. 后处理

通过模拟，确认路径没有问题后，对路径进行后处理。设置输出原点为（0，0，0），其他默认，刀具路径后处理完成，就可以拷贝到机床上进行加工了。机床后续的操作和第三节、第四节类似，不再赘述。

第六节　CNC 雕刻机的维护保养

任何一台机床在运行一段时间后，其元器件或机械部件难免会出现一些损坏或故障现象。对于这种高精度、高效益又比较昂贵的设备，要延长元器件的使用寿命和零部件的磨损周期，就应该预防各种故障，特别是要将恶性事故消灭在萌芽状态。若要提高 CNC 雕刻机床的平均无故障工作时间和使用寿命，就需要做好预防性维护工作。

CNC 雕刻机的维护与保养主要包括机床的使用规范、机械部件的维护和数控系统的维护三个部分的内容。

一、使用规范

1. 刀具路径编程规范

(1) 在金属材料的粗加工过程中，如果刀具直径超过 0.5 mm，必须采用斜线下刀方式，下刀角度为 0.5°~1°，如图 5—94 所示。材料越硬，角度越小。

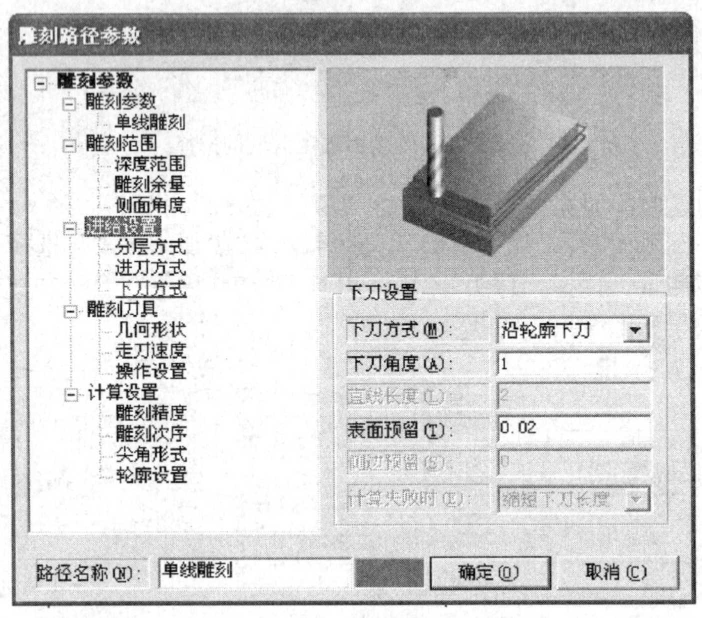

图 5—94　下刀角度设置

(2) 路径计算时的刀具名称必须和几何形状一致，不要随意定义刀具名称，图 5—95 所示为刀具参数的设置。

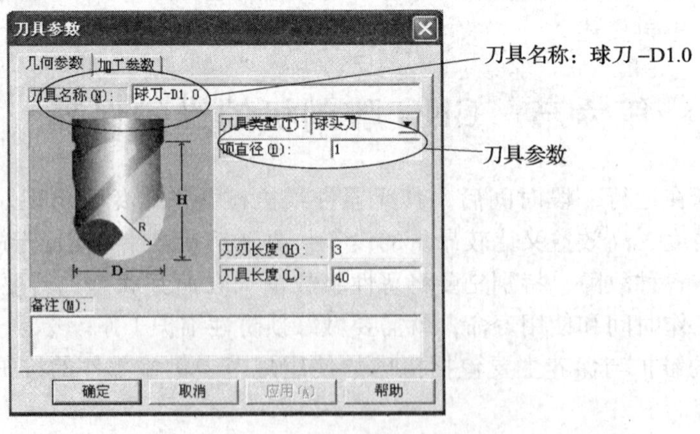

图 5—95　刀具参数的设置

（3）路径计算完成后，要养成使用干涉检查功能的习惯，可预先避免出现路径过切现象，图 5—96 所示为“干涉检查结果”对话框。

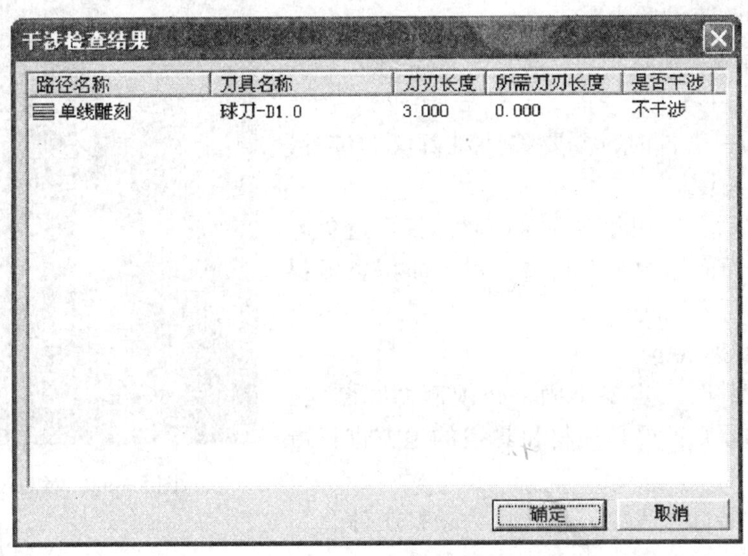

图 5—96 干涉检查结果

（4）路径计算时，还要养成使用“图形聚中”功能的习惯，避免因为路径输出原点引起路径错位的现象，图 5—97 所示为“图形聚中”对话框。

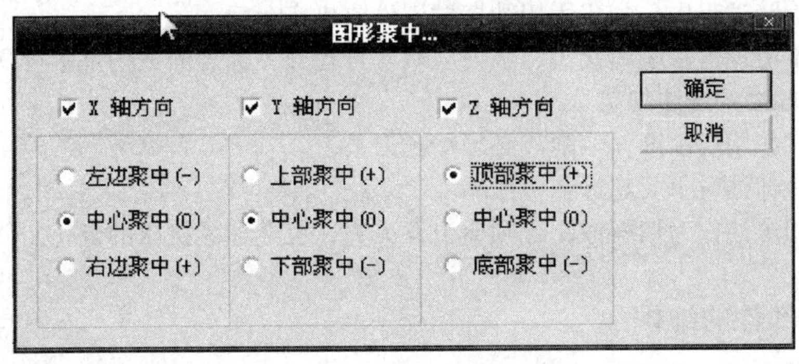

图 5—97 “图形聚中”对话框

2．加工换刀规范

（1）装夹刀具时，必须先将夹头里的灰尘及杂物清理干净，把夹头装入压帽内并放正，再一起装到电机主轴上，并将刀具插入夹头，最后再锁紧压帽，上下刀松紧压帽的时候，严禁采用推拉方式，而要用旋转方式。在下刀时应先清理压帽和转子上的废屑，松开压帽将刀具拿下、再拧下压帽并取出夹头。

（2）装夹刀具时刀具露出夹头的长度需参照雕刻深度、工件、夹具而定，在满足条件的情况下，露出夹头的长度要尽量短，当刀具的总长度小于 22 mm 时，严禁继续使用。

（3）装夹刀具时，刀柄伸入夹头内的长度必须大于 18 mm。

3．对刀仪的使用规范

（1）使用对刀仪自动定义对刀基准或校正高度时，必须将主轴转速设置为零。

（2）换刀后必须重新对刀，并修正刀具的 Z 轴起刀点。

（3）加工同一工件时，不要移动对刀仪的位置，否则会影响对刀精度。

（4）对刀之后，使用塑料杯盖住对刀仪，避免碎屑落在对刀仪表面而影响对刀精度，对刀时揭去塑料杯，如图 5—98 所示。

图 5—98　对刀仪的维护

4．工件的装夹规范

（1）装夹工件时一定要牢固，必须遵循“装实、装正、装平”的原则，严禁在材料悬空的地方进行雕刻。

（2）在工件装卸过程中，禁止用力敲打工件。

（3）应当使用多个固定点来固定大工件。

5．机床的清理规范

（1）禁止用煤油清洗、擦拭机床，否则会加速电缆等的老化。

（2）擦拭丝杠、导轨时，用丝绸单向擦拭。

（3）主轴旋转过程中，禁止用棉纱擦拭工件或机床台面。

（4）用气枪清理落在电缆接头、装刀压帽、行程开关等表面或内部的碎屑。

6．工件冷却油的浇注规范

（1）加工时如用切削液，切削液必须冲到刀具上。

（2）浇注冷却油时不要超过装刀压帽。

（3）不要用煤油作为切削液，否则会引发火灾，也会加速机床的老化。

二、机械部件的维护

1．CNC 雕刻机的日常维护

（1）机器每次使用完毕，要注意清理，务必将平台及传动系统上的粉尘清理干净。

（2）每天使用之前必须检查冷却水箱中的纯净水温度及储存量，开启水泵保证水流通畅。

（3）每天要清理主轴电动机夹头和压帽。

2．每周的定期维护

（1）精雕机机器若长期不用，应定期（每周）加油空走，以保证传动系统的灵活性。

（2）对于金属加工机床，每周保养主要是更换主轴电动机冷却水和清理 Z 轴里的切屑。冷却水更换时要注意水量、水温、回水等情况；清理 Z 轴切屑时需要用旋具拆卸 Z 轴防护罩，并对主轴电动机接线端子、光检、导轨、丝杠、行程开关等处进行清理。

（3）对于非金属加工机床，每周保养主要是更换冷却水和清理 *X*、*Y*、*Z* 轴里的切屑，并用干净的绸布擦拭导轨、丝杠，因为非金属切屑粉末容易在静电的作用下吸附在导轨、丝杠上，这些切屑粉末如果进入导轨滑块和丝杠副会加快导轨、丝杠的磨损，所以必须每周用干净的绸布擦拭导轨、丝杠。

3. 每3个月的定期维护

（1）拆开 *X* 轴前护板，清理丝杠、导轨上的切屑和污物，然后给丝杠和导轨加润滑脂。

（2）拆下 *Y* 轴上的护板或护罩，清理丝杠、导轨上的切屑和污物（用绸布），并将工作台下面的废屑清理干净，然后给丝杠和导轨加润滑脂，检查 *Y* 轴光检和行程开关接线有无松脱，连接是否可靠。

（3）拆开 *Z* 轴护罩及连接板护罩，用绸布清理丝杠、导轨上的切屑和污物，清理机头方形滑动座里面的废屑，然后给丝杠和导轨加润滑脂。

三、数控系统的维护

1. 数控系统在通电前的检查

（1）确认交流电源的规格是否符合 CNC 装置的要求。

（2）检查 CNC 装置与外界之间的全部连接电缆是否依照随机提供的连接技术手册的规定。

（3）确认 CNC 装置内的各种印刷线路板上的硬件设定是否符合 CNC 装置的要求。

（4）检查数控机床的接地保护线。

2. 数控系统在通电后的检查

（1）检查数控装置中的风扇工作是否正常。

（2）直流电源是否正常。

（3）确认 CNC 装置的各种参数。

（4）在接通电源的同时做好按压紧急停止按钮的准备。

（5）在手动状态下，低速进给移动各个轴，并且注意观察机床移动方向和坐标值显示是否正确。

（6）检查数控机床是否有返回基准点的功能。

（7）对 CNC 系统进行功能测试。

思考与练习

1. 简述 CNC 雕刻的主要流程。
2. CNC 雕刻产品的主要评价指标是什么？
3. CNC 雕刻加工的主要特征是什么？
4. 简述数控系统在通电后的检查项目。
5. 简述雕刻机的主要安全操作规程。
6. 简述锥度平底刀的“二刃、三面、四角”。

7. 磨刀机在使用前应如何校准？

8. 一把崩尖或磨损了的锥刀能否修磨？如何修磨？

9. 如何保证多把相同锥度锥刀的锥度一致性？

10. 建立图 5—99 所示“圆盘零件”的三维模型，并完成 CNC 雕刻加工程序。

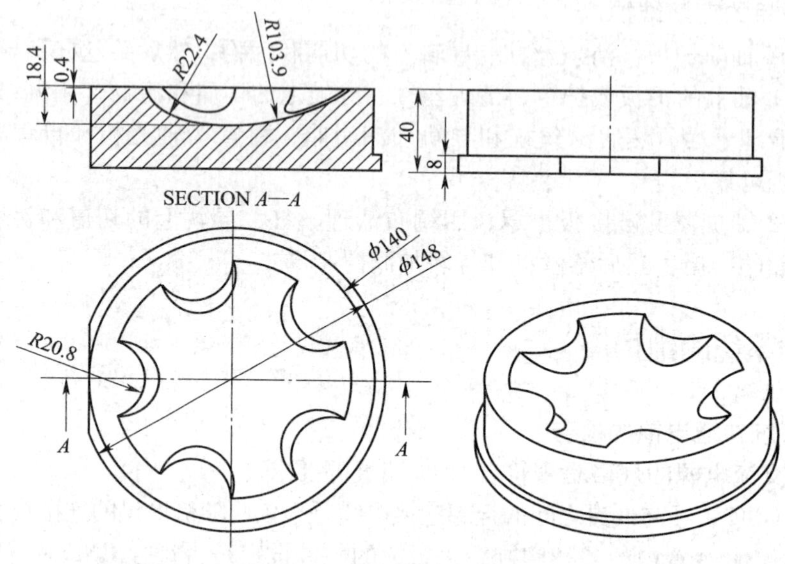

图 5—99　习题 10 零件图

提示：

（1）建立 $\phi148$ mm × 8 mm 的圆柱体。

（2）建立 $\phi140$ mm × 32 mm 的凸台。

（3）建立 $S\phi207.8$ mm 的球体，并切除前面的实体。

（4）建立 5 个 $R22.4$ mm 的特征。

（5）切除左侧。

（6）进入加工模块，建立粗加工、半精加工、精加工程序。

11. 建立图 5—100 所示“锻模零件”的三维模型，并完成 CNC 雕刻加工程序。

提示：

（1）建立 320 mm × 260 mm × 73. 984 mm 的长方体。

（2）建立左视图截面图，拉伸成实体，拔模角 2°，长度为 260 mm。

（3）在 320 mm × 260 mm 的平面方位上建立基准平面，在基准平面上建立 211 mm × 224 mm 的四边形，并投影在实体表面上。

（4）将投影在表面上的曲线建立偏置 27 mm，深度为 8. 7 mm 的特征，切除实体。

（5）同第四步，建立第二个拉伸特征，切除实体。

（6）建立两斜面特征。

（7）进入加工模块，建立粗加工、半精加工、精加工程序。

12. 建立图 5—101 所示三维模型，并完成 CNC 雕刻加工程序。

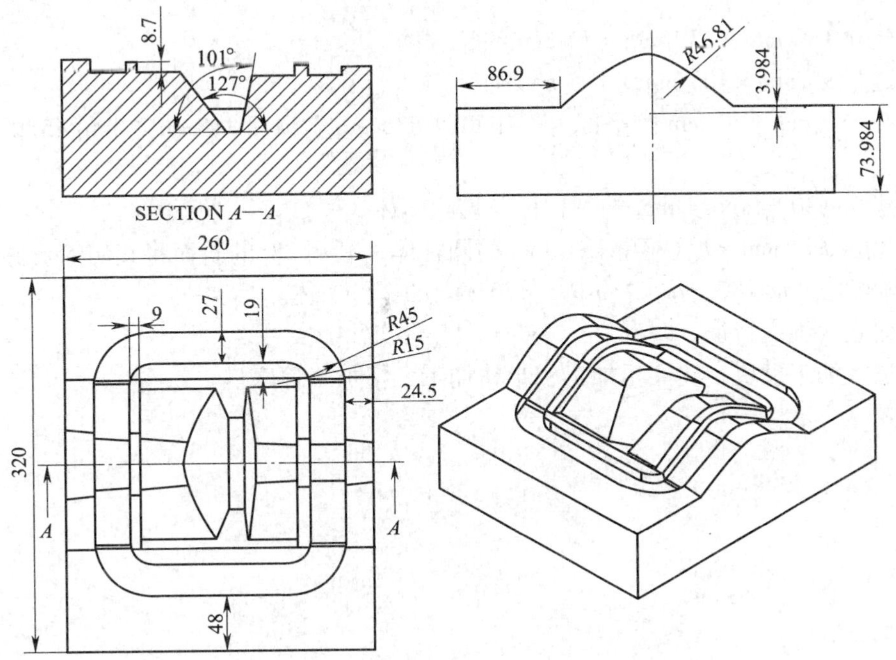

图 5—100　习题 11 零件图

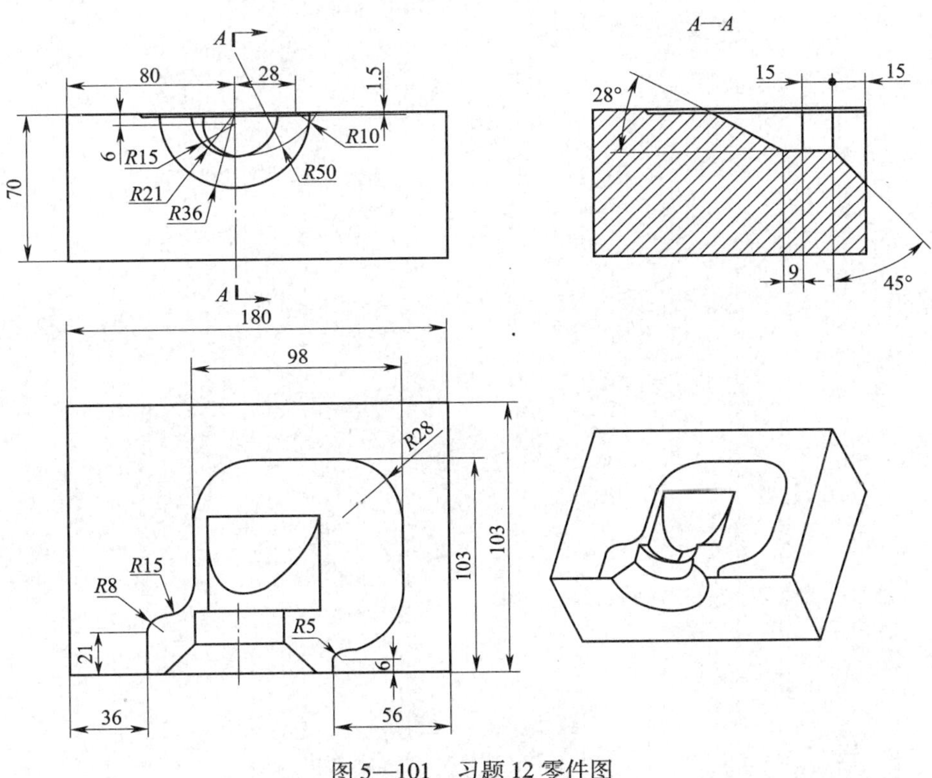

图 5—101　习题 12 零件图

提示：

（1）建立 180 mm×130 mm×70 mm 的长方体。

（2）建立 98 mm×103 mm×1.5 mm 的槽。

（3）在 180 mm×70 mm 的平面上，作底面 $R36$ mm、顶面 21 mm，半角 45°的圆锥并切除实体。

（4）建立 $\phi30$ mm×24 mm 的圆柱体，切除实体。

（5）建立 $\phi42$ mm×L（足够长）mm 的圆柱体，利用 28°的斜面将其切除。并利用切除后的圆柱体切除外形 180 mm×130 mm×70 mm 的零件实体。

（6）建立两斜面特征。

（7）进入加工模块，建立粗加工、半精加工、精加工程序。

第六章

快速成型技术

第一节　快速成型技术概论

快速成型的英文词是 Rapid Prototyping，所以又简称为 RP 技术。它是 20 世纪 80 年代末至 90 年代初发展起来的新兴制造技术，是由三维 CAD 模型直接驱动的快速制造任意复杂形状三维实体的总称。它是集成了 CAD 技术、数控技术、激光技术和材料技术等的现代科技成果，是特种加工技术的重要组成部分。

与传统制造方法不同，快速成型从零件的 CAD 几何模型出发，通过软件分层离散和数控成型系统，用激光束或其他方法将材料堆积而形成实体零件。通过与数控加工、铸造、金属冷喷涂、硅胶模等制造手段相结合，已成为现代模型、模具和零件制造的强有力手段，在航空航天、汽车摩托车、家电等领域得到了广泛应用。图 6—1 所示为同济大学利用快速成型技术制作的在 2013 年 10 月 23 日试飞成功的飞机。

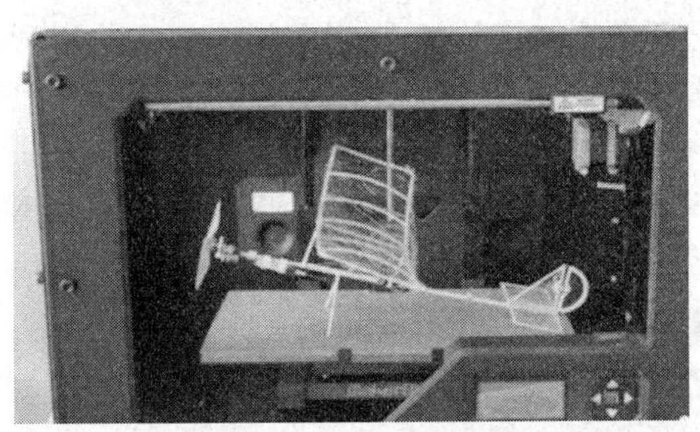

图 6—1　飞机模型

快速成型技术自问世以来，得到了迅速的发展。由于快速成型技术可以使数据模型转化为物理模型，并能有效地提高新产品的设计质量，缩短新产品的开发周期，提高企业的市场竞争力，因而受到越来越多领域的关注。

一、快速成型的基本原理

与传统的机械切削加工，如车削、铣削等“材料减削”方法不同的是，“快速成型制造技术”是靠逐层增加材料来生成零件的，是一种“材料叠加”的方法，根据三维 CAD 模型，对于不同的工艺要求，按一定厚度进行分层，将三维数字模型变成厚度很薄的二维平面模型，再将数据进行一定地处理，加入加工参数，在数控系统的控制下以平面加工方式连续加工出每个薄层，并使之粘结而成型。快速成型有很多种工艺方法，但所有的快速成型工艺方法都是一层一层地制造零件，所不同的是每种方法所用的材料不同，制造每一层添加材料的方法不同。该技术的基本特征是“分层增加材料”，即三维实体由一系列连续的二维薄切片堆叠融接而成，如图 6—2 所示。

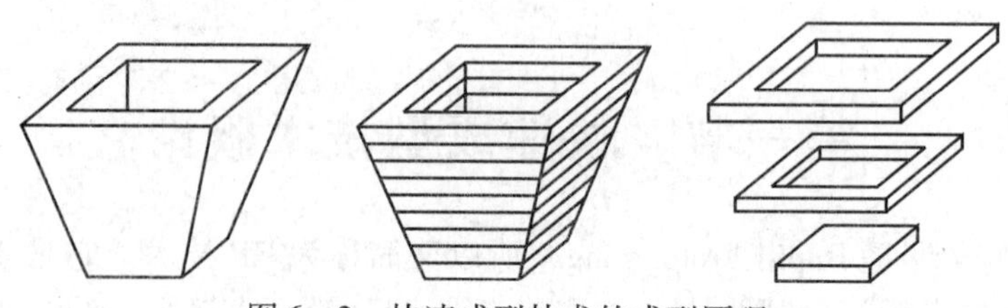

图 6—2　快速成型技术的成型原理

二、快速成型的工艺过程

1．三维模型的构造

按图纸或设计意图在三维 CAD 设计软件中设计出该零件的 CAD 实体文件。一般快速成型支持的文件输出格式为 STL 模型，以简化 CAD 模型的数据格式，便于后续的分层处理。由于它在数据处理上较简单，而且与 CAD 系统无关，所以很快发展为快速成型制造领域中 CAD 系统与快速成型机之间数据交换的标准。图 6—3 所示为以通用的 UG 软件建立三维模型，从导出文件格式中选择 STL 格式，与后续的快速成型机之间进行数据交换。

在一般的软件系统中可以通过调整输出精度控制参数，减小曲面近似处理误差。例如在图 6—3 中选择 STL 格式以后，会出现图 6—4 所示对话框，在此对话框中设置三角公差和相邻公差两个参数可以控制误差。

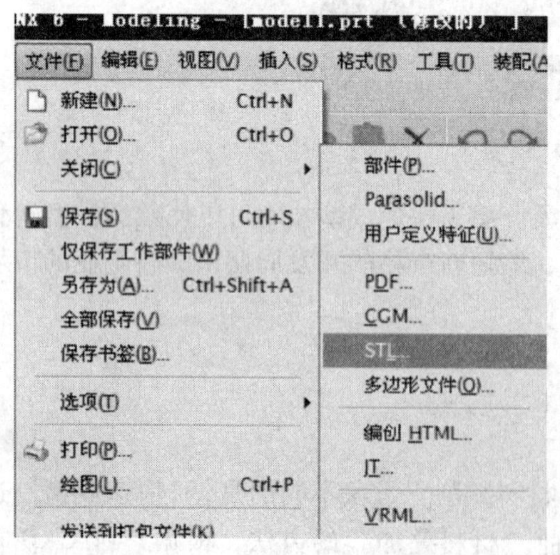

图 6—3　UG 软件中生成 STL 文件

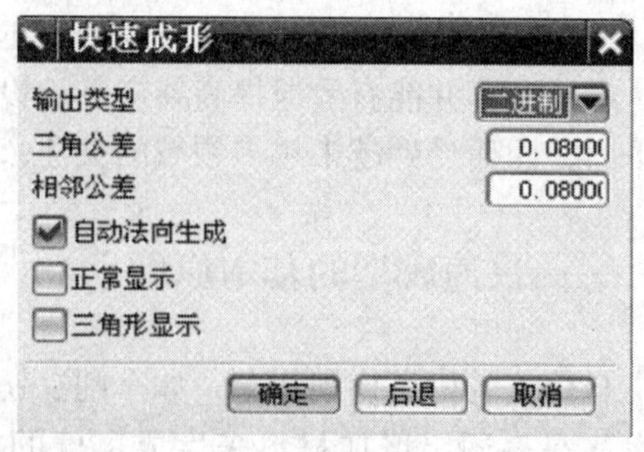

图 6—4　输出精度控制参数设置对话框

2. 三维模型的切片处理

在选定了制作方向（图 6—2 所示制作方向即为此时图形放置的竖直方向）后，通过专用的分层程序将三维实体模型（一般为 STL 模型）进行分层切片处理，获取每一薄层片截面轮廓及实体信息，如图 6—2 所示。分层的厚度就是成型时堆积的单层厚度。由于分层破坏了切片方向 CAD 模型表面的连续性，不可避免地丢失了模型的一些信息，导致零件尺寸及形状产生误差，所以分层后需要对数据做进一步的处理，以免断层的出现。切片层的厚度直接影响零件的表面粗糙度和整个零件的型面精度。

3. 成型制作

把分层处理后的数据信息传至设备控制机，选用具体的成型工艺，在计算机的控制下，逐层加工，最终形成快速成型产品。图 6—5 所示为利用快速成型技术制造的产品。

图 6—5 快速成型产品

4. 后处理

根据具体的工艺，采用适当的后处理方法，改善样品性能。

三、快速成型技术的特点

与传统的切削加工方法相比，快速成型加工具有以下特点：

1. 自由成型制造

自由成型制造也是快速成型技术的另外一个用语。作为快速成型技术特点之一的自由成型制造的含义有两个方面：一是指无须使用工模具而制作原型或零件，由此可以大大缩短新产品的试制周期，并节省工模具费用；二是指不受形状复杂程度的限制，能够制作任何形状与结构、不同材料复合的原型或零件。

2. 制造效率快

从 CAD 数模或实体反求获得的数据到制成原型，一般仅需要数小时或十几小时，速度比传统成型加工方法快得多。该项目技术在新产品开发中改善了设计过程的人机交流，缩短了产品的设计与开发周期。以快速成型机为母模的快速模具技术，能够在几天内制作出所需材料的实际产品，而通过传统的钢质模具制作产品，至少需要几个月的时间。该项技术的应用，大大降低了新产品的开发成本和企业研制新产品的风险。

3. 由 CAD 模型直接驱动

无论哪种 RP 制造工艺，其材料都是通过逐点、逐层以添加的方式累积成型的。无论哪种快速成型制造工艺，也都是通过 CAD 数字模型直接或者间接地驱动快速成型设备系统进行制造的。这种通过材料添加来制造原型的加工方式是快速成型技术区别于传统的机械加工方式的显著特征。这种由 CAD 数字模型直接或者间接地驱动快速成型设备系统的原形制作过程也决定了快速成型的制造快速和自由成型的特征。

4. 技术高度集成

当落后的计算机辅助工艺规划一直无法实现 CAD 与 CAM 一体化的时候，快速成型技术的出现较好地填补了 CAD 与 CAM 之间的缝隙。新材料、激光应用技术、计算机技术以及数控技术等的高度集成，共同支撑了快速成型技术的实现。

5. 经济效益高

快速成型技术制造原型或零件，无需工模具，也与成型或零件的复杂程度无关，与传统的机械加工方法相比，其原型或零件本身制作过程的成本显著降低。此外，由于快速成型在设计可视化、外观评估、装配及功能检验以及快速模具母模的功用，能够显著缩短产品的开发试制周期，也带来了显著的时间效益。也正是因为快速成型技术具有突出的经济效益，才使得该项技术一经出现，便得到了制造业的高度重视以及迅速而广泛的应用。

6. 精度不如传统加工

数据模型分层处理时不可避免地会出现一些数据丢失，而且分层制造必然产生台阶误差，堆积成型的相变和凝固过程产生的内应力也会引起翘曲变形，这从根本上决定了 RP 造型的精度极限。

四、工艺方法简介

目前快速成型主要工艺方法及其分类如图 6—6 所示。下面主要介绍目前较为常用的工艺方法。

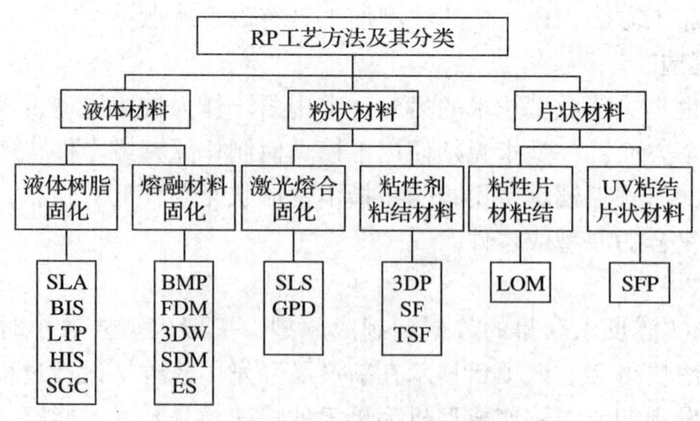

图 6—6 快速成型主要工艺方法及分类

1. **典型快速成型工艺方法简介**

（1）光固化法

光固化法是目前最为成熟和广泛应用的一种快速成型制造工艺。这种工艺以液态光敏树脂为原材料，这种材料在受到光线照射后，能在较短的时间内迅速发生物理和化学变化（光固化），完成固化。在计算机控制下的紫外激光按预定零件各分层截面的轮廓轨迹对液态树脂逐点扫描，使被扫描区的树脂薄层产生光固化反应，从而形成零件的一个薄层截面。完成一个扫描区域的液态光敏树脂固化层后，工作台下降一个层厚，使固化好的树脂表面再敷上一层新的液态树脂，然后重复扫描、固化，新固化的一层牢固地粘接在一层上，如此反复直至完成整个零件的固化成型，图6—7所示为光固化法成型原理图。

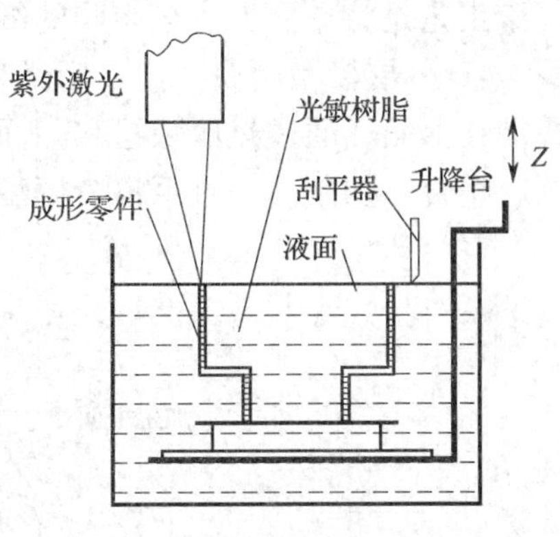

图6—7 立体光固化成型法原理图

（2）选择性激光烧结法

选择性激光烧结法是在工作台上均匀铺上一层很薄（0.1～0.2 mm）的粉末材料，激光束在计算机控制下按照零件分层截面轮廓逐点地进行扫描、烧结，使粉末固化成截面形状（见图6—8）。完成一个层面后工作台下降一个层厚，转动铺粉滚筒在已烧结的表面再铺上一层粉末进行下一层烧结。未烧结的粉末保留在原位置起支撑作用，这个过程重复进行直至完成整个零件的扫描、烧结，去掉多余的粉末，再进行打磨、烘干等处理后便获得需要的零件。用金属粉或陶瓷粉进行直接烧结的工艺正在实验研究阶段，它可以直接制造工程材料的零件。

（3）熔融沉积成型法

这种工艺是通过将丝状材料如热塑性塑料、蜡或金属的熔丝从加热的喷嘴挤出，按照零件每一层的预定轨迹，以固定的速率进行熔体沉积（见图6—9）。每完成一层，工作台下降一个层厚进行叠加沉积新的一层，如此反复最终实现零件的沉积成型。此工艺的关键是保持

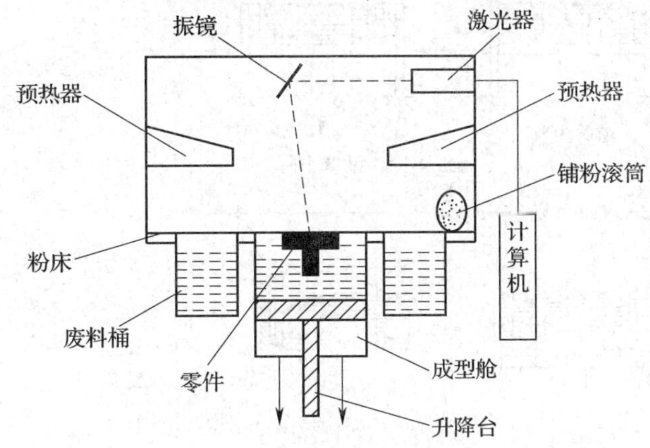

图6—8 选择性激光烧结法原理图

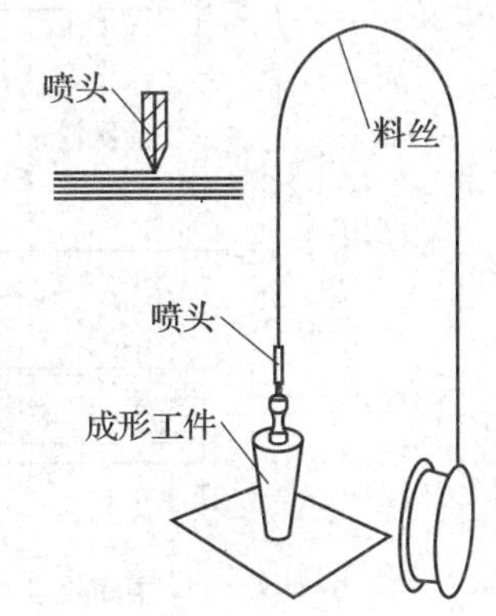

图6—9 熔融沉积成型法原理图

半流动成型材料的温度刚好在熔点之上（比熔点高 1℃左右）。其每一层片的厚度由挤出丝的直径决定，通常是 0. 25 ~0. 50 mm。

（4）分层实体制造法

该工艺是将单面涂有热熔胶的纸片通过加热辊加热粘接在一起，位于上方的激光切割器按照 CAD 分层模型所获数据，用激光束将纸切割成所制零件的内外轮廓，然后新的一层纸再叠加在上面，通过热压装置和下面已切割层粘合在一起，激光束再次切割，如此反复逐层切割、粘合、切割……直至整个模型制作完成，如图 6—10 所示。

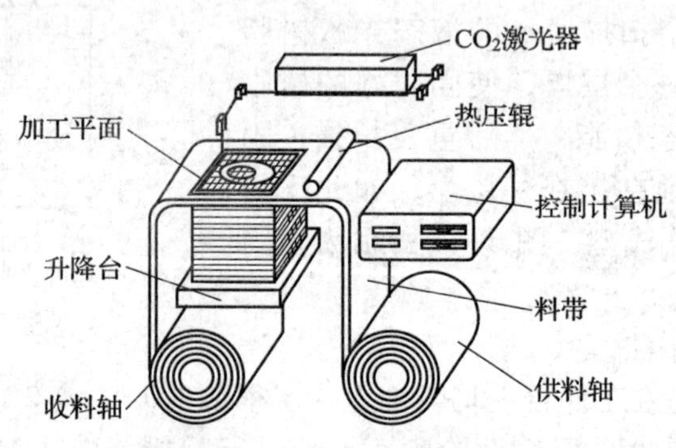

图 6—10　分层实体制造法原理图

（5）三维印刷法

三维印刷法是利用喷墨打印头逐点喷射粘合剂来粘结粉末材料的方法制造原型。三维印刷法的成型过程与选择性激光烧结法相似，只是将选择性激光烧结法中的激光变成喷墨打印机喷射结合剂，如图 6—11 所示。

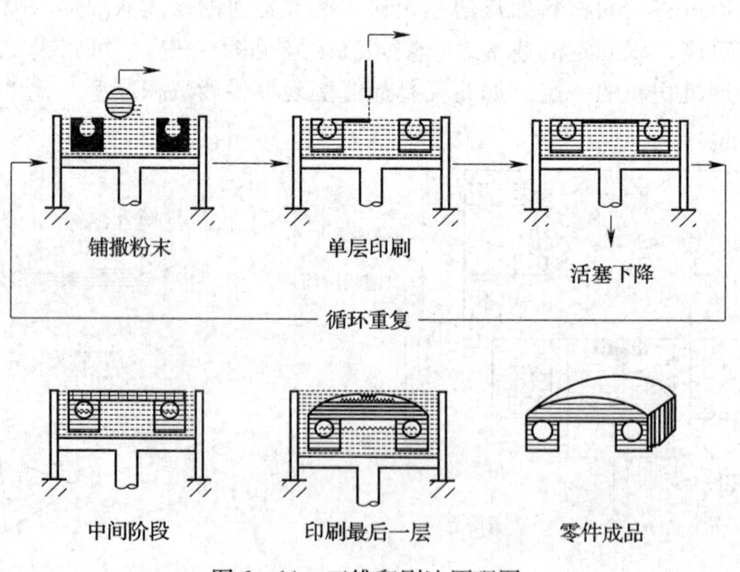

图 6—11　三维印刷法原理图

2. 典型快速成型工艺比较

几种典型的快速成型工艺比较见表6—1。

表6—1 几种典型的快速成型工艺比较

	光固化成型	分层实体制造	选择性激光烧结	熔融沉积成型	三维印刷技术
优点	（1）成型速度快，自动化程度高，尺寸精度高 （2）可成型任意复杂形状 （3）材料的利用率接近100% （4）成型件强度高	（1）无需后固化处理 （2）无需支撑结构 （3）原材料价格便宜，成本低	（1）制造工艺简单，柔性度高 （2）材料选择范围广 （3）材料价格便宜，成本低 （4）材料利用率高，成型速度快	（1）成型材料种类多，成型件强度高 （2）精度高，表面质量好，易于装配 （3）无公害，可在办公室环境下进行	（1）成型速度快 （2）成型设备便宜
缺点	（1）需要支撑结构 （2）成型过程发生物理和化学变化，容易翘曲变形 （3）原材料有污染 （4）需要固化处理，且不便进行	（1）不适宜做薄壁原型 （2）表面比较粗糙，成型后需要打磨 （3）易吸湿膨胀 （4）工件强度差，缺少弹性 （5）材料浪费大，清理废料比较困难	（1）成型件的强度和精度较差 （2）能量消耗高 （3）后处理工艺复杂，样件的变形较大	（1）成型时间较长 （2）需要支撑 （3）沿成型轴垂直方向的强度比较弱	（1）一般需要后序固化 （2）精度相对较低
应用领域	复杂、高精度、艺术用途的精细件	实体大件	铸造件设计	塑料件外形和机构设计	应用范围广泛
常用材料	热固性光敏树脂	纸、金属箔、塑料薄膜等	石蜡、塑料、金属、陶瓷粉末等	石蜡、塑料、低熔点金属等	各种材料粉末

第二节 快速成型设备
——三维打印机

本节主要以现下较流行的UP三维打印机进行介绍。UP系列三维打印设备应用了快速成型工艺中的熔融沉积快速成型技术，它可以方便地直接打印出各类模型实物，适用于多个行业领域，满足不同人群的特殊需求。

三维打印机主要由三维打印机主机和其控制软件组成。

一、三维打印机主机

三维打印机主机的基本构造如图 6—12 所示，主要包含了喷料嘴、水平校准器、打印平台等。主要部件的作用见表 6—2。

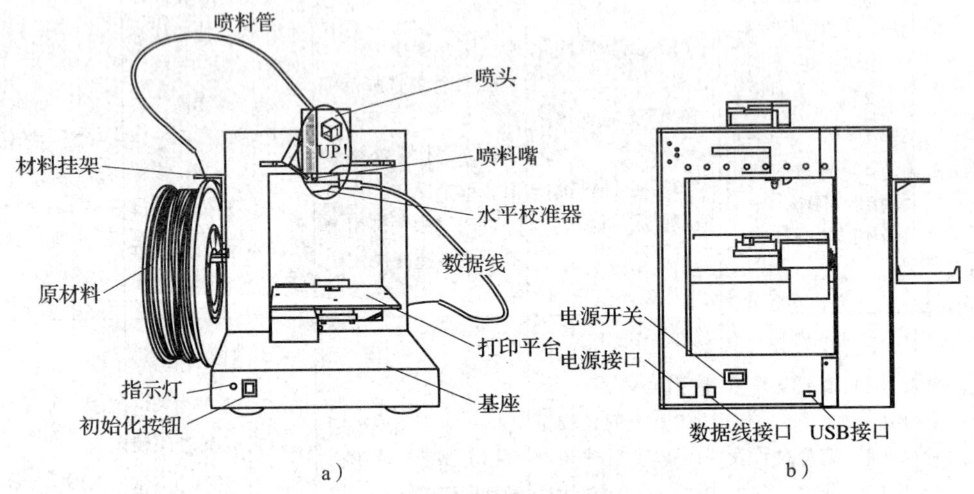

图 6—12　三维打印机构造

a）正面图　b）背面图

表 6—2　　三维打印机主机主要部件作用

序号	名称	作　用
1	初始化按钮	启动三维打印工作或故障清除后重启动
2	打印平台	打印产品所处的位置
3	水平校准器	对打印平台的水平校准
4	数据线	连接机器背面的数据线接口和喷头上的数据线接口
5	USB 接口	利用 USB 数据线将三维打印机与电脑进行连接，以便控制软件控制三维打印工作

二、控制软件

1．软件界面

软件的主界面包含了下拉菜单条、工具条、图形区域等部分，如图 6—13 所示。

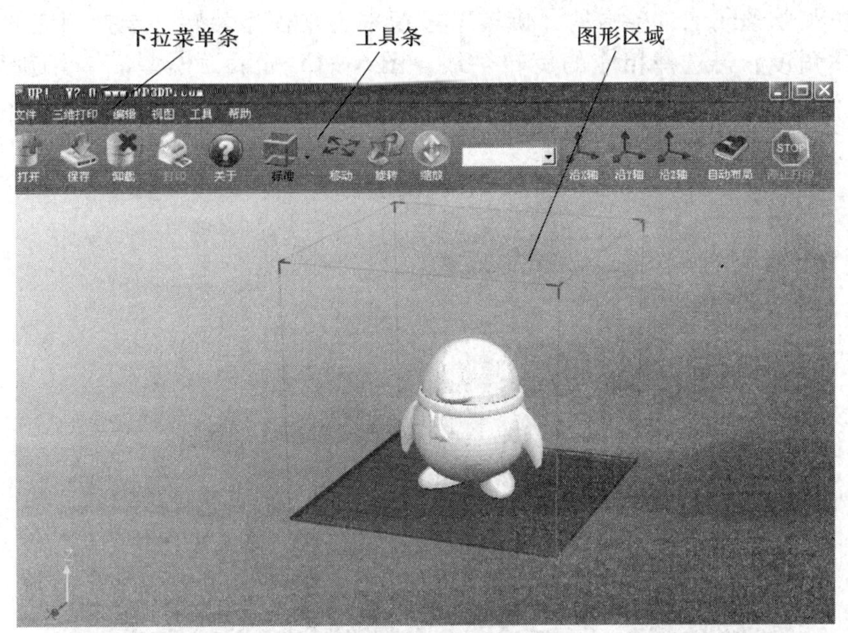

图 6—13　UP 软件

2. 基本功能

(1) 模型数据处理

1) 模型载入

点击菜单中的“打开”，选择一个需要打印的模型，模型格式主要有 STL 格式和 UP3 格式。

2) 卸载模型

将鼠标移至模型上，点击鼠标左键选择模型，然后在工具条中选择“卸载”。

3) 保存模型

选择模型，然后点击保存。文件会以 UP3 格式保存，并且大小是原 STL 文件大小的 10% ~18%，非常便于存档或转换文件，图 6—14 所示为某同一模型的 STL 格式与 UP3 格式文件的属性。

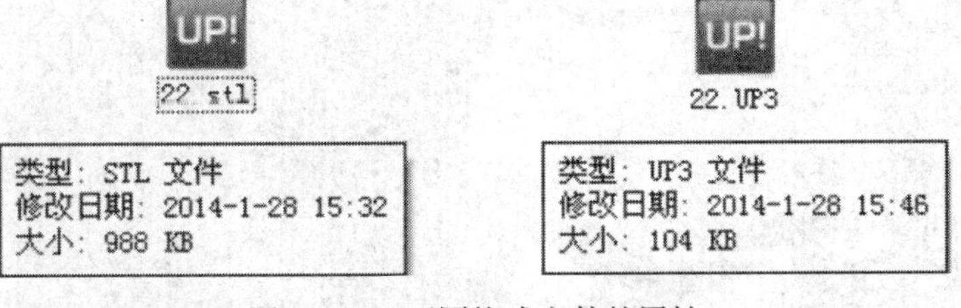

图 6—14　不同格式文件的属性

(2) 模型转换

1) 旋转模型

通过下拉菜单条或工具条中的“旋转”按钮来实现模型旋转，选择相应的旋转角度，或者输入具体角度，再选择相应的旋转轴线。图 6—15 所示为模型沿 Z 轴旋转 45°的结果。

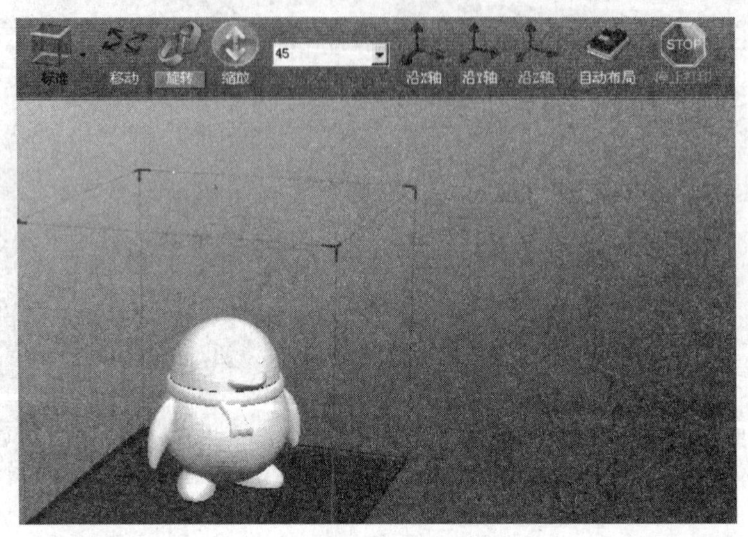

图 6—15　旋转模型

2）缩放模型

点击“缩放”按钮，在工具栏中选择或者输入一个比例，然后再次点击缩放按钮缩放模型；如沿着一个方向缩放，选择这个方向轴即可。如果需要全局放大，则再按一次“缩放”按钮，图 6—16 所示为模型在图 6—15 的基础上全局放大两倍的结果。

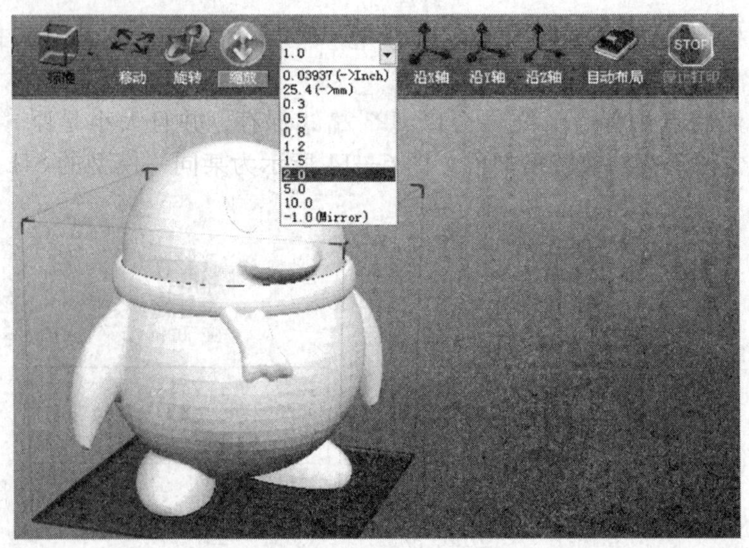

图 6—16　缩放模型

3）移动模型

点击“移动”按钮，在文本框里输入移动的距离，然后选择移动的坐标轴。每点击一次坐标轴按钮，模型都会按照设置的距离重新移动一次，图 6—17 所示为在图 6—16 的基础上沿 Y 轴移动 100 mm 的结果。

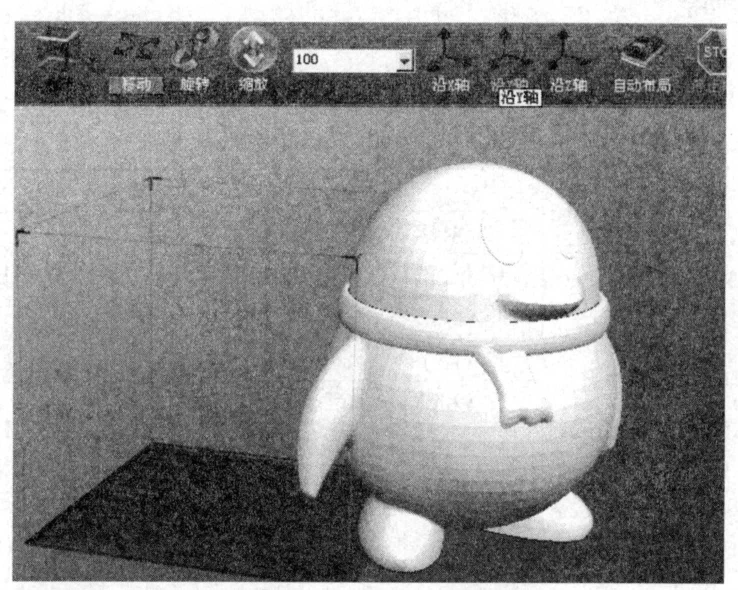

图 6—17　移动模型

4）模型的单位转换

此选项可将模型的单位转换为英制，反之亦然。为了将模型单位转换为公制，需要从标尺菜单中选择 25.4（见图 6—16），然后再次点击“标尺”按钮。如将模型单位从公制转换成英制，需从标尺菜单中选择 0.03937，然后再次点击“标尺”按钮。

（3）模型布局

将模型放置于平台的适当位置，有助于提高打印的质量。一般尽量将模型放置在平台的中央。

1）自动布局

点击工具栏的“自动布局”按钮，软件会自动调整模型在平台上的位置。图 6—15 即为自动布局模型的结果。

2）手动布局

按住 Ctrl 键，同时用鼠标左键选择目标模型，移动鼠标，拖动模型到指定位置。

3）使用“移动”按钮

点击工具栏上的“移动”按钮，选择或在文本框中输入距离数值，然后选择想要移动的方向轴。

第三节　三维打印机的安全操作与维护保养

一、故障排除

三维打印机的常见问题或错误的解决方法见表6—3。

表6—3　三维打印机故障排除及解决方法

序号	问题或错误	解决方法
1	无电	确认电源线是否牢固的插入
2	喷头或平台未能达到工作温度	1. 检查打印机是否初始化，如果没有，初始化打印机
		2. 加热器损坏，更换加热器
3	打印材料无法挤出	1. 材料在喷头内堵住，利用控制软件中的挤出维护功能
		2. 轴承和送丝机之间的间隙过大
4	无法和打印机相连接	1. 确保USB连接线将打印机和计算机连接正常
		2. 拔掉USB连接线，然后再次插入
		3. 打开复位开关，关闭电源再打开电源
		4. 重启电脑

二、安全操作事项

1. 移除模型

在打印平台上直接移除模型会使整个平台弯曲，图6—18a所示即为错误操作，应该按照图6—18b所示将打印平板从打印平台上取下来后再进行模型移除。

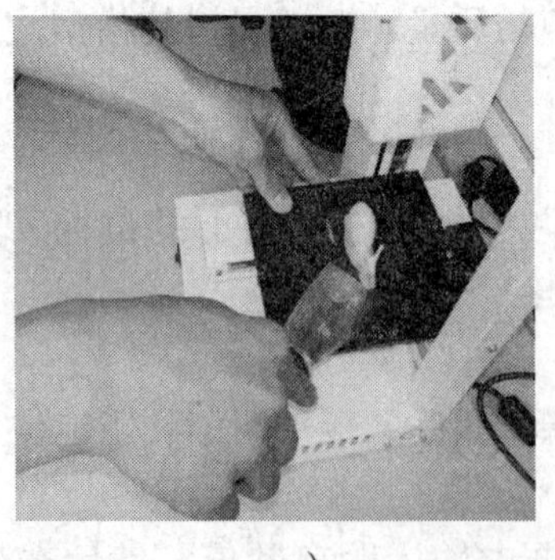

a）

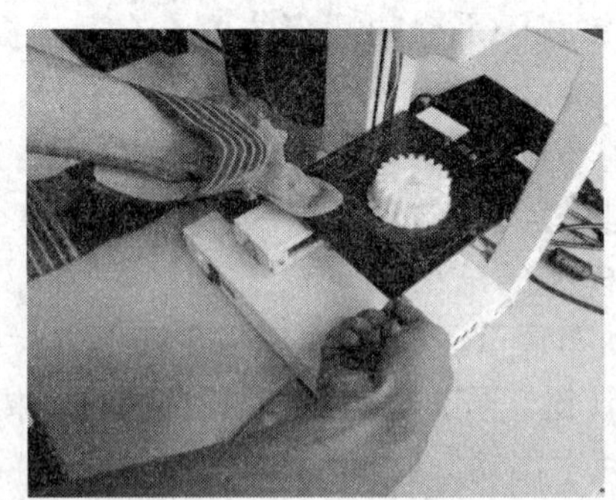

b）

图6—18　移除模型的操作

a）错误　b）正确

2．佩戴眼镜

图 6—19a 所示操作人员未佩戴眼镜进行三维打印操作即为错误操作，应该按照图 6—19b所示佩戴眼镜操作。需要佩戴眼镜操作的主要原因是在移除辅助支撑材料时可能会有细小碎片粉末飞入眼睛。

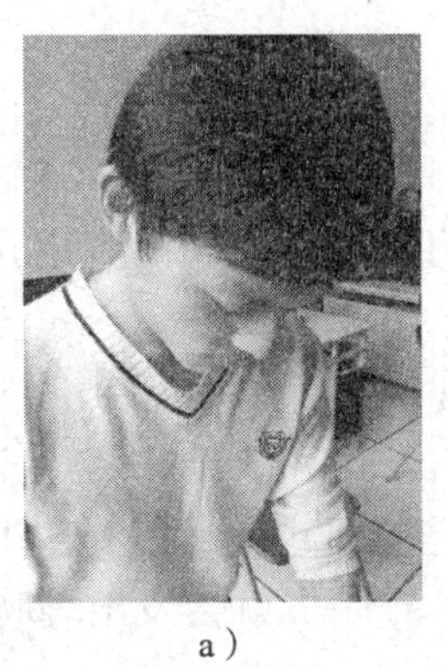

a）

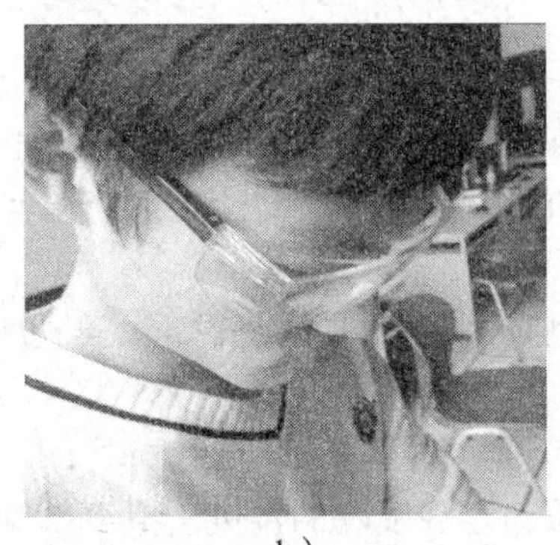

b）

图 6—19　佩戴眼镜的操作

a）错误　b）正确

3．佩戴手套

图 6—20a 所示操作人员未佩戴手套在打印平板上移除模型为错误操作，应该按照图 6—20b 所示佩戴手套操作，以免烫伤手。同时还应注意一般保护手套会在 200℃左右熔化，因此也不要戴着手套触摸喷头等高温部件。

为避免燃烧或模型变形，当打印机正在打印或打印刚完成时，禁止触摸模型、喷嘴、打印平台或机身其他部分。

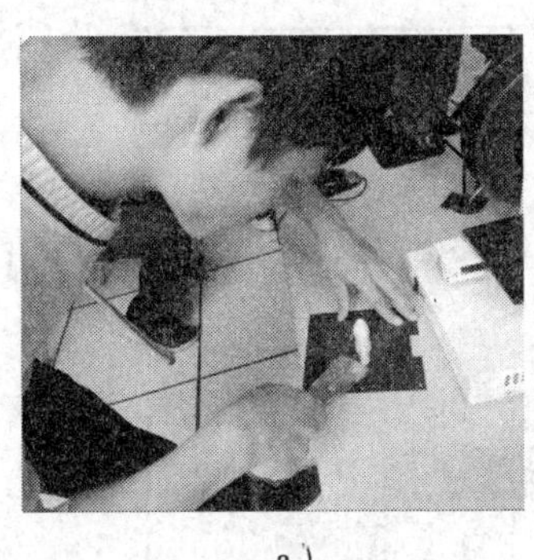

a）

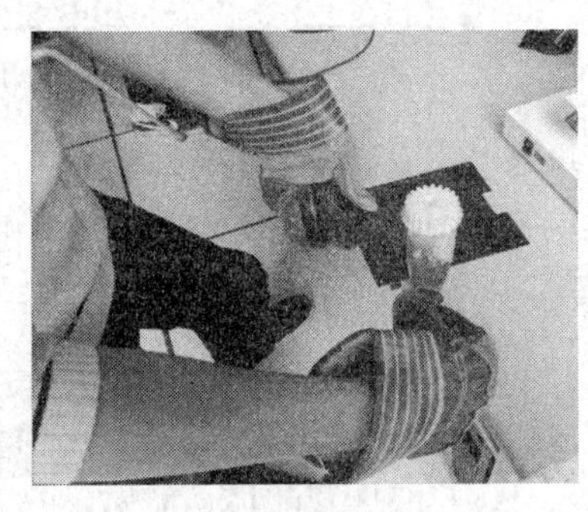

b）

图 6—20　佩戴手套操作

a）错误　b）正确

4．工作环境

（1）在三维打印过程中，会产生轻微的气味，但不会使人感到不适，因此建议在通风良好的环境下使用。

（2）尽量使打印机远离气流，因为气流可能会对打印质量造成一定影响。

（3）三维打印机的正常工作室温应介于15℃至30℃之间，湿度在20%至50%之间，如果超过此范围，可能会影响成型质量。

三、维护

1．更新材料

（1）撤出打印机的剩余材料。初始化打印机并选择3D打印菜单，点击“退出”按钮，系统会自动开始加热喷嘴。当喷嘴达到适当温度时，打印机会发出蜂鸣声，然后就可以慢慢地从喷头抽出材料。

（2）把一卷新的材料放在材料卷上，经过喷料管拉出，直到超出喷料管10 cm左右，然后从喷嘴的孔内插入。

（3）在3D打印菜单中选择维护菜单中的“维护”按钮，弹出图6—21所示对话框，然后点击“挤出”按钮。在喷嘴的温度上升到260℃后，打印机就会发出蜂鸣声，将丝材从喷嘴的孔内拉出，稍稍用力，喷嘴就会自动挤出丝材。

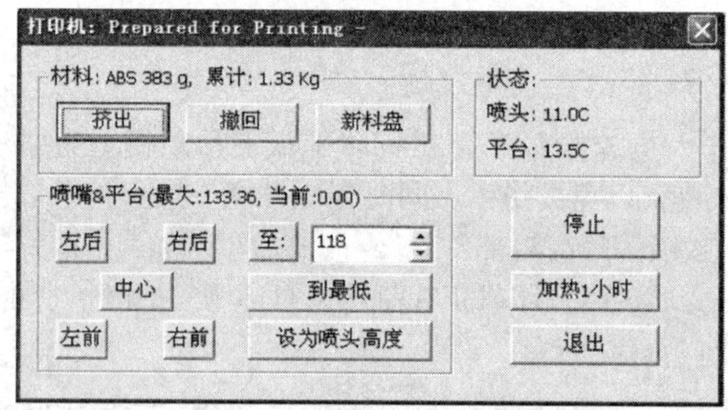

图6—21　打印机维护对话框

（4）更新材料参数

点击图6—21所示对话框中的“新料盘”按钮，出现图6—22所示界面，输入新材料的类型和重量参数。

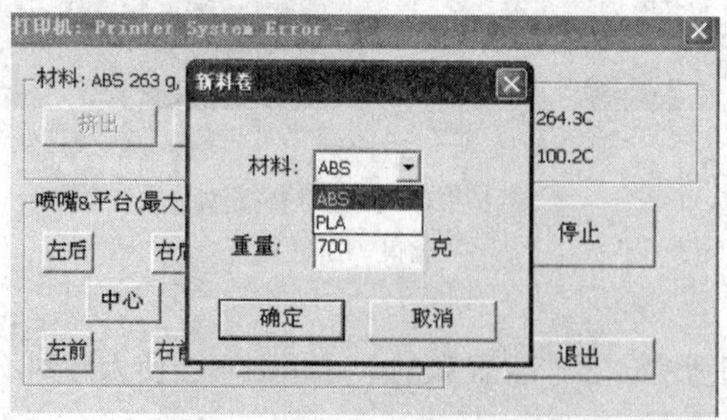

图6—22　新材料参数的更新

2．清洗喷嘴

多次打印之后喷嘴可能会覆盖一层氧化的 ABS。当打印机打印时，氧化的 ABS 可能会熔化，可能会造成模型表面变色，所以需要定期清洗喷嘴。

（1）预热喷嘴，熔化被氧化的 ABS。点击维护对话框中"挤出"按钮，然后降低平台至底部。

（2）使用一些耐热材料（纯棉布或软纸）和镊子工具，清洗喷嘴，如图 6—23 所示。

3．拆除/更换喷嘴

如果喷嘴堵住，用户需将喷嘴拆除或更换。使用 UP 打印机随机配备的喷嘴扳手来拆卸喷嘴，如图 6—24 所示。操作时需要注意喷头温度不低于 200℃。

图 6—23　清洗喷嘴

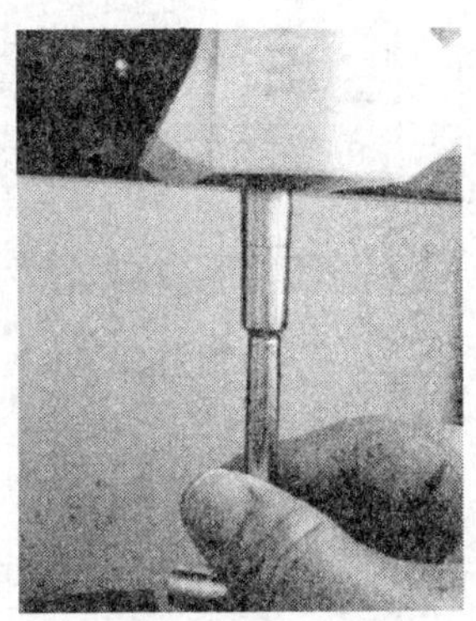

图 6—24　拆除喷嘴

第四节　三维打印水车模型

图 6—25 所示为水车模型，不难看出此产品是一个装配件，主要由三个部件构成，分别是机架部件，水轮、齿轮、轴等组成的传动部件，磨部件。所有零件均由三维打印制作。

图 6—25　水车模型

一、三维模型数据处理

利用三维软件设计制作水车的三维数字模型，并用 STL 格式导入到 UP 三维打印控制软件，如图 6—26 所示。利用三维打印软件的相关编辑功能，将三维模型调整到最佳位置准备打印。

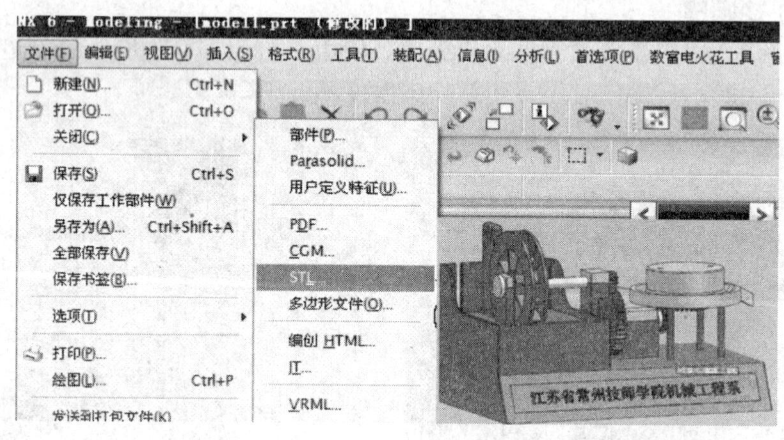

图 6—26　水车三维数字模型

二、打印准备工作

1. 初始化打印机

点击控制软件的三维打印菜单下面的“初始化”选项，如图 6—27 所示，当打印机发出蜂鸣声，初始化即开始。打印喷头和打印平台将再次返回到打印机的初始位置，当准备好后将再次发出蜂鸣声。

2. 调平打印平台

将水平校准器吸附至喷头下侧，并将双头线依次插入水平校准器和机器后方底部的插口（见图 6—28），当点击“三维打印”下拉菜单中的“平台水平校准”选项时，水平校准器将会依次对平台的九个点进行校准，并自动列出当前各点数值。

如果经过水平校准后发现打印平台不平或喷嘴与各点之间的距离不相同，可通过调节平台底部的螺丝来实现矫正。图 6—29 所示为拧松一个螺丝，平台相应的一角将会升高。拧紧或拧松螺丝，直到喷嘴和打印平台四个角的距离一致。

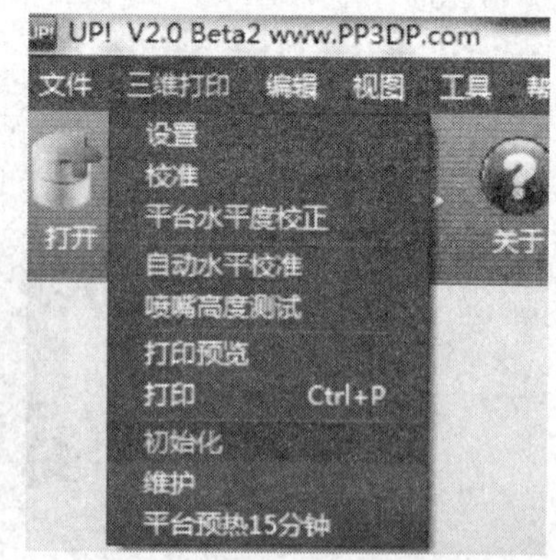

图 6—27　初始化打印机

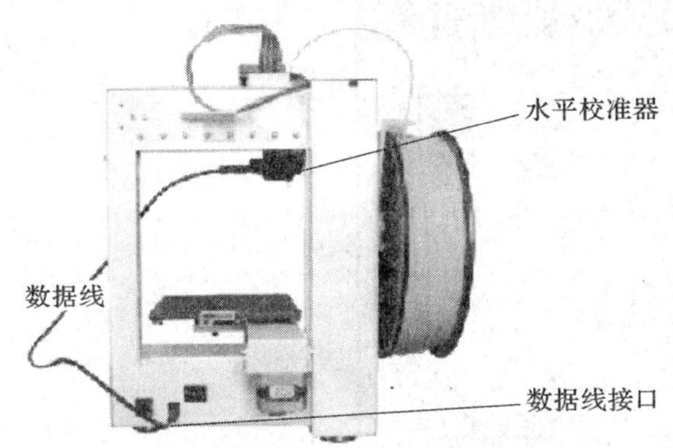

图 6—28　打印平台调平时的数据线连接方法

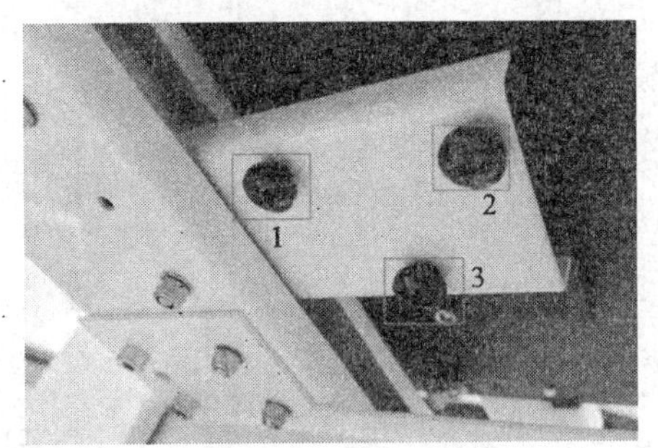

图 6—29　平台水平调节螺丝位置

3. 校准喷嘴高度

在设定喷嘴高度前，可以借助打印平台后部的“自动对高块”来测试喷嘴高度（见图 6—30）。测试前，将水平校准器自喷头取下，并确保喷嘴干净以便测量准确。将数据线分别插入自动对高块和机器后方的数据线插口，然后点击“三维打印”下拉菜单中的“喷嘴高度测试”选项，平台会逐渐上升，测试即完成。

4. 准备打印平台

打印前，需将平台备好，才能保证模型稳固，不至于在打印的过程中发生偏移。借助平台自带的八个弹簧固定打印平板，在打印平台下方有八个小型弹簧，将平板按正确方向置于平台上，然后轻轻拨动弹簧以便卡住平板（见图 6—31）。

图 6—30　校准喷嘴高度

图 6—31　拨动弹簧

5. 打印参数设置

点击“三维打印”下拉菜单中的“设置”选项弹出图 6—32 所示对话框。

（1）设置层片厚度

设定打印层厚，根据模型的不同，每层厚度设定在 0.15 ~ 0.4 mm。层片厚度越小，产品表面质量越好。

（2）填充

有四种方式填充内部支撑，具体见表 6—4。

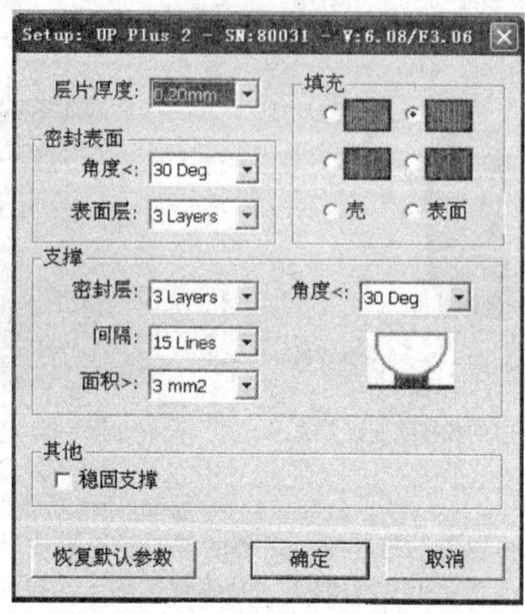

图 6—32　打印参数设置

表 6—4　　填充内部支撑的方式

序号	图标	说　明	支撑体实物图
1		该部分是由塑料制成的最坚固部分。在制作工程部件时建议使用此设置	
2		该部分的外部壁厚大约为 1.5 mm，但内部为网格结构填充	
3		该部分的外部壁厚大约为 1.5 mm，但内部为中空网格结构填充	
4		该部分的外部壁厚大约为 1.5 mm，但是内部由大间距的网格结构填充	

为提高水车模型打印的速度，同时满足结构的强度，选择层片厚度为 0.2 mm、第二种填充方式进行打印。

（3）支撑选项

在实际模型打印之前，打印机会先打印出一部分底层。当打印机开始打印时，它首先打印出一部分不坚固的丝材，直到开始打印主材料时，打印机才开始一层层地打印实际模型。

1）密封层

为避免模型主材料凹陷入支撑网格内，在贴近主材料被支撑的部分要做数层密封层，而具体层数可在支撑密封层选项内进行选择（可选范围为 2 ~ 6 层，系统默认为 3 层），支撑间隔取值越大，密封层数取值相应越大。

2）角度

它是使用支撑材料时的角度。例如设置成 20°，在表面和水平面的成型角度大于 20°的时候，支撑材料才会被使用。

零件在打印平台上的方向决定使用多少支撑材料和移除支撑材料的难易程度。一般情况下，从外部移除支撑比从内部移除要简单些，并且面朝下打印比面朝上打印要使用更多的支撑材料，如图 6—33 所示。水车模型中的支架箱体零件就应该安排成面朝上的方式放置。

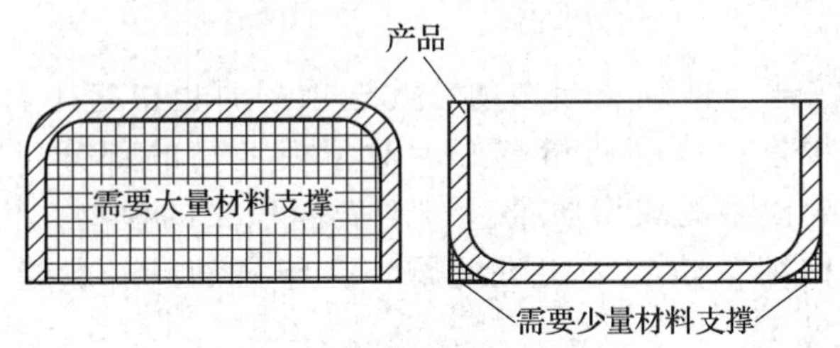

图 6—33　支撑材料的使用

三、打印

1. 防止缺陷发生

水车模型零件较多，为提高效率将所有零件布置在打印平台一次打印，这样打印平台大部分被占用。由于打印平台的边缘部分比中间部分要凉一些，这样会导致处在打印平台边缘的打印材料两边卷曲。为防止此现象发生应做到以下几点：

（1）确保打印平台在水平面上。

（2）喷嘴的高度设置准确。

（3）点击 3D 打印菜单的预热按钮，打印机开始对平台加热。在温度达到 100℃时开始打印，保证打印平台被预热完全。

2. 打印参数的设置

点击“三维打印”的“打印”按钮，在打印对话框中设置打印参数（如质量），点击“OK”开始打印。图 6—34 所示为水车零件打印参数设置对话框。

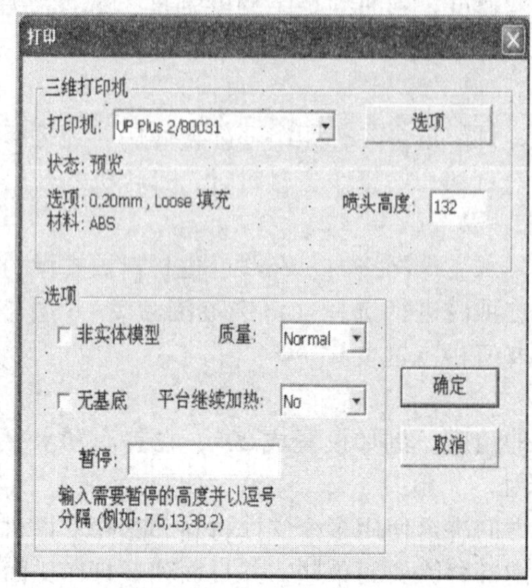

图 6—34 “打印”选项对话框

(1) 质量

质量分为普通、快速、精细三个选项。此选项同时也决定了打印机的成型速度。通常情况下，打印速度越慢，成型质量越好。对于模型高的部分，以最快的速度打印会因为打印时的颤动影响模型的成型质量。对于表面积大的模型，由于表面有多个部分，打印的速度设置成“精细”也容易出现问题，打印时间越长，模型的角落部分越容易卷曲。

(2) 非实体模型

当所要打印的模型为非完全实体，如存在不完全面时，选择此项。

(3) 无基底

选择此项，在打印模型前将不会产生基底。该模式可以提升模型底部平面的打印质量。

(4) 平台继续加热

选择此项，平台在开始打印模型后继续加热。

(5) 暂停

在方框内输入想要暂停打印的高度，当打印机打印至该高度时，将会自动暂停打印，直至单击“恢复打印位置”。

水车模型打印时可选用“普通”选项，同时也不存在非完全实体零件。水车模型零件较多，打印需要较长的时间，中途可以设置暂停高度。图 6—35 所示为打印中的水车模型。

图 6—35 三维打印中的零件

四、移除模型

1. 当完成模型打印时，打印机会发出蜂鸣声，喷嘴和打印平台会停止加热。
2. 将扣在打印平台周围的弹簧顺时针别在平台底部，将打印平台轻轻撤出。
3. 把铲刀慢慢地滑动到模型下面，来回撬松模型。

五、后期制作

后期制作还包含材料的上色（见图6—36）、零件的装配（见图6—37）等。这些制作过程与快速成型技术没有关联，不再赘述。

图6—36　材料上色

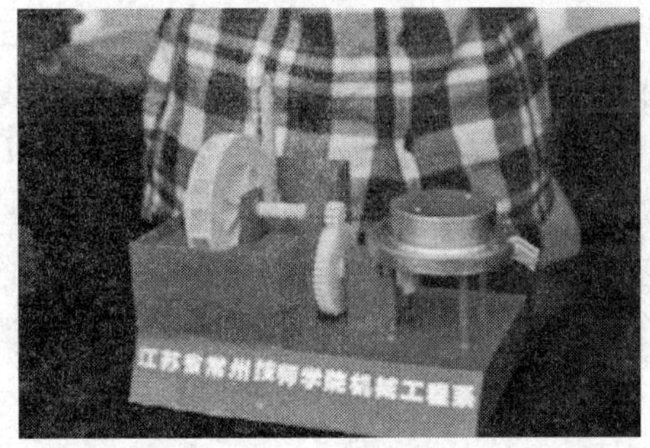

图6—37　零件装配

思考与练习

1. 什么是快速成型？
2. 简述快速成型的基本原理。
3. 简述快速成型的特征。
4. 常用的快速成型工艺方法有哪些？
5. 三维打印机主机主要有哪些构成部分？
6. 试述三维打印机的常见故障及排除方法。
7. 试述三维打印的基本流程。

第七章

电切削工职业技能鉴定应会模拟试题

依据国家职业标准《电切削工》的要求，对电切削工应进行综合素质的考核。考核主要包含两个方面的内容：一是基本要求，二是工作要求。基本要求就是对电切削工职业道德、机械识图、机械测量与公差配合、常用金属材料及热处理、计算机应用、冷加工、电加工原理及工艺、工量具使用、电工基础知识、安全生产、环境保护及质量管理等方面知识的掌握程度进行考核。工作要求就是针对读图与识读工艺、设备维护与保养、工件装夹、零件加工与检测等方面对操作者的操作技能进行考核。

电切削工的工作考核考生可自由选择线切割加工或者电脉冲加工。工作考核内容主要分操作者的核心技能和辅助技能两个模块。从程序编制、机床调整、加工质量评估、设备维护与保养、工作液配制五个子模块对电切削工所必须掌握的工作内容进行考核。考核读图与识读工艺、编制程序、设备维护与保养、调整机床、装夹工件、加工工件、检测工件、误差分析八个方面的工作内容的操作熟练程度，评判是否达到相应等级的职业资格水平。

中级电切削工应会——线切割加工试题

××省职业技能鉴定

电切削工（线切割）中级 操作技能考核准备通知单（考场）

试题 1

一、设备材料准备

序 号	设备材料名称	规 格	数 量	备 注
1	板料	80 mm×80 mm×10 mm	1	45 钢
2	线切割机床		1	
3	夹具	线切割专用夹具	1	
4	划线平台	400 mm×500 mm	1	
5	台钻	Z4012	1	
6	钻夹头	台钻专用	1	
7	钻夹头钥匙	台钻专用	1	
8	切削液	线切割专用	若干	
9	手摇柄	线切割专用	1	
10	紧丝轮	线切割专用	1	
11	铁钩	线切割专用	1	
12	活扳手		若干	
13	钼丝	ϕ0.18 mm、ϕ0.20 mm	若干	
14	其他	线切割机床辅具	若干	

二、备料图

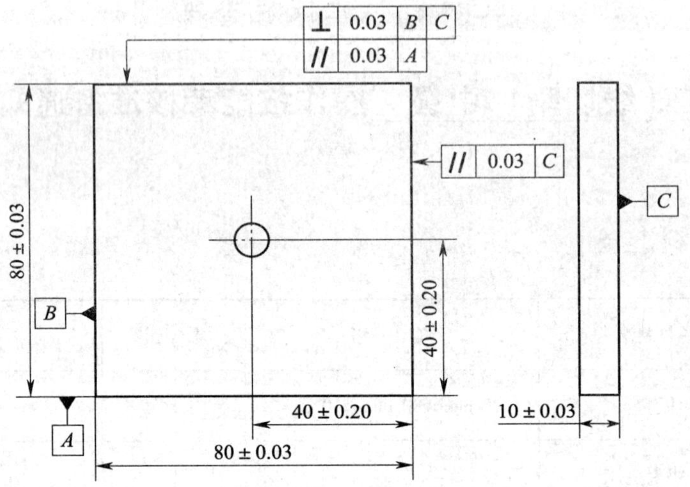

××省职业技能鉴定

电切削工（线切割）中级 操作技能考核准备通知单（考生）

试题 1

类别	序号	名称	规　格	精度	数量
量具	1	外径千分尺	0～25 mm、25～50 mm、50～75 mm	0.01 mm	各 1
	2	游标卡尺	0～150 mm	0.02 mm	1
	3	钢直尺	0～150 mm		1
	4	高度划线尺	0～300 mm	0.02	1
	5	万能角度尺	0°～320°	2′	1
	6	刀口角尺	63 mm×100 mm	0 级	1
	7	刀口直尺	125 mm	0 级	1
	8	塞　尺	0.02～1 mm		1
	9	半径规	*R*1～6.5 mm、*R*7～14.5 mm、*R*15～25 mm		各 1
	10	V 形铁	90°		1
	11	钟形百分表	0～10 mm	0.01 mm	1
	12	杠杆百分表	0～0.8 mm	0.01 mm	1
刃具	1	平板锉	6 寸中齿、细齿		若干
	2	什锦锉			若干
	3	钻头	ϕ3 mm、ϕ6 mm		若干
	4	剪刀			1
其他工具	1	手锤			1
	2	样冲			1
	3	磁力表座			1
	4	悬臂式夹具			1
	5	划针			1
	6	靠铁			1

续表

类别	序号	名称	规　格	精度	数量
其他工具	7	蓝油			若干
	8	毛刷	2″		1
	9	活扳手	12 in		1
	10	一字旋具			若干
	11	十字旋具			若干
	12	万用表			1
	13	棉丝			若干
	14	标准圆棒	ϕ6 mm、ϕ8 mm、ϕ10 mm		
编写工艺工具	1	铅笔		自定	自备
	2	钢笔		自定	自备
	3	橡皮		自定	自备
	4	绘图工具		1套	自备
	5	计算器		1	自备

××省职业技能鉴定

电切削工（线切割）中级 操作技能考核试卷

考件编号：______ 姓名：__________ 准考证号：______________ 单位：____________

试题 1

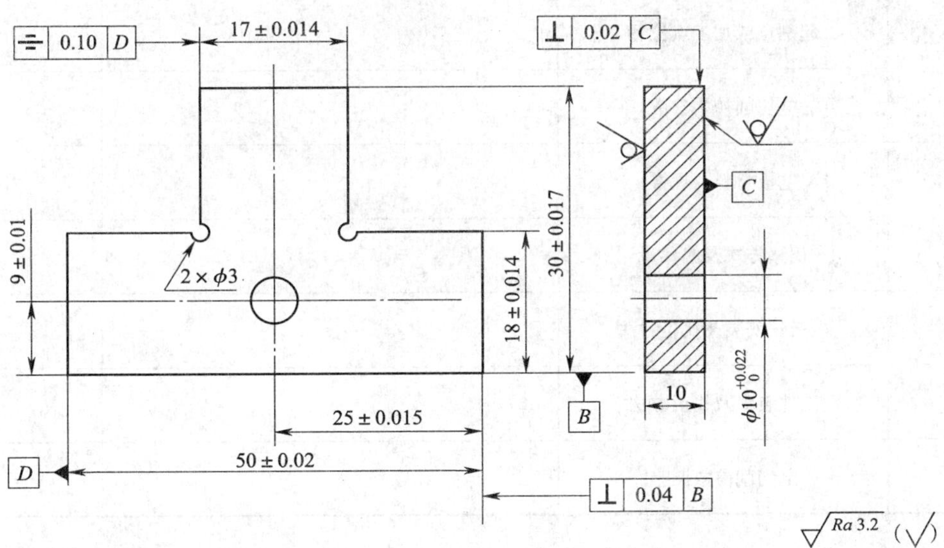

技术要求

1. 各加工棱边不能倒角。
2. 未注公差采用IT8。
3. 各加工表面一次切割成型，不能修整。

本题分值：100 分

考核时间：130 分钟

考核形式：操作

具体考核要求：独立完成

××省职业技能鉴定

电切削工（线切割）中级 操作技能考核工艺表

考件编号：______姓名：__________准考证号：______________ 单位：____________

电切削工艺表

序号	项目	内 容	备 注
1	起割点或加工点位置		
2	电切削初始参数		
3	电极材料及规格		
4	偏移方式及偏移量		
5	电极丝安装及找正方法		
6	工件装夹及找正方法		
7	电切削参数调整		

××省职业技能鉴定

电切削工（线切割）中级 操作技能考核评分记录汇总表

考件编号：______姓名：__________准考证号：______________单位：____________

总成绩表

项目	序号	技术要求	配分	评分标准	检测记录	得分
加工质量评估（80）	1	（50 ±0.02） mm	4	超差全扣		
	2	（30 ±0.017） mm	3	超差全扣		
	3	（17 ±0.014） mm	3	超差全扣		
	4	（18 ±0.014） mm	3×2	超差全扣		
	5	与 B 面的垂直度≤0.04 mm	8	超差全扣		
	6	（25 ±0.10） mm	4	超差全扣		
	7	$\phi 8^{+0.022}_{0}$ mm	4	超差全扣		
	8	（9 ±0.01） mm	4	超差全扣		
	9	Ra3.2 μm	2×11	超差全扣		
	10	对称度≤0.10 mm	6	超差全扣		
	11	与 C 面的垂直度≤0.02 mm	2×8	超差全扣		
	12	工件缺陷	倒扣分	酌情扣分，重大缺陷加工质量评估项目全扣		
程序编制（10）	13	加工点设置符合工艺要求	3	不合理全扣		
	14	电切削参数选择符合工艺要求	2	不合理全扣		
	15	电极材料规格选择正确	2	不合理全扣		
	16	工件装夹找正符合工艺要求	3	不合理每处扣1~3分		
机床调整辅助技能（10）	17	电极丝安装及找正符合规范	3	不符合要求每次扣1分		
	18	工件装夹及找正操作熟练	3	不规范每次扣1分		
	19	机床清理、复位及保养	4	不符合要求全扣		
文明生产	20	人身、机床、刀具安全	倒扣分	每次倒扣5分，重大事故记总分零分		

评分人：　　　　　　　　　　　　　　核分人：　　　　年　　月　　日

中级电切削工应会——电火花成型加工试题

××省职业技能鉴定

电切削工（电火花）中级　操作技能考核准备通知单（考场）

试题2

一、设备材料准备

序　号	设备材料名称	规　格	数　量	备　注
1	钢板	50 mm×40 mm×30 mm	1	
2	电火花机床		1	带平动功能
3	方形电极	10 mm×10 mm×50 mm 20 mm×20 mm×50 mm	各2	长度可加长
4	圆周电极	ϕ10 mm、ϕ20 mm	各2	长度为50 mm以上
5	夹具	电火花专用夹具	1	
6	划线平台	400 mm×500 mm	1	
7	钻夹头	台钻专用	若干	带直柄
8	钻夹头钥匙	台钻专用	若干	
9	切削液	电火花专用	若干	
10	活扳手	通用	若干	
11	其他	电火花机床辅具	若干	

二、场地准备

1．场地清洁　　2．拉警戒线　　3．机床标号　4．抽签号码　　5．饮用水

三、其他准备要求

1．电工、机修工应急保障

2. 备料图

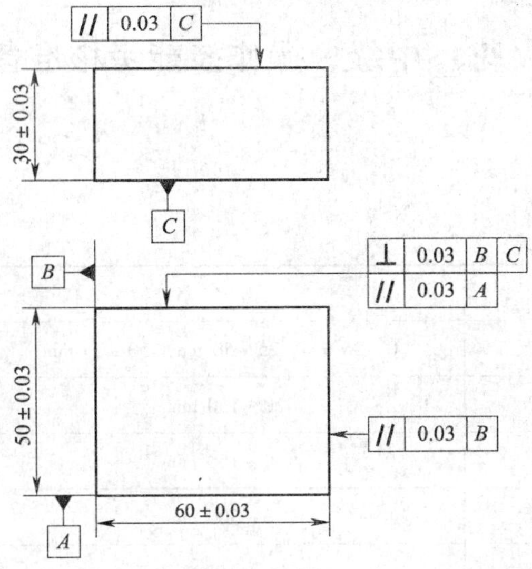

3. 电极图

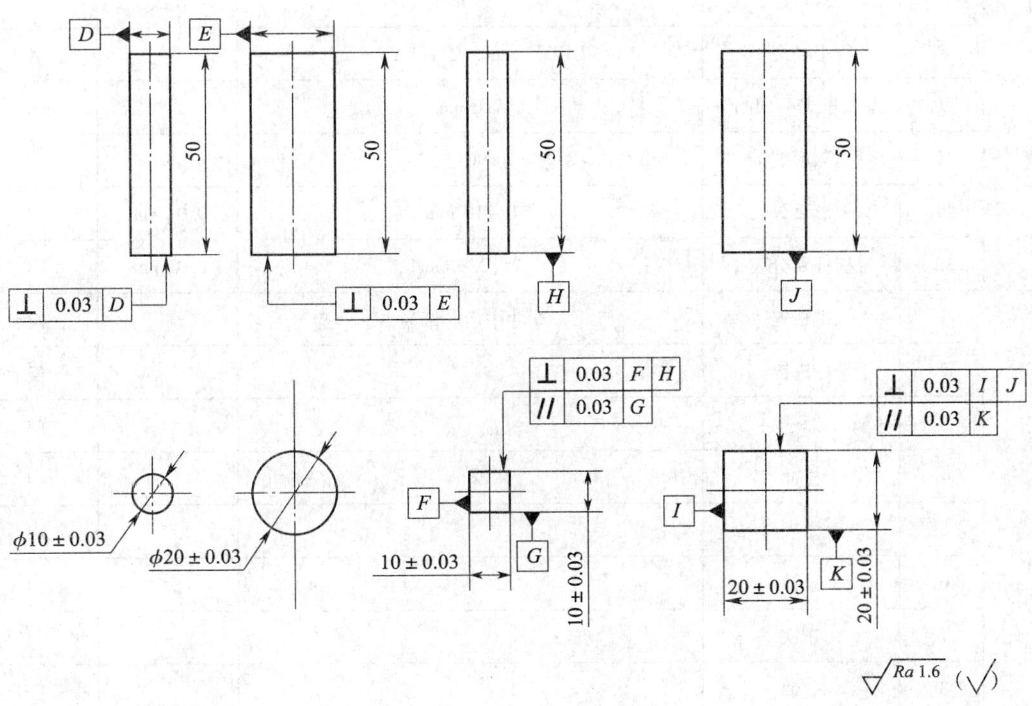

$\sqrt{Ra\ 1.6}$ ($\sqrt{}$)

××省职业技能鉴定

电切削工（电火花）中级 操作技能考核准备通知单（考生）

试题2

类别	序号	名称	规　格	精度	数量
量具	1	内径千分尺	0～25 mm、25～50 mm、50～75 mm	0.01 mm	各1
	2	游标卡尺	0～150 mm	0.02 mm	1
	3	钢直尺	0～150 mm		1
	4	高度划线尺	0～300 mm	0.02 mm	1
	5	万能角度尺	0～320°	2′	1
	6	刀口角尺	63 mm×100 mm	0级	1
	7	刀口直尺	125 mm	0级	1
	8	半径规	R1～6.5 mm、R7～14.5 mm		各1
	9	圆弧量规（凹凸）	R10 mm		1
	10	V形铁	90°		1
	11	钟形百分表	0～10 mm	0.01 mm	1
	12	杠杆百分表	0～0.8 mm	0.01 mm	1
工具	1	平板锉	6寸中齿、细齿		若干
	2	什锦锉			若干
	3	锤子			1
	4	样冲			1
	5	磁力表座			1
	6	划针			1
	7	靠铁			1
	8	蓝油			若干
	9	毛刷	2″		1

续表

类别	序号	名称	规　格	精度	数量
工具	10	活扳手	12 in		1
	11	一字旋具			若干
	12	十字旋具			若干
	13	万用表			1
	14	棉丝			若干
编写工艺工具	1	铅笔		自定	自备
	2	钢笔		自定	自备
	3	橡皮		自定	自备
	4	绘图工具		1 套	自备
	5	计算器		1	自备

××省职业技能鉴定

电切削工（电火花）中级 操作技能考核试卷

考件编号：______姓名：__________准考证号：____________单位：__________

试题2

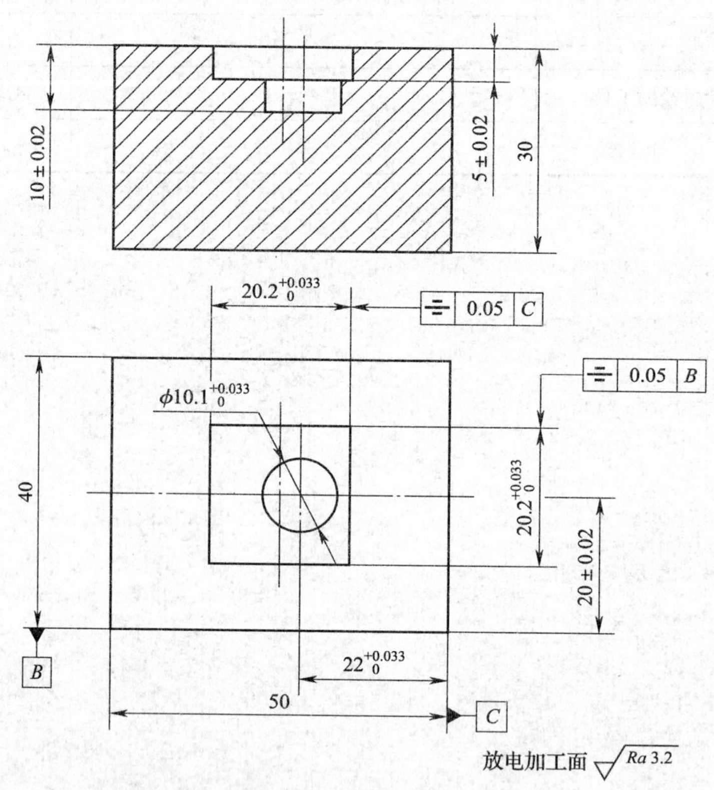

技术要求

1. 各加工棱边不能倒角。
2. 未注公差采用IT8。

本题分值：100 分

考核时间：130 分钟

考核形式：操作

具体考核要求：独立完成

××省职业技能鉴定

电切削工（电火花）中级 操作技能考核工艺表

考件编号：______ 姓名：__________ 准考证号：______________ 单位：____________

电切削工艺表

序号	项目	内　　容	备　　注
1	起割点或加工点位置		
2	电切削初始参数		
3	电极材料及规格		
4	偏移方式及偏移量		
5	工件装夹方法或方式		
6	电极安装及找正方法		
7	工件装夹及找正方法		
8	电切削参数调整		

××省职业技能鉴定

电切削工（电火花）中级　操作技能考核评分记录汇总表

考件编号：______ 姓名：__________ 准考证号：______________ 单位：____________

总成绩表

项目	序号	技术要求	配分	评分标准	检测记录	得分
程序编制（10）	1	加工点设置符合工艺要求	3	不合理全扣		
	2	电切削参数选择符合工艺要求	2	不合理全扣		
	3	电极材料规格选择正确	2	不合理全扣		
	4	工件装夹找正符合工艺要求	3	不合理每处扣1~3分		
机床调整辅助技能（10）	5	电极安装及找正符合规范	3	不符合要求每次扣1分		
	6	工件装夹及找正操作熟练	3	不规范每次扣1分		
	7	机床清理、复位及保养	4	不符合要求全扣		
加工质量评估（80）	8	$20.2^{+0.033}_{0}$ mm	8×2	超差全扣		
	9	(5±0.02) mm	7	超差全扣		
	10	($22^{+0.033}_{0}$) mm	8	超差全扣		
	11	(20±0.02) mm	8	超差全扣		
	12	(10±0.02) mm	8	超差全扣		
	13	⌯ 0.05 C	6	超差全扣		
	14	⌯ 0.05 B	6	超差全扣		
	15	$Ra2.5\ \mu m$	3×7	超差全扣		
	16	工件缺陷	倒扣分	酌情扣分，严重缺陷加工质量评估项目不得分		
文明生产	17	人身、机床、刀具安全	倒扣分	每次倒扣5分，重大事故记总分零分		

评分人：　　　　　　　　　　核分人：　　　　年　　月　　日

高级电切削工应会——线切割加工试题

电切削工（线切割）高级 操作技能考核准备通知单（考场）

试题3

一、设备材料准备

序 号	设备材料名称	规 格	数 量	备 注
1	板料	120 mm × 100 mm × 10 mm	1	45 钢
2	线切割机床		1	
3	夹具	线切割专用夹具	1	
4	划线平台	400 mm × 500 mm	1	
5	台钻	Z4012	1	
6	钻夹头	台钻专用	1	
7	钻夹头钥匙	台钻专用	1	
8	切削液	线切割专用	若干	
9	手摇柄	线切割专用	1	
10	紧丝轮	线切割专用	1	
11	铁钩	线切割专用	1	
12	活扳手		若干	
13	钼丝	ϕ0. 18 mm、ϕ0. 20 mm	若干	
14	其他	线切割机床辅具	若干	

二、场地准备

1. 场地清洁　2. 拉警戒线　3. 机床标号　4. 抽签号码　5. 饮用水

三、其他准备要求

1. 电工、机修工应急保障

2. 备料图

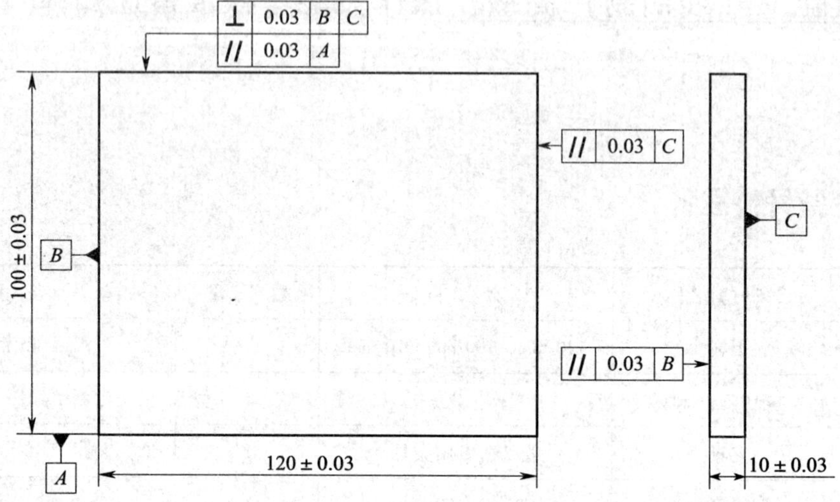

××省职业技能鉴定

电切削工（线切割）高级 操作技能考核准备通知单（考生）

试题3

类别	序号	名称	规　格	精度	数量
量具	1	外径千分尺	0～25 mm、25～50 mm、50～75 mm	0.01 mm	各1
	2	游标卡尺	0～150 mm	0.02 mm	1
	3	钢直尺	0～150 mm		1
	4	高度划线尺	0～300 mm	0.02 mm	1
	5	万能角度尺	0～320°	2′	1
	6	刀口角尺	63 mm×100 mm	0级	1
	7	刀口直尺	125 mm	0级	1
	8	塞尺	0.02～1 mm		1
	9	半径规	R1～6.5 mm　R7～14.5 mm　R15～25 mm		各1
	10	V形铁	90°		1
	11	钟形百分表	0～10 mm	0.01 mm	1
	12	杠杆百分表	0～0.8 mm	0.01 mm	1
刃具	1	平板锉	6寸中齿、细齿		若干
	2	什锦锉			若干
	3	钻头	ϕ3 mm、ϕ6 mm		若干
	4	剪刀			1
其他工具	1	手锤			1
	2	样冲			1
	3	磁力表座			1
	4	悬臂式夹具			1
	5	划针			1
	6	靠铁			1
	7	蓝油			若干
	8	毛刷	2″		1
	9	活扳手	12 in		1
	10	一字旋具			若干
	11	十字旋具			若干

续表

类别	序号	名 称	规 格	精度	数量
其他工具	12	万用表			1
	13	棉丝			若干
	14	标准心棒	ϕ6 mm、ϕ8 mm、ϕ10 mm、ϕ12 mm		
编写工艺工具	1	铅笔		自定	自备
	2	钢笔		自定	自备
	3	橡皮		自定	自备
	4	绘图工具		1 套	自备
	5	计算器		1	自备

××省职业技能鉴定

电切削工（线切割）高级 操作技能考核试卷

考件编号：______姓名：__________准考证号：______________单位：____________

试题3

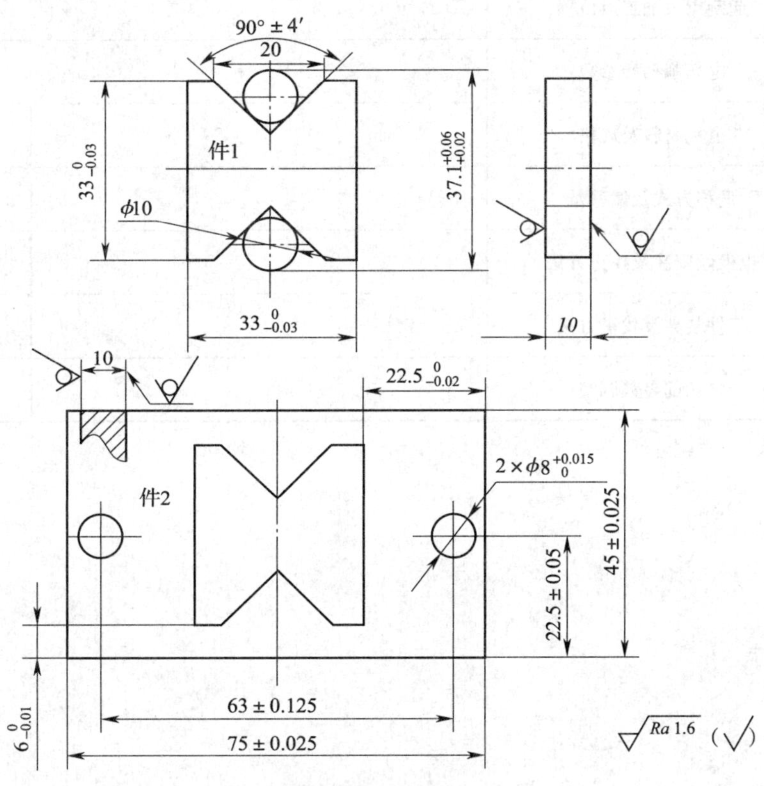

技术要求

1. 以件1尺寸配作件2，配合间隙≤0.04mm。
2. 各加工表面不能修整。
3. 未注公差为IT7。

本题分值：100 分

考核时间：180 分钟

考核形式：操作

具体考核要求：独立完成

××省职业技能鉴定

电切削工（线切割）高级 操作技能考核工艺表

考件编号：______姓名：__________准考证号：______________单位：____________

电切削工艺表

序号	项目	内　　容	备　　注
1	起割点或加工点位置		
2	电切削初始参数		
3	电极材料及规格		
4	偏移方式及偏移量		
5	电极丝安装及找正方法		
6	工件装夹及找正方法		
7	电切削参数调整		

××省职业技能鉴定

电切削工（线切割）高级 操作技能考核评分记录汇总表

考件编号：______ 姓名：__________ 准考证号：______________ 单位：____________

总成绩表

项目	序号	技术要求	配分	评分标准	检测记录	得分
加工质量评估（80）	1	（75 ±0.025） mm	5	超差全扣		
	2	（45 ±0.025） mm	5	超差全扣		
	3	（63 ±0.125） mm	5	超差全扣		
	4	（22.5 ±0.05） mm	4	超差全扣		
	5	$22.5_{-0.02}^{0}$ mm	4	超差全扣		
	6	$6_{-0.01}^{0}$ mm	4	超差全扣		
	7	$\phi8_{0}^{+0.015}$ mm	3×2	超差全扣		
	8	90° ±4′	4	超差全扣		
	9	$30_{-0.03}^{0}$ mm	4	超差全扣		
	10	$33_{-0.03}^{0}$ mm	4	超差全扣		
	11	$37.1_{+0.02}^{+0.06}$ mm	4	超差全扣		
	12	*Ra*3.2 μm（配合面及孔壁）	0.5×22	超差全扣		
	13	间隙≤0.04 mm	2×10	超差全扣		
	14	工件缺陷	倒扣分	酌情扣分，重大缺陷加工质量评估项目全扣		
程序编制（10）	1	加工点设置符合工艺要求	3	不合理全扣		
	2	电切削参数选择符合工艺要求	2	不合理全扣		
	3	电极材料规格选择正确	2	不合理全扣		
	4	工件装夹找正符合工艺要求	3	不合理每处扣1～3分		
机床调整辅助技能（10）	1	电极安装及找正符合规范	3	不符合要求每次扣1分		
	2	工件装夹及找正操作熟练	3	不规范每次扣1分		
	3	机床清理、复位及保养	4	不符合要求全扣		
文明生产	1	人身、机床、刀具安全	倒扣分	每次倒扣5分，重大事故记总分零分		

评分人：　　　　　　　　　　　　核分人：　　　　年　　月　　日

高级电切削工应会——电火花成型加工试题

××省职业技能鉴定

电切削工（电火花）高级　操作技能考核准备通知单（考场）

试题4

一、设备材料准备

序　号	设备材料名称	规　　格	数　　量	备　　注
1	钢板	60 mm×50 mm×30 mm	1	Cr12、T10
2	电火花机床		1	带平动功能
3	方形电极	10 mm×10 mm×50 mm 20 mm×20 mm×50 mm	各2	长度可加长
4	圆周电极	ϕ10 mm、ϕ20 mm	各2	长度为50 mm以上
5	夹具	电火花专用夹具	1	
6	划线平台	400 mm×500 mm	1	
7	钻夹头	台钻专用	1	带直柄
8	钻夹头钥匙	台钻专用	1	
9	切削液	电火花专用	若干	
10	活扳手	通用	若干	
11	其他	电火花机床辅具	若干	

二、场地准备

1．场地清洁　2．拉警戒线　3．机床标号　4．抽签号码　5．饮用水

三、其他准备要求

1．电工、机修工应急保障

2. 备料图

// 0.03 C
30 ± 0.03
C
B
⊥ 0.03 B C
// 0.03 A
50 ± 0.03
// 0.03 B
60 ± 0.03
A

3. 电极图

D
E
50
50
50
50
H
J
⊥ 0.03 D
⊥ 0.03 E
⊥ 0.03 F H
// 0.03 G
⊥ 0.03 I J
// 0.03 K
ϕ10 ± 0.03
ϕ20 ± 0.03
F
G
10 ± 0.03
10 ± 0.03
I
K
20 ± 0.03
20 ± 0.03
Ra 1.6 (√)

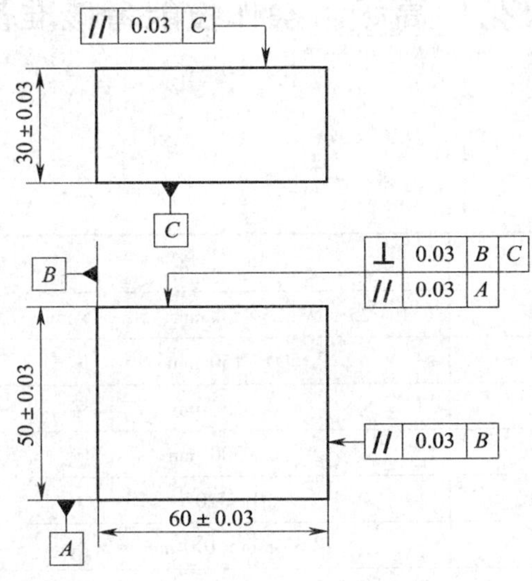

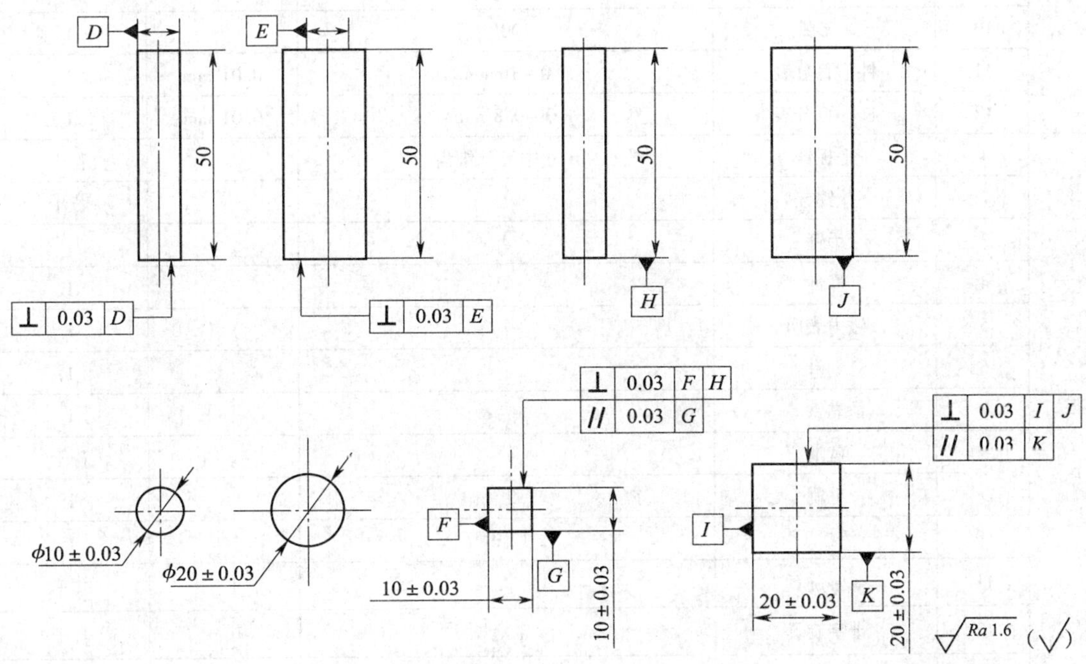

××省职业技能鉴定

电切削工（电火花）高级 操作技能考核准备通知单（考生）

试题4

类别	序号	名称	规　　格	精度	数量
量具	1	内径千分尺	0～25 mm、25～50 mm、50～75 mm	0.01 mm	各1
	2	游标卡尺	0～150 mm	0.02 mm	1
	3	钢直尺	0～150 mm		1
	4	高度划线尺	0～300 mm	0.02 mm	1
	5	万能角度尺	0～320°	2′	1
	6	刀口角尺	63 mm×100 mm	0级	1
	7	刀口直尺	125 mm	0级	1
	8	塞尺	0.02～1 mm		1
	9	半径规	*R*1～6.5 mm　*R*7～14.5 mm		各1
	10	V形铁	90°		1
	11	钟形百分表	0～10 mm	0.01 mm	1
	12	杠杆百分表	0～0.8 mm	0.01 mm	1
工具	1	平板锉	6寸中齿、细齿		若干
	2	什锦锉			若干
	3	手锤			1
	4	样冲			1
	5	磁力表座			1
	6	划针			1
	7	靠铁			1
	8	蓝油			若干
	9	毛刷	2″		1
	10	活扳手	12 in		1
	11	一字旋具			若干
	12	十字旋具			若干
	13	万用表			1
	14	棉丝			若干

续表

类别	序号	名称	规格	精度	数量
编写工艺工具	1	铅笔		自定	自备
	2	钢笔		自定	自备
	3	橡皮		自定	自备
	4	绘图工具		1套	自备
	5	计算器		1	自备

××省职业技能鉴定

电切削工（电火花）高级 操作技能考核试卷

考件编号：______ 姓名：__________ 准考证号：______________ 单位：____________

试题4

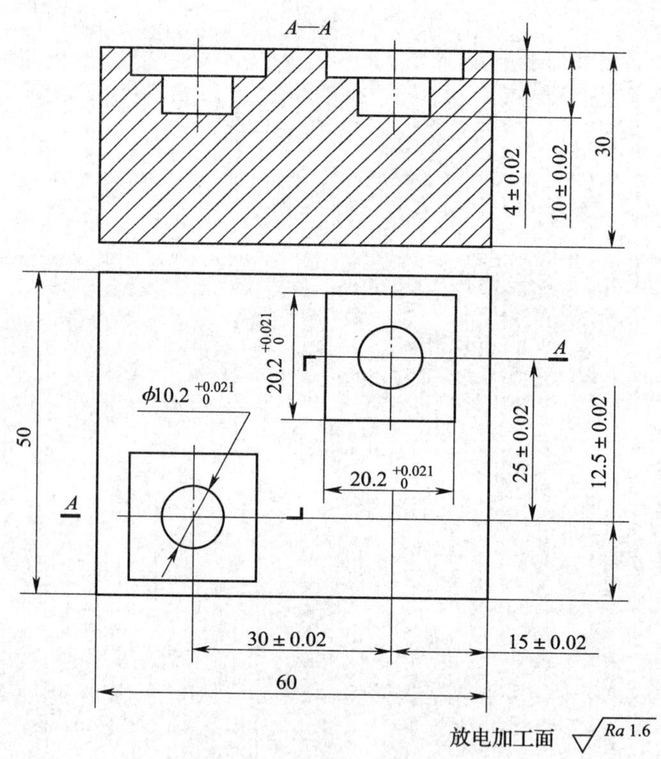

技术要求：
1. 各加工棱边不能倒角。
2. 未注公差采用IT7。

本题分值：100 分
考核时间：150 分钟
考核形式：操作
具体考核要求：独立完成

××省职业技能鉴定

电切削工（电火花）高级 操作技能考核工艺表

考件编号：______ 姓名：__________ 准考证号：______________ 单位：____________

电切削工艺表

序号	项目	内 容	备 注
1	起割点或加工点位置		
2	电切削初始参数		
3	电极材料及规格		
4	偏移方式及偏移量		
5	工件装夹方法或方式		
6	电极安装及找正方法		
7	工件装夹及找正方法		
8	电切削参数调整		

××省职业技能鉴定

电切削工（电火花）高级 操作技能考核评分记录汇总表

考件编号：______ 姓名：__________ 准考证号：______________ 单位：____________

项目	序号	技术要求	配分	评分标准	检测记录	得分
程序编制（10）	1	加工点设置符合工艺要求	3	不合理全扣		
	2	电切削参数选择符合工艺要求	2	不合理全扣		
	3	电极材料规格选择正确	2	不合理全扣		
	4	工件装夹找正符合工艺要求	3	不合理每处扣 1 ~3 分		
机床调整辅助技能（10）	5	电极安装及找正符合规范	3	不符合要求每次扣 1 分		
	6	工件装夹及找正操作熟练	3	不规范每次扣 1 分		
	7	机床清理、复位及保养	4	不符合要求全扣		
加工质量评估（80）	8	$\phi 10.2^{+0.021}_{0}$ mm	3×2	超差全扣		
	9	$20.2^{+0.021}_{0}$ mm	3×4	超差全扣		
	10	（30 ±0.02） mm	2×2	超差全扣		
	11	（15 ±0.02） mm	2×2	超差全扣		
	12	（25 ±0.02） mm	2×2	超差全扣		
	13	（12.5 ±0.02） mm	2×2	超差全扣		
	14	（10 ±0.02） mm	5×2	超差全扣		
	15	（4 ±0.02） mm	4×2	超差全扣		
	16	$Ra1.6$ μm	2×14	超差全扣		
	17	工件缺陷	倒扣分	酌情扣分，严重缺陷加工质量评估项目不得分		
文明生产	18	人身、机床、刀具安全	倒扣分	每次倒扣 5 分，重大事故记总分零分		

评分人： 核分人： 年 月 日

附录一

练习图集

线切割练习图集一

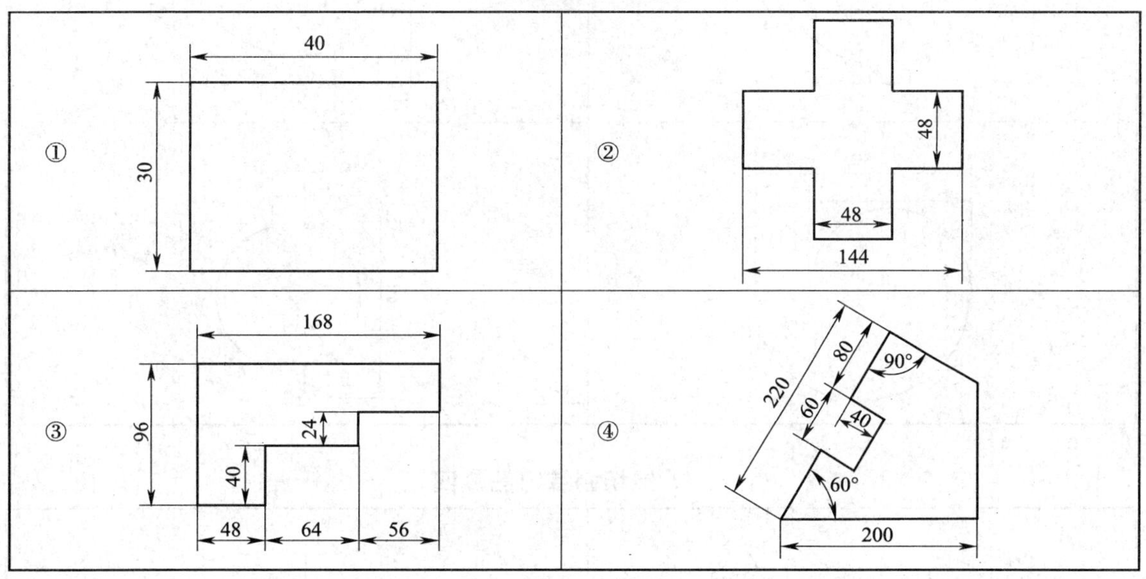

线切割练习图集二

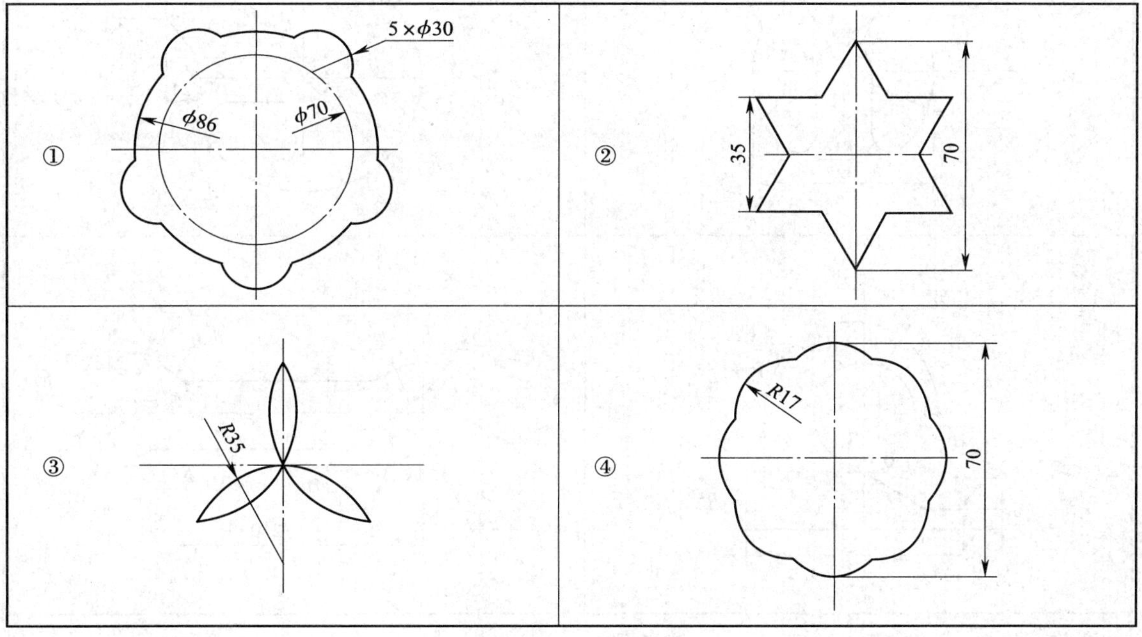

线切割练习图集三

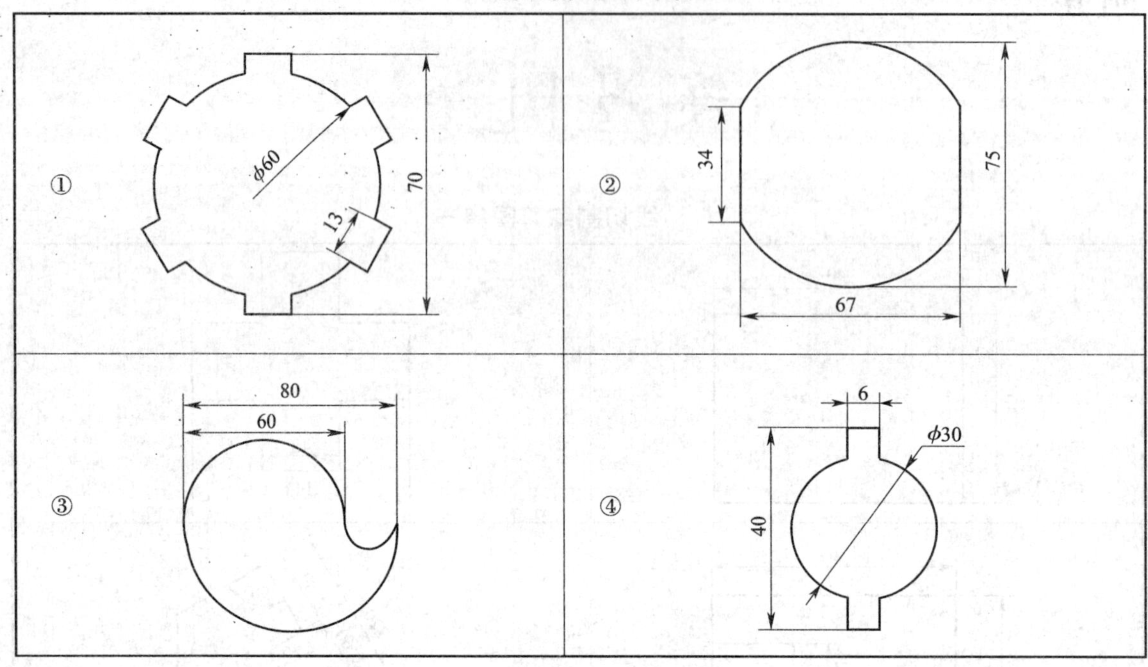

线切割练习图集四

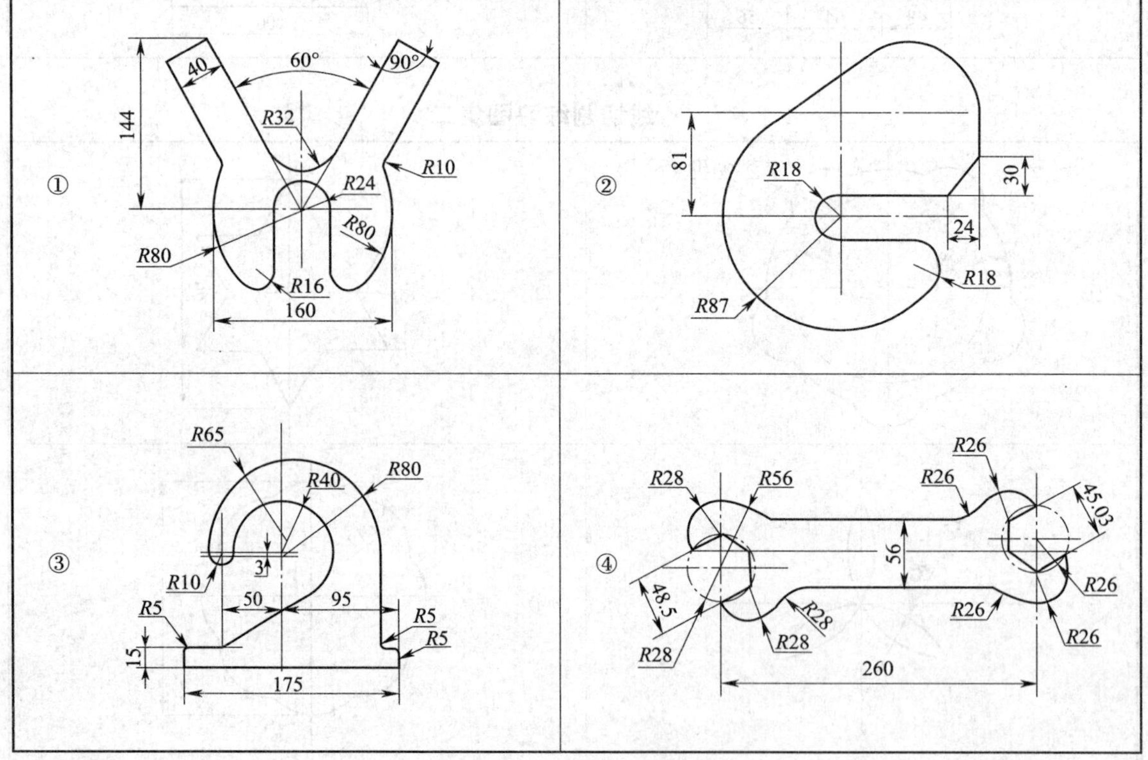

线切割练习图集五

①
108
105
1.5
2
2
34
21
3
4
6
②
ϕ64
R9
ϕ53
30°
6
ϕ28
③
4
ϕ83
3
36
24
④
49
ϕ35
R14
R11
17
56
R49
R8
42
R14
39
ϕ28
45
60

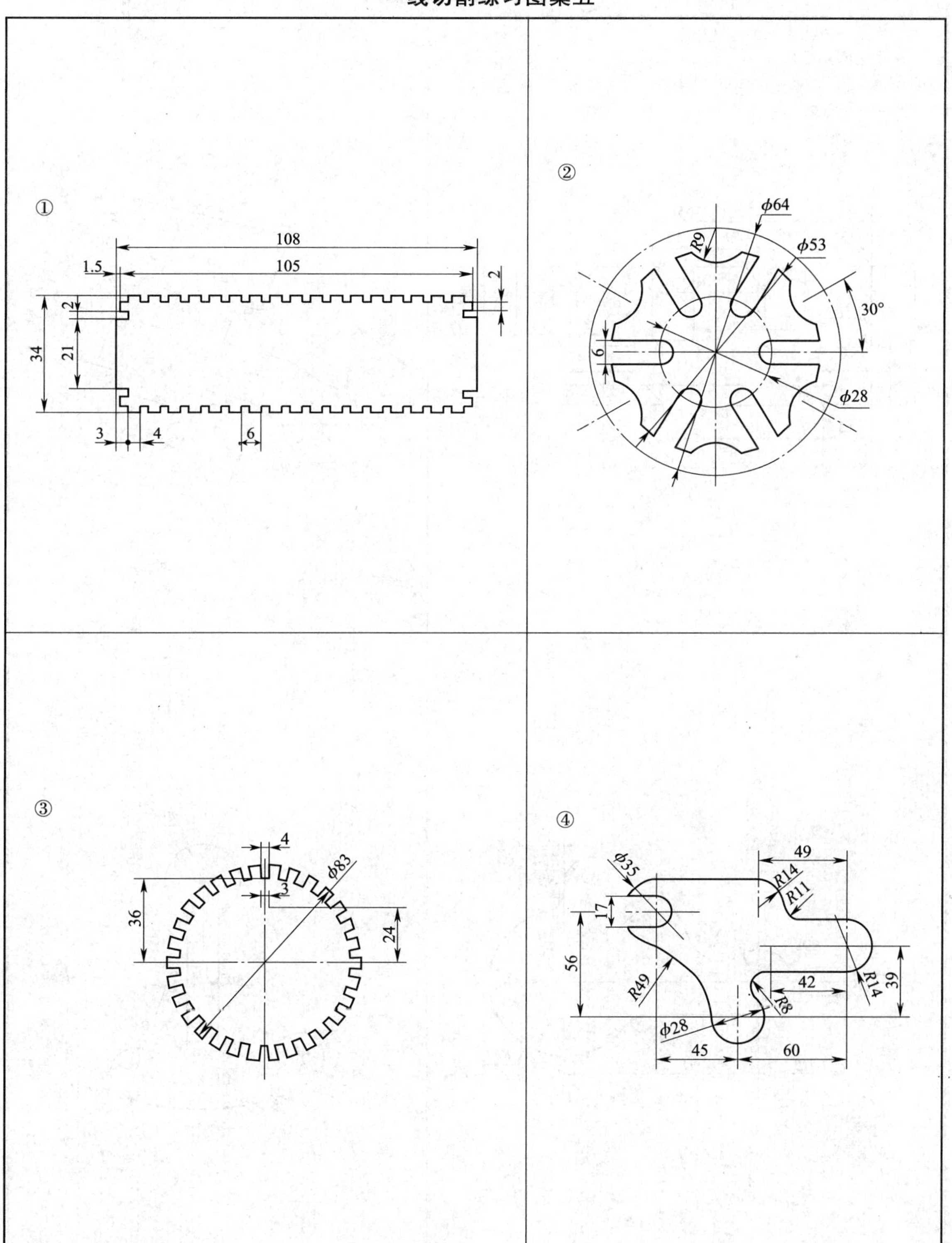

线切割练习图集六

①
105
13
12
9
12
6
90°
6
4
17
35
9
12
15
9
6
120°
6
12
90°
5
14
9
20
20
80
②
25
23
11
15
18
9
14
39
132°
ϕ12
ϕ21
③
30°
15°
R24
R15
R30
R88
R9
R9
24
ϕ56
R35
R64
75
166
④
ϕ46
R5
R130
30°
18
20°
R10
R16
R16

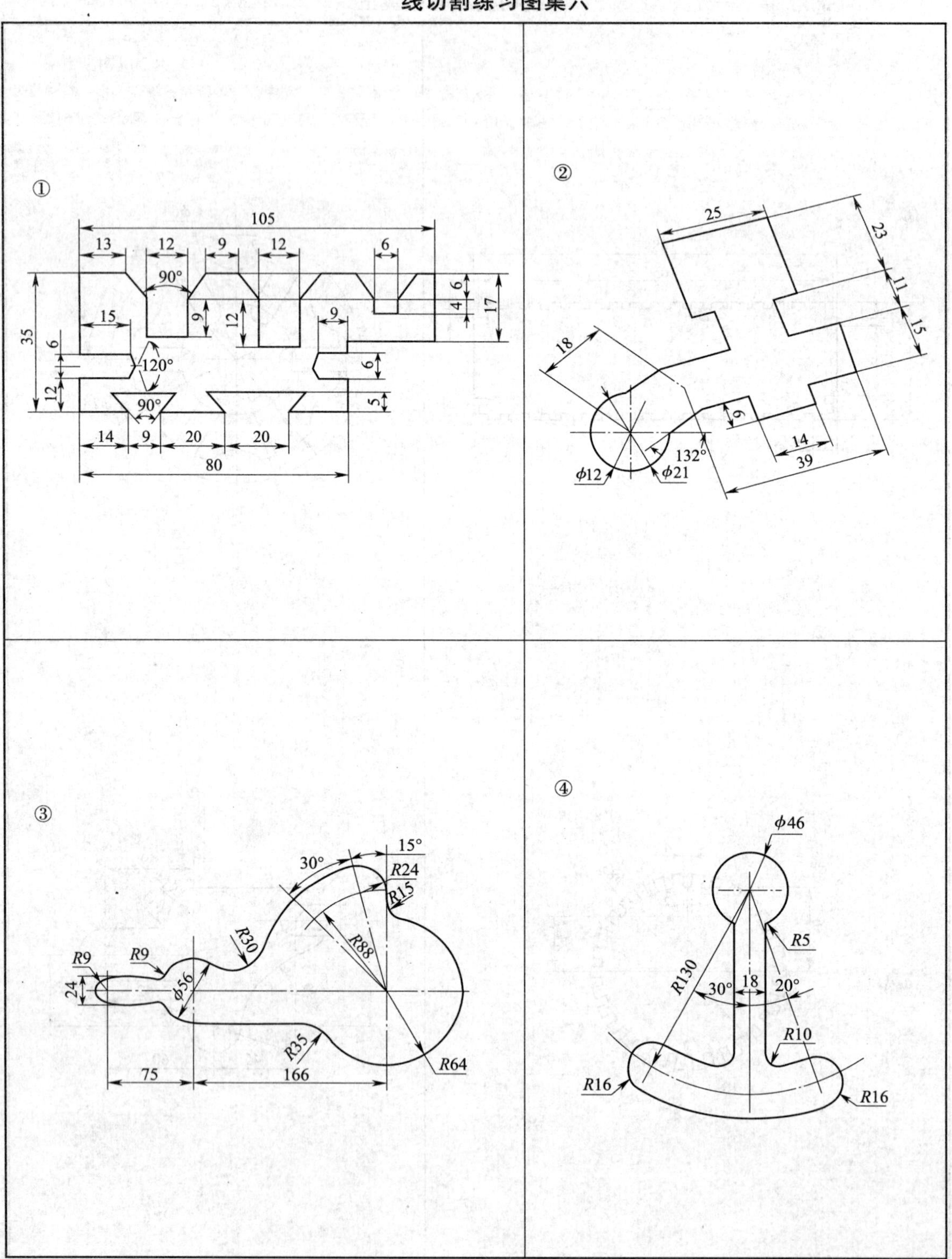

线切割练习图集七

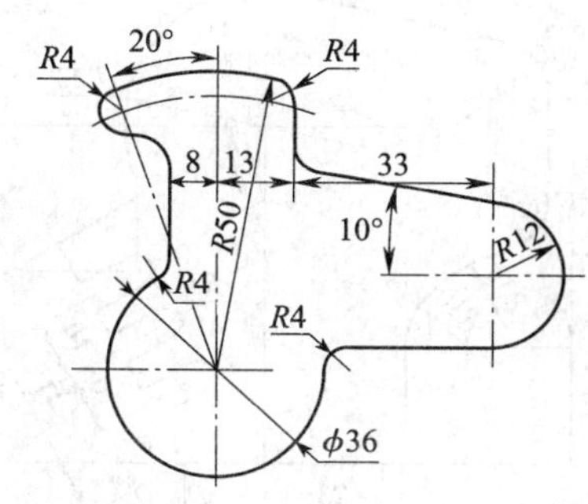

②

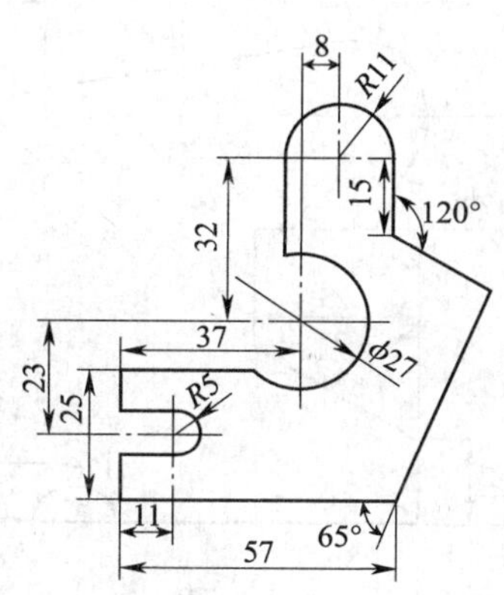

③

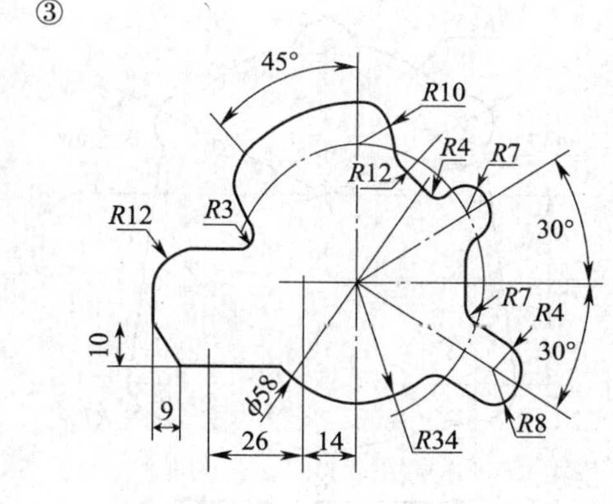

④

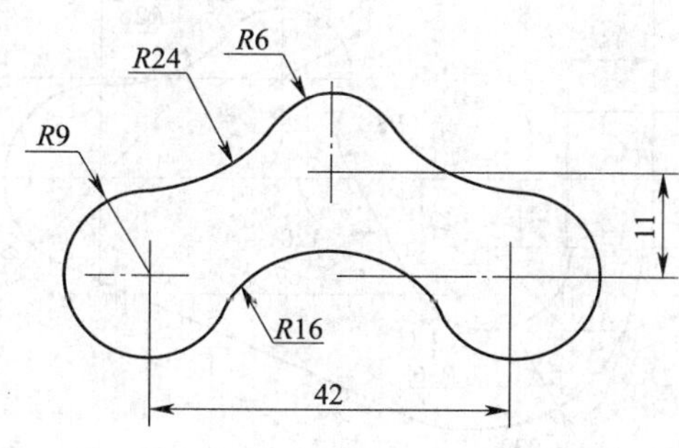

线切割练习图集八

①
R11
9
R11
17
120°
10
25
61
62°
R48
45
13
176°
9
R8
66
②
38
21
ϕ18
R23
30°
61
R10
25
R30
R10
20
R3
24
56
10
10
41
23
36
120°
③
100
32
ϕ25
R26
16
24
R8
18
12
15
120°
67
ϕ34
R15
3
R86
R30
R99
④
R5
R25
ϕ47
30°
32
R7
46

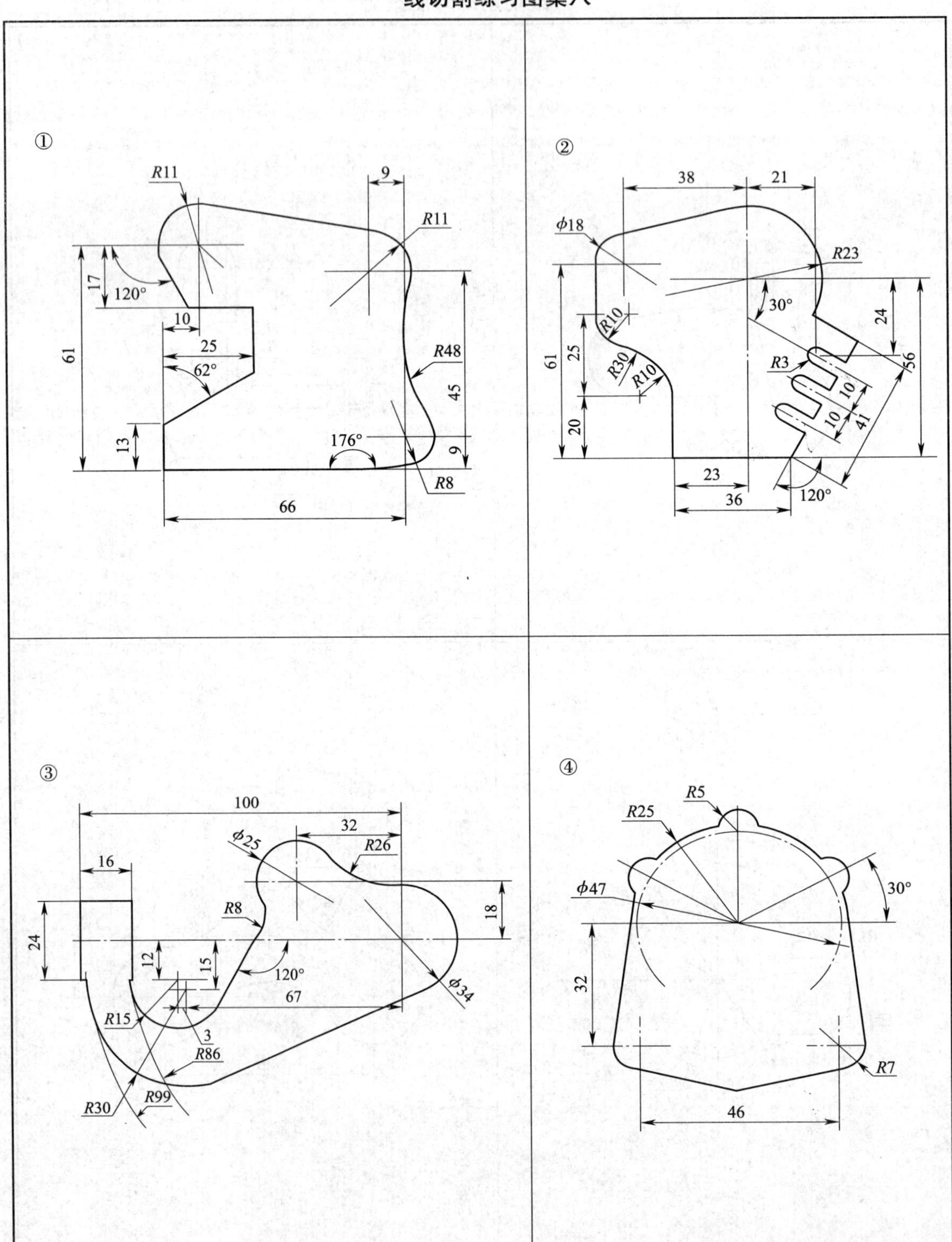

线切割练习图集九

①
24
13
R8
5
R3
14
19
21
3
5
6
6
70
R15
R29
R23
13
R3
5
27
②
26
60°
22
17
12
(0,0)
26
R43
13
35
14°
19
③
ϕ14
C2
23
ϕ18
R24
54
R36
R2
R14
ϕ24
R24
9
5
R29
④
74
10
15
28
15
4
10
3
140°
57
15
21
10
R4
15
12
64

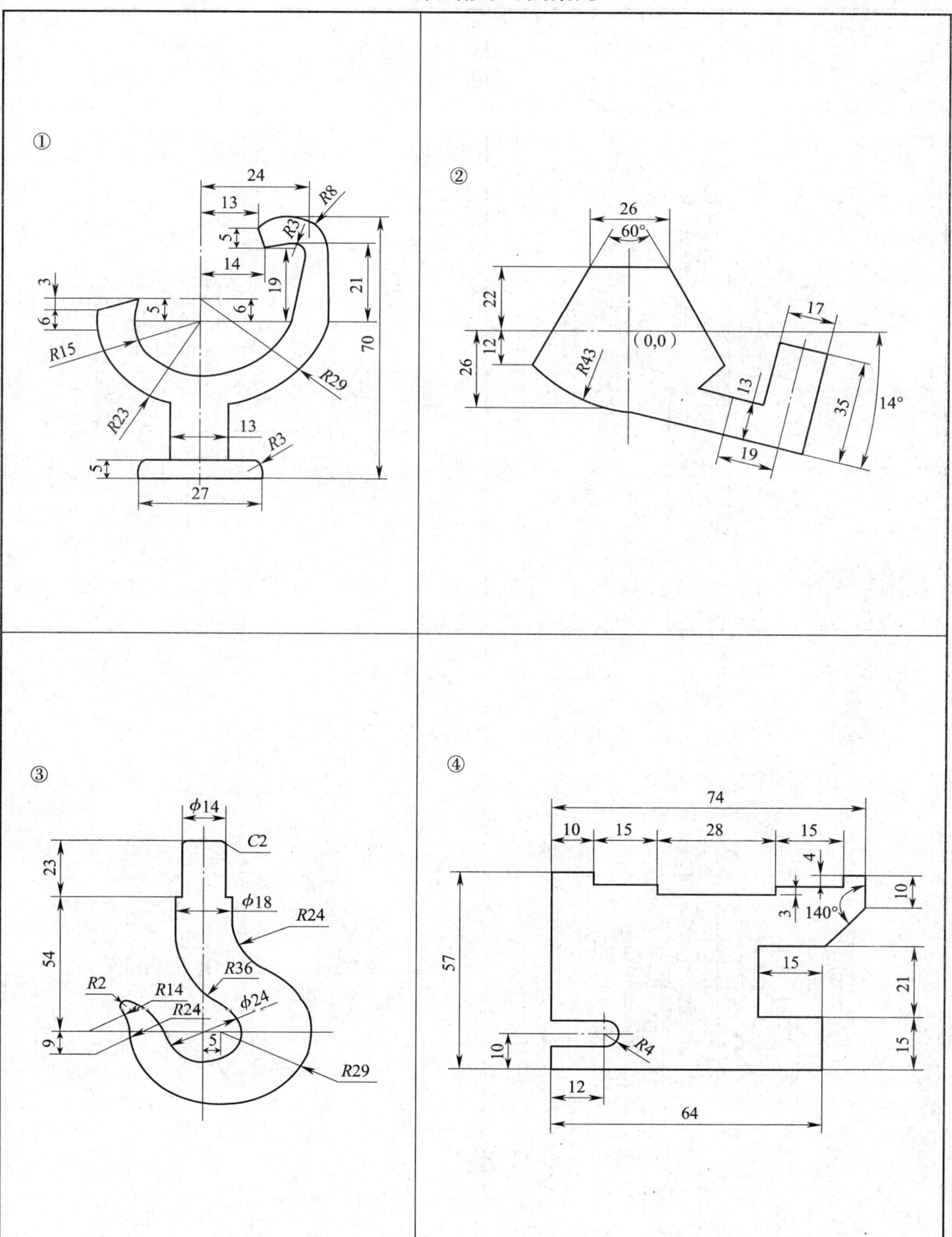

线切割练习图集十

①
37
33
R37
R10
R10
R56
65
37
11
R24
ϕ27
②
140
ϕ25
R7
8
ϕ70
ϕ25
R10
R74
R50
104
R15
61
44
15
15
80
39
32
118
③
R25
R30
45°
R30
R75
119
R5
60°
137
R8
40
R58
18
25
R55
R25
④
30°
R5
R3
ϕ80

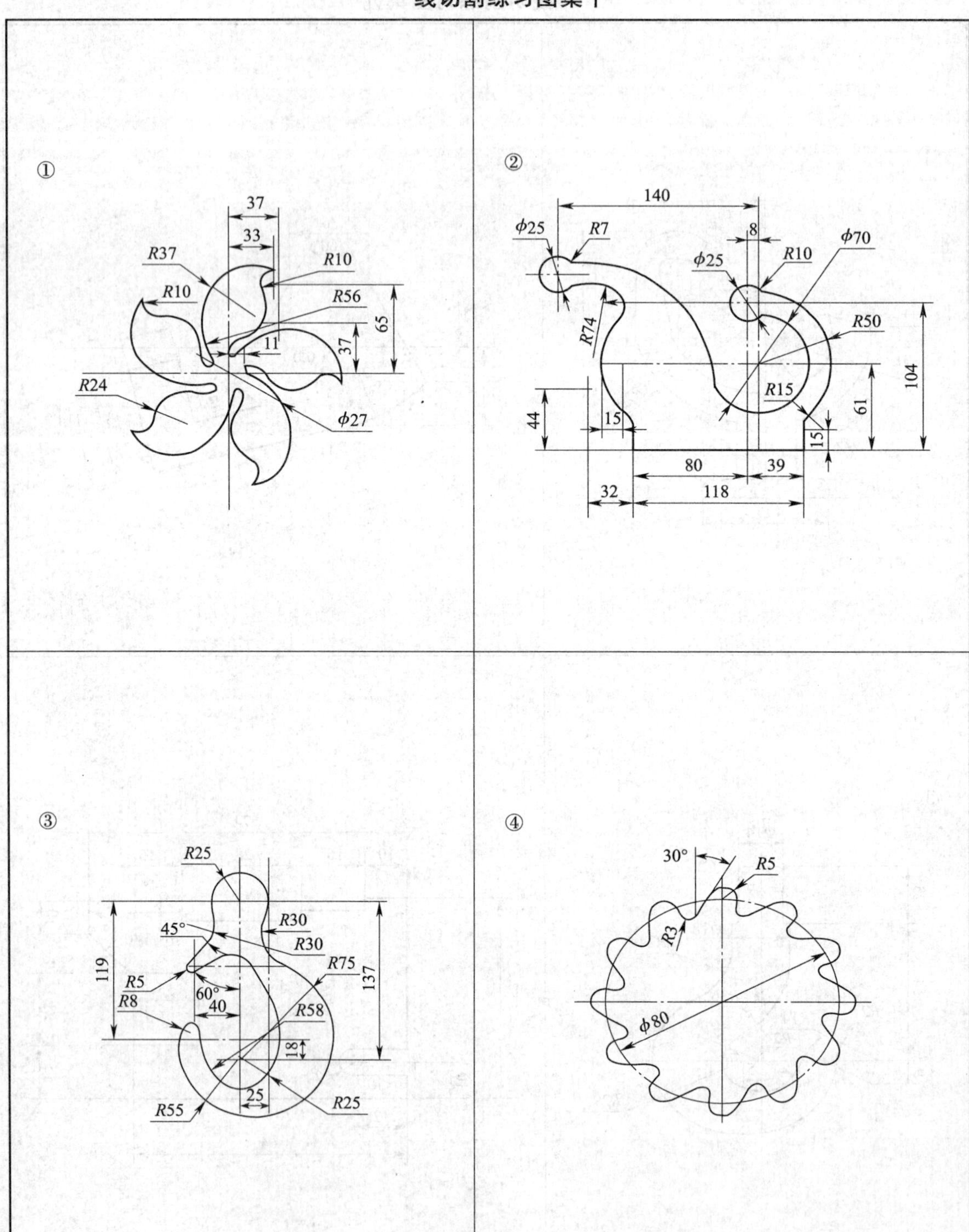

线切割练习图集十一

①
69
38
R6
②
60°
21
13
29
6
18
15
130°
17
77
③
78
33
15
R7
10
R3
7
6
3
32
21
32
56
13
63
15
④
41
25
22
122°
122°
9
11
127°
7
9
25

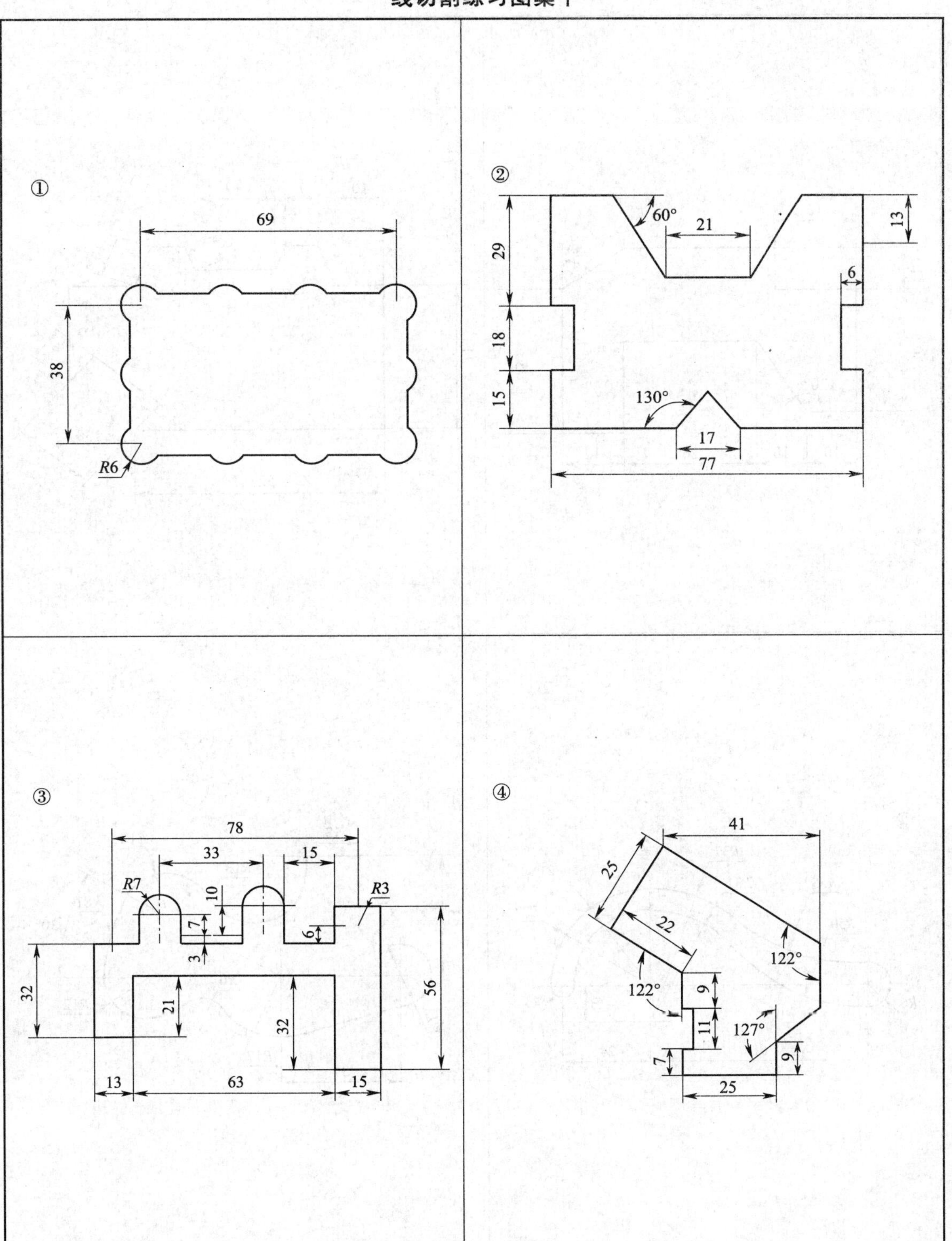

线切割练习图集十二

①
16
10
52°
30
35
120°
10
10
26
12
②
10
7
17
6
10
70°
34
8
130°
18
52
③
R37
R21
R55
R31
R27
R50
R6
10
R3
61
24
④
13
R12
33
85°
R13
R8
R81
30°
R6
φ16
R12
R17
31

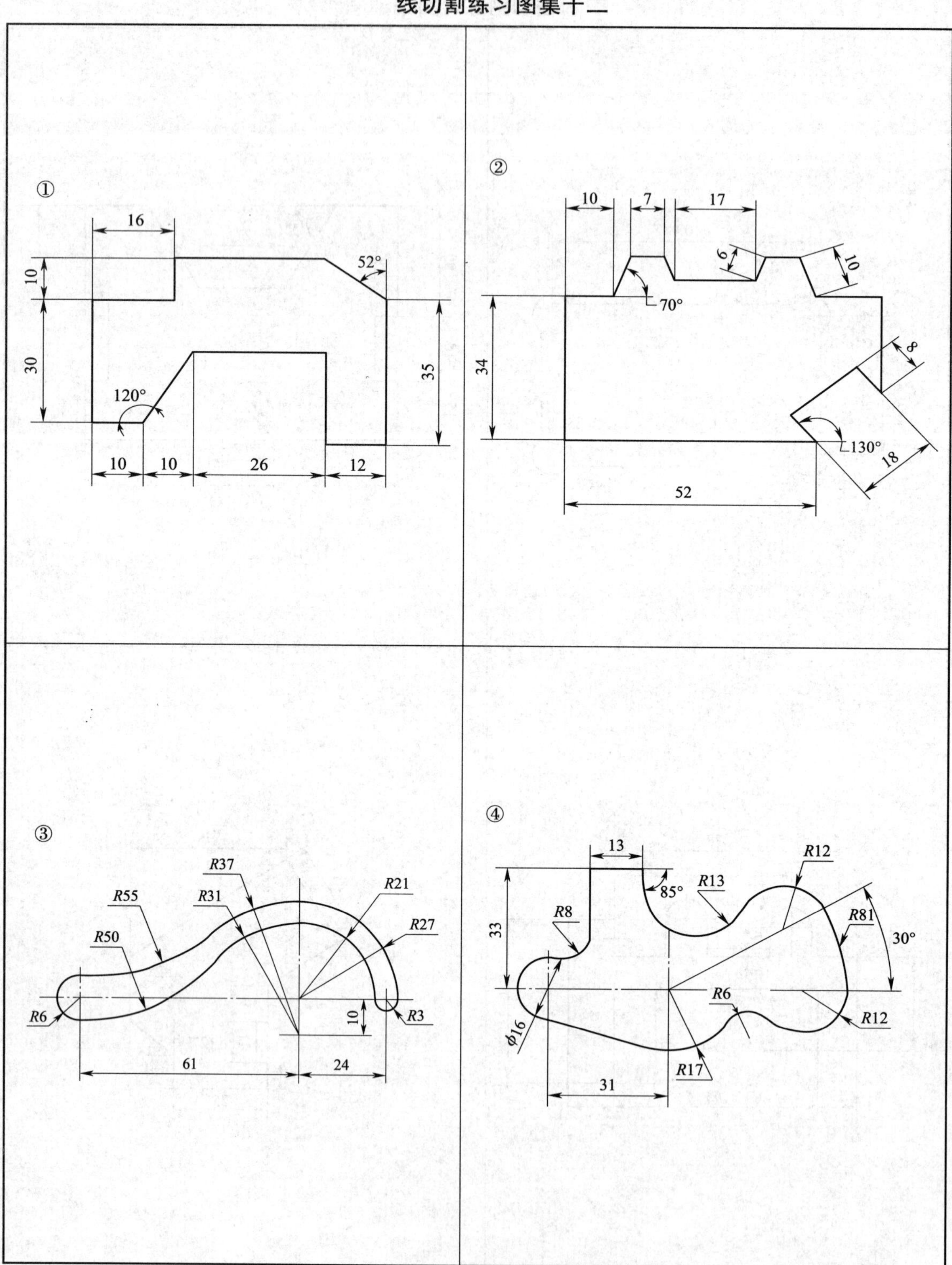

线切割练习图集十三

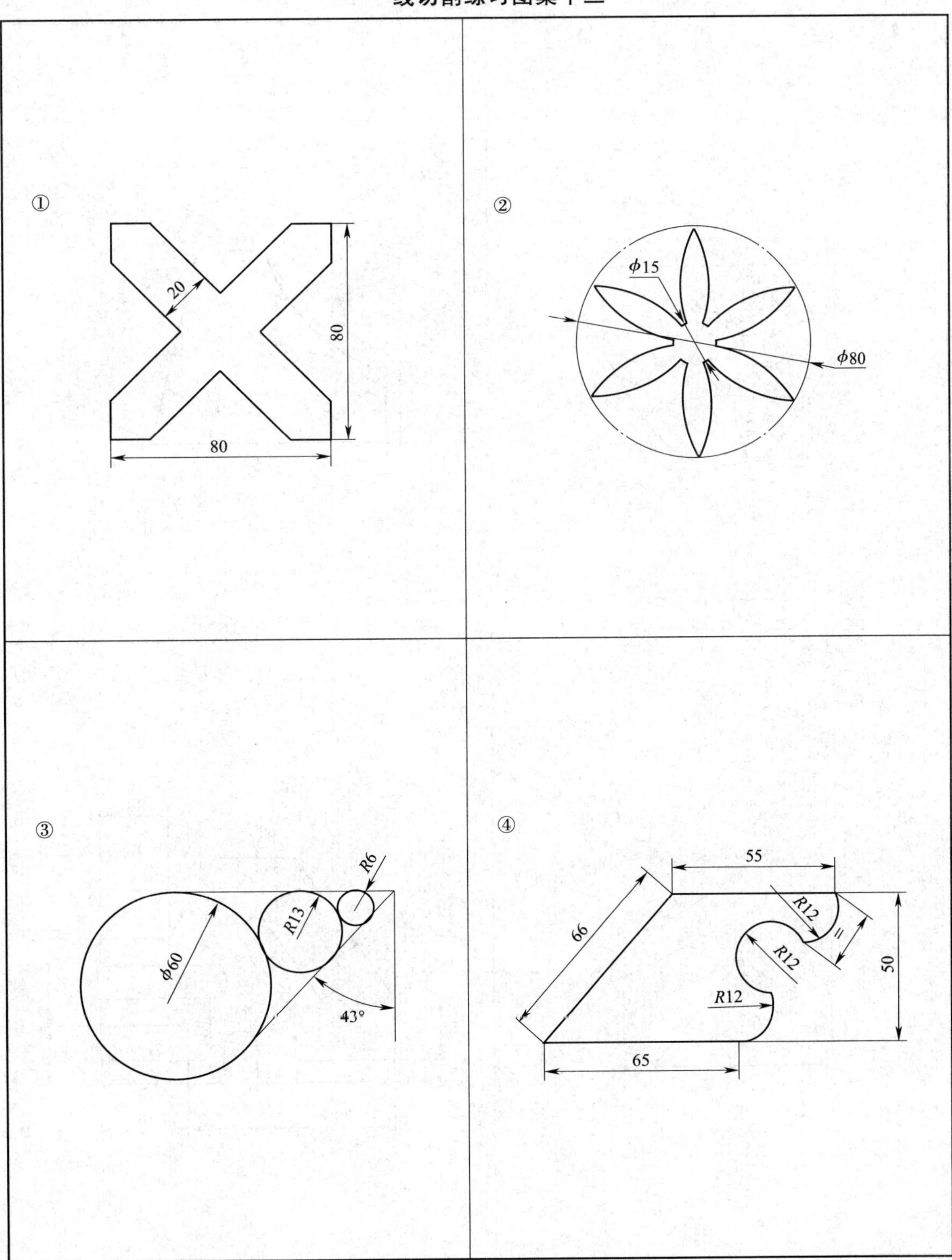

线切割练习图集十四

①

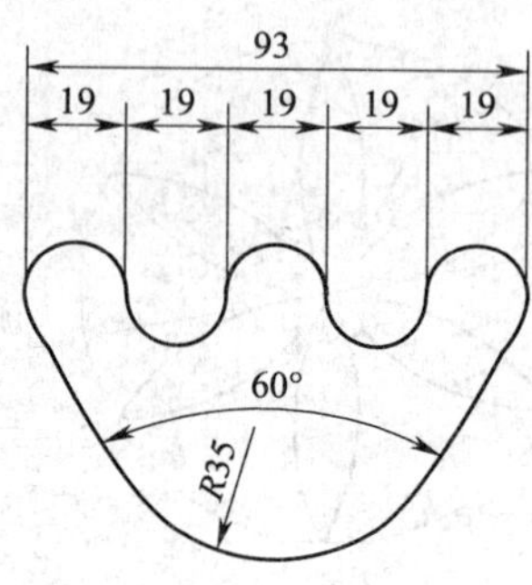

②

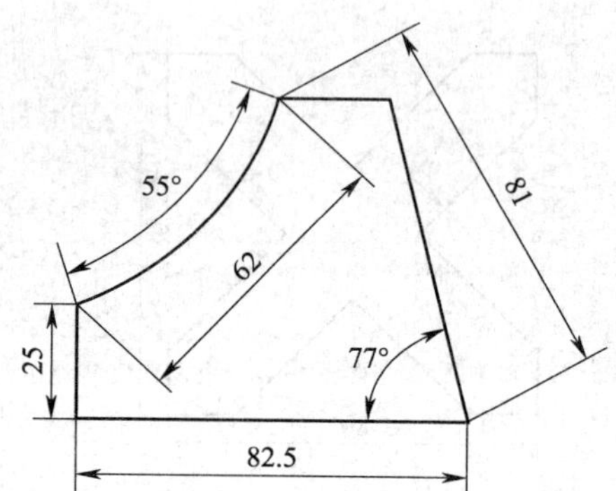

③

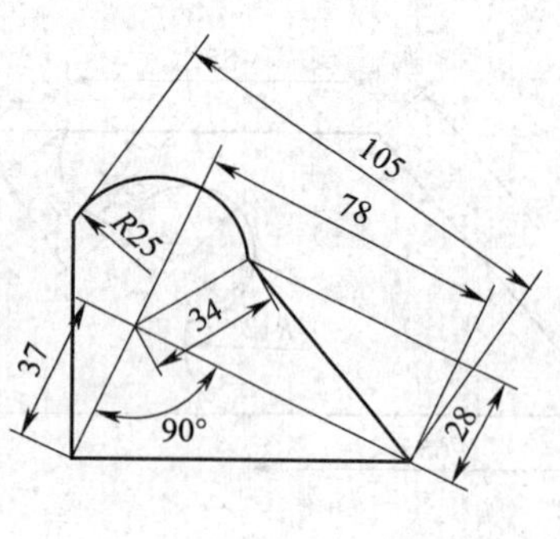

④

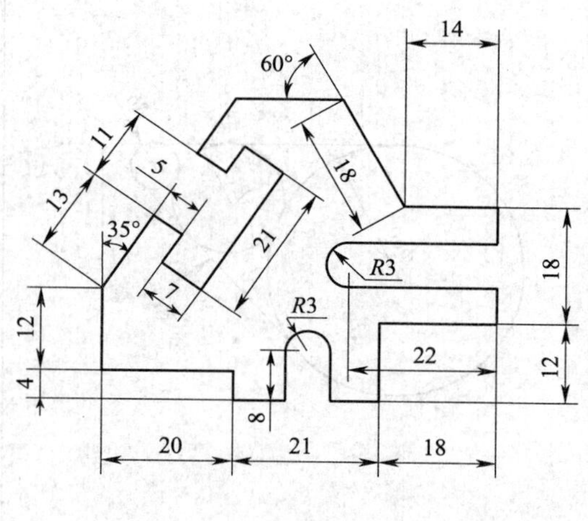

线切割练习图集十五

①
80
②
160
R20
R10
20
φ46
R80
R40
25
③
50
30
30°
150°
20
80
④
A
50.5
89.5
87.5°
105°
35
31.5
90°
28
90°
87.5°
20°
30
94.3

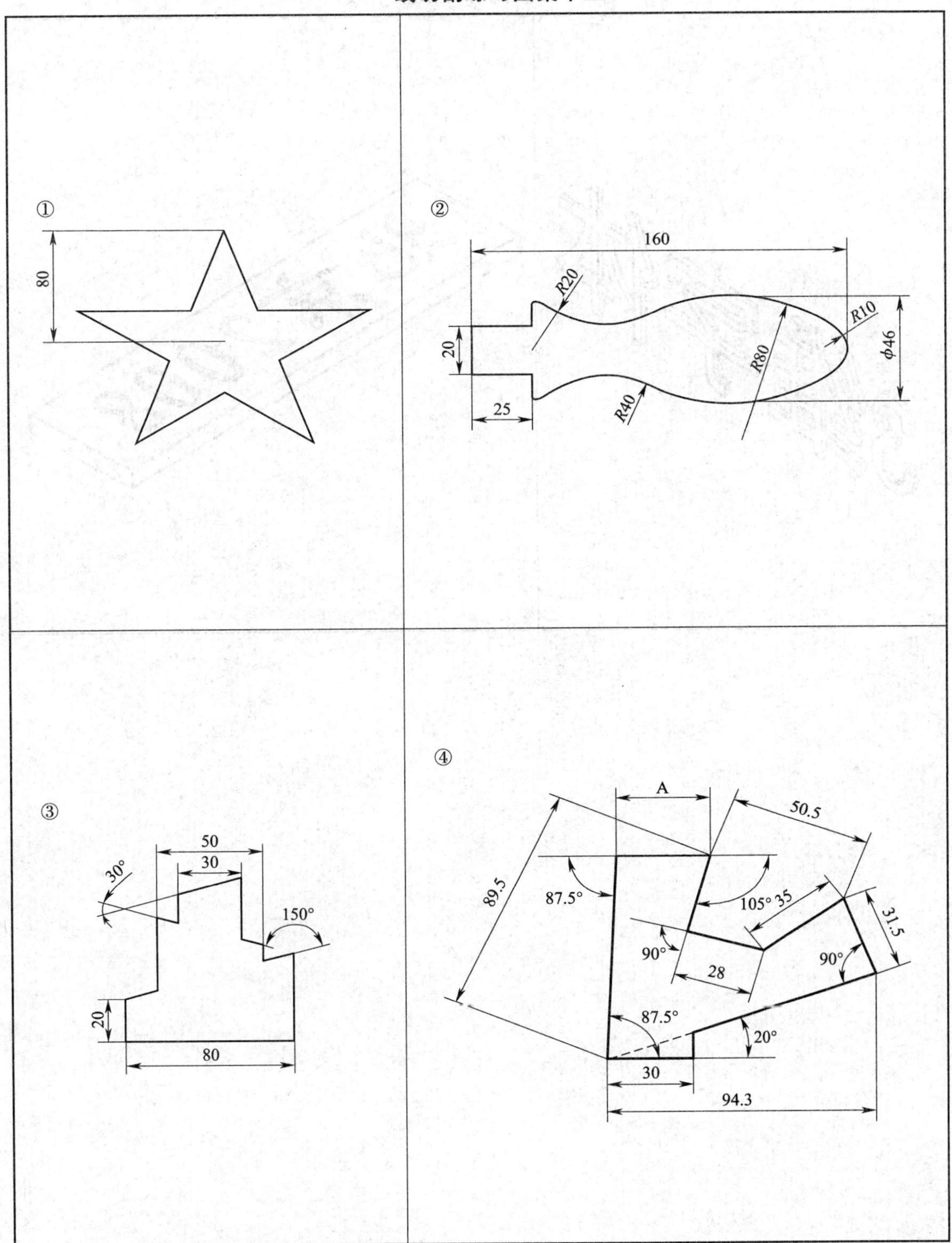

线切割练习图集十六

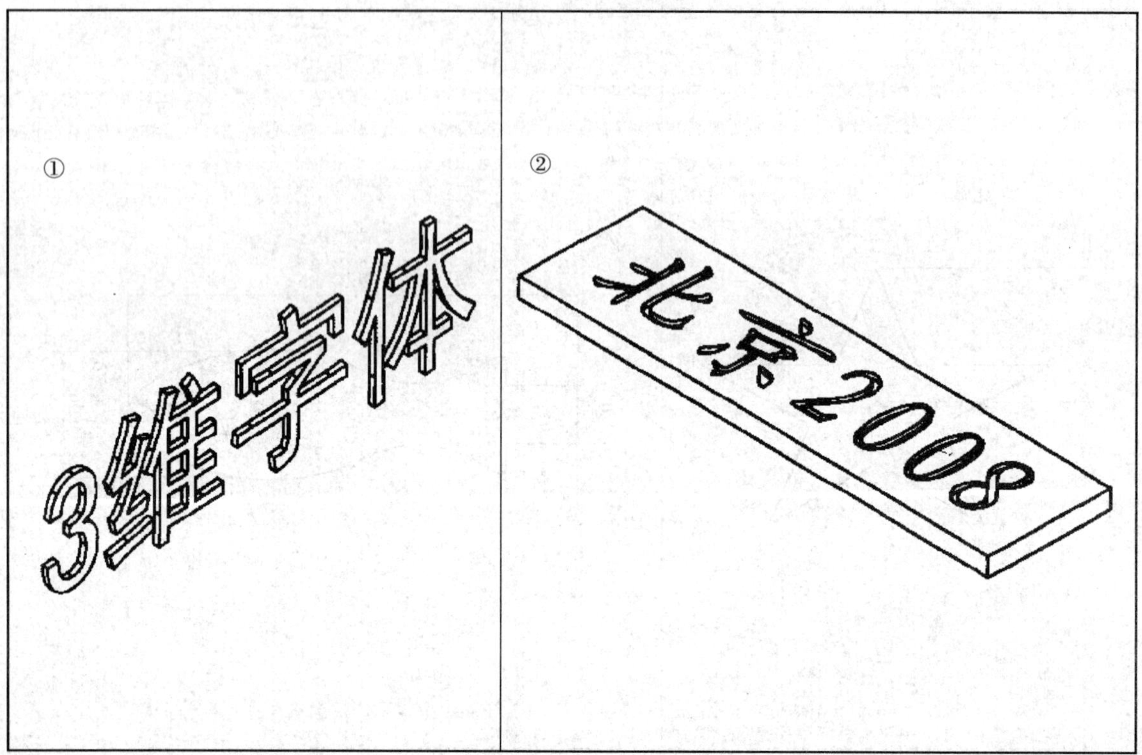

附录二

电火花小孔加工工艺参数表

1. 黄铜管—钢（Gr12）

电极尺寸（mm）	工件厚度（mm）	设置深度（mm）	条件号P	脉宽ON	脉间OF	管数IP	伺服SV	电容C	压力（MPa）	极间电压（V）	极间电流（A）	电极消耗（%）	加工时间（s）
0.3	10	40	P01	79	19	1	40	1	8	25～30	4	275	4
	20	74	P01	79	19	1	40	1	8	25～30	4	250	65
0.5	10	29	P02	59	19	2	27	1	8	25～30	8～10	180	20
	20	56	P02	59	19	2	27	1	8	25～30	8～10	165	50
	40	124	P02	59	19	2	27	1	8	25～30	8～10	188	87
	60	168	P02	59	19	2	27	1	8	25～30	8～10	170	120
	80	288	P02	59	19	2	27	1	8	25～30	8～10	190	360
	100	330	P02	59	19	2	27	1	8	25～30	8～10	215	261
1.0	10	20	P06	79	19	4	30	1	6	30～35	18～20	88	20
	20	48	P06	79	19	4	30	1	6	30～35	18～20	122	41
	40	92	P06	79	19	4	30	1	6	30～35	18～20	122	84
	60	144	P06	79	19	4	30	1	6	30～35	18～20	136	126
	80	196	P06	79	19	4	30	1	6	30～35	18～20	142	117
	100	258	P06	79	19	4	30	1	6	30～35	18～20	155	273
1.5	10	15	P07	79	19	5	25	1	5	20～25	24～26	50	18
	20	34	P07	79	19	5	25	1	5	20～25	24～26	55	46
	40	78	P07	79	19	5	25	1	5	20～25	24～26	90	140
	60	119	P07	79	19	5	25	1	5	20～25	24～26	95	224
	80	254	P07	79	19	5	25	1	5	20～25	24～26	91	273
	100	201	P07	79	19	5	25	1	5	20～25	24～26	99	345
2.0	10	15	P09	79	19	5	25	1	5	20～25	20～22	50	32
	20	32	P09	79	19	5	25	1	5	20～25	20～22	58	65
	40	68	P09	79	19	5	25	1	5	20～25	20～22	65	154
	60	116	P09	79	19	5	25	1	5	20～25	20～22	89	251
	80	128	P09	79	19	5	25	1	5	20～25	20～22	59	337
	100	187	P09	79	19	5	25	1	5	20～25	20～22	78	645

续表

电极尺寸（mm）	工件厚度（mm）	设置深度（mm）	条件号P	脉宽ON	脉间OF	管数IP	伺服SV	电容C	压力（MPa）	极间电压（V）	极间电流（A）	电极消耗（%）	加工时间（s）
2.5	10	11	P11	79	19	6	30	1	5	20~25	28~30	10	41
	20	32	P11	79	19	6	30	1	5	20~25	28~30	57.5	82
	40	72	P11	79	19	6	30	1	5	20~25	28~30	75	152
	60	117	P11	79	19	6	30	1	5	20~25	28~30	85	241
	80	146	P11	79	19	6	30	1	5	20~25	28~30	82.5	326
	100	187	P11	79	19	6	30	1	5	20~25	28~30	84	384
3.0	10	13	P13	79	19	6	20	1	5	15~20	32~34	30	44
	20	32	P13	79	19	6	20	1	5	15~20	32~34	57.5	98
	40	68	P13	79	19	6	20	1	5	15~20	32~34	65	168
	60	104	P13	79	19	6	20	1	5	15~20	32~34	79.5	263
	80	141	P13	79	19	6	20	1	5	15~20	32~34	74.5	338
	100	183	P13	79	19	6	20	1	5	15~20	32~34	76.5	648

2. 黄铜管—铝

电极尺寸（mm）	工件厚度（mm）	设置深度（mm）	条件号P	脉宽ON	脉间OF	管数IP	伺服SV	电容C	压力（MPa）	极间电压（V）	极间电流（A）	电极消耗（%）	加工时间（s）
0.3	10	36	P30	39	59	2	40	1	8	60~65	2	230	9
	20	42	P30	39	59	2	40	1	8	60~65	2	105	11
	40	98	P30	39	59	2	40	1	8	60~65	2	140	26
0.5	10	13	P32	79	19	2	30	1	6	50~55	4~6	30	3
	20	26	P32	79	19	2	30	1	6	50~55	4~6	30	7
	40	55	P32	79	19	2	30	1	6	50~55	4~6	33.5	13
	60	84	P32	79	19	2	30	1	6	50~55	4~6	40	21
	80	114	P32	79	19	2	30	1	6	50~55	4~6	41	28
	100	148	P32	79	19	2	30	1	6	50~55	4~6	46	37
1.0	10	14	P34	79	19	3	30	1	6	45~50	8~10	30	4
	20	22	P34	79	19	3	30	1	6	45~50	8~10	10	7
	40	48	P34	79	19	3	30	1	6	45~50	8~10	16	15
	60	72	P34	79	19	3	30	1	6	45~50	8~10	16.5	24
	80	96	P34	79	19	3	30	1	6	45~50	8~10	18.5	31
	100	122	P34	79	19	3	30	1	6	45~50	8~10	18.5	48

续表

电极尺寸（mm）	工件厚度（mm）	设置深度（mm）	条件号 P	脉宽 ON	脉间 OF	管数 IP	伺服 SV	电容 C	压力（MPa）	极间电压（V）	极间电流（A）	电极消耗（%）	加工时间（s）
1.5	10	11	P37	79	19	3	30	1	6	40～45	12～14	10	7
	20	23	P37	79	19	3	30	1	6	40～45	12～14	14	14
	40	48	P37	79	19	3	30	1	6	40～45	12～14	16.5	35
	60	69	P37	79	19	3	30	1	6	40～45	12～14	15	57
	80	96	P37	79	19	3	30	1	6	40～45	12～14	17.5	85
	100	115	P37	79	19	3	30	1	6	40～45	12～14	13.5	109
2.0	10	12	P39	79	19	4	30	1	6	40～45	14～16	11	5
	20	23	P39	79	19	4	30	1	6	40～45	14～16	13.5	11
	40	46	P39	79	19	4	30	1	6	40～45	14～16	15	24
	60	74	P39	79	19	4	30	1	6	40～45	14～16	19.5	63
	80	105	P39	79	19	4	30	1	6	40～45	14～16	28	109
	100	122	P39	79	19	4	30	1	6	40～45	14～16	11.5	112
2.5	10	11	P41	59	19	4	30	1	6	30～35	16～18	10	8
	20	22	P41	59	19	4	30	1	6	30～35	16～18	7.5	17
	40	44	P41	59	19	4	30	1	6	30～35	16～18	9	39
	60	75	P41	59	19	4	30	1	6	30～35	16～18	23.5	102
	80	103	P41	59	19	4	30	1	6	30～35	16～18	22	139
	100	129	P41	59	19	4	30	1	6	30～35	16～18	24	192
3.0	10	11	P43	59	19	5	30	1	6	30～35	18～20	10	7
	20	22	P43	59	19	5	30	1	6	30～35	18～20	10	17
	40	50	P43	59	19	5	30	1	6	30～35	18～20	21.5	54
	60	75	P43	59	19	5	30	1	6	30～35	18～20	22.5	87
	80	103	P43	59	19	5	30	1	6	30～35	18～20	26.5	138
	100	123	P43	59	19	5	30	1	6	30～35	18～20	20.5	146